KB252661

최신
개정판

한권으로 합격하기

간호학과

독학사

- 변경된 평가영역 완벽 반영
- 단기 합격을 위한 주요 핵심이론 수록

4단계

인터넷 강의 | 신지원에듀
www.sinjiwonedu.co.kr

Preface
머리말

독학에 의한 학위취득제는 「독학에 의한 학위취득에 관한 법률」에 따라 독학자에게 학사학위 취득의 기회를 줌으로써 평생교육의 이념을 구현하고 개인의 자아실현과 국가·사회의 발전에 이바지하는 것을 목적으로 한다. 현재 독학학위 취득시험은 「평생교육법」에 의해 '국가평생교육진흥원'에서 관장하며, 홈페이지를 통해 과목별 평가영역을 구체적으로 알려 주고 있다.

독학사 시험에서 다루는 4단계 학위취득 종합시험은 시험의 최종 단계로 학위를 취득한 사람이 일반적으로 갖추어야 할 소양과 전문지식 및 기술을 종합적으로 평가한다. 따라서 본서는 다양한 자료와 예시를 통해 구체적으로 학습할 수 있도록 이론을 집필하였다.

의료계는 의료환경의 변화와 과학기술의 발달로 첨단 의료시설과 장비를 갖춤에 따라 과거에는 불가능하다고 믿었던 질병의 치료와 더불어 인간의 수명을 상당히 연장시키고 있다. 이로 인한 새로운 사회적 문제가 대두되고 있으며, 특히 초고령화 사회로 빠르게 진행하면서 총체적 측면에서 다양한 형태와 방식으로 이에 대한 접근과 대안 마련이 요구되고 있다.

간호계 역시 이런 사회현상 및 의료상황과 맞물려서 임상현장에서 다양하면서도 새로운 윤리적·법적 딜레마에 직면하면서 이에 폭넓은 상황 인식과 간호사로서 윤리적 의무와 책임이 더욱 강조되고 있다. 그러므로 전문 직업인으로 의사결정에 대한 학습과 훈련이 필요하다.

본서는 학사 간호사가 갖추어야 할 다양한 간호학 전공분야 중에서도 윤리, 연구, 지도자론, 간호과정과 관련된 이론서이다. 3년제 대학에서 간호학을 전공한 간호사들의 독학사 학위과정에 꼭 필요한 전공부분이라 할 수 있다.

본서를 통해 독학사 시험에 꼭 합격하여 간호학 학사 학위를 마치고 대학원 및 외국 간호사 진출에 도전하여 한국 의료계의 엘리트가 될 수 있기를 바라는 바이다.

편저자 씀

Information
시험 안내

1 독학학위제란?

독학학위제는 「독학에 의한 학위취득에 관한 법률」에 의거하여 고등학교 졸업 이상의 학력을 가진 사람이라면 누구나 시험에 응시할 수 있으며 총 4개의 과정을 거쳐 학위취득 종합시험에 합격하면 국가에서 학사학위를 수여하는 제도이다.

2 간호학 학위취득 종합시험

구 분	시 간	시험 과목
1교시	09:00~10:40(100분)	국어, 국사, 외국어 중 택 2과목(외국어를 선택할 경우 실용영어, 실용독일어, 실용프랑스어, 실용중국어, 실용일본어 중 택 1과목)
2교시	11:10~12:50(100분)	간호연구방법론, 간호과정론
3교시	14:00~15:40(100분)	간호지도자론, 간호윤리와 법

3 문항 수 및 배점

과정	객관식	주관식	합계
교양과정 · 전공기초	40문항 × 2.5점 = 100점	–	40문항 100점
전공심화 · 학위취득	24문항 × 2.5점 = 60점	4문항 × 10 = 40점	28문항 100점

4 문항 수 및 배점

① 1~3과정 : 매 과목 100점 만점에 전 과목 60점 이상 득점

② 4과정 : 총점 합격제 또는 과목별 합격제 병행 실시

시험 응시원서 접수 시, 총점 합격제와 과목별 합격제 중 자유롭게 선택하여 시험에 응시 가능. 단, 과목별 합격제로 응시하였던 사람이 다시 총점 합격제로 응시할 경우 이전에 기합격된 합격 과목은 모두 인정되지 아니한다.

구분	객관식	합계
합격기준	6과목 총점(600점)의 60%(360점) 이상 득점(과목 낙제 없음)	매 과목 100점 만점의 전 과목(교양 2, 전공 4) 60점 이상 득점
유의사항	6과목 모두 신규 응시해야 하며, 기존에 합격한 과목은 불인정	기존에 합격한 과목은 재응시 불가, 1과목이라도 60점 미만 득점하면 불합격

시험과정별 응시자격

「독학에 의한 학위취득에 관한 법률」 일부 개정에 따라 2016년부터 고등학교 졸업 이상의 학력을 가진 사람이면 누구나 1~3과정(교양과정, 전공기초과정 및 전공심화과정) 시험에 자유롭게 응시 가능. 단, 학사학위 취득을 위한 마지막 과정인 학위취득 종합시험에 응시하기 위해서는 1~3과정 시험에 모두 합격(면제)하거나, 학위취득 종합시험 응시 자격을 충족해야 함.

1 교양과정 · 전공기초과정 및 전공심화과정 인정시험(1~3과정) 응시자격

① 고등학교 졸업자

② 「초 · 중등교육법 시행령」 제98조 제1항에 따라 상급학교의 입학에 있어 고등학교를 졸업한 사람과 같은 수준의 학력이 있다고 인정되는 사람

③ 「평생교육법」 제31조 제2항에 따라 지정된 학력이 인정되는 학교형태의 평생교육시설에서 고등학교 교과과정에 상응하는 교육과정을 마친 사람

④ 「보호소년 등의 처우에 관한 법률」 제29조에 따른 소년원학교에서 고등학교 교육과정을 마친 사람

2 학위취득 종합시험(4과정) 응시자격(단, 응시하고자 하는 전공과 동일전공 인정 학과에 한함)

① 교양과정 인정시험, 전공기초과정 인정시험 및 전공심화과정 인정시험에 합격(면제)한 사람

② 대학(「고등교육법」 제2조 제2호 · 제3호 및 제5호에 따른 학교와 다른 법령에 따라 설립된 대학을 포함) 및 이에 준하는 각종학교(학력인정학교로 지정된 학교만 해당)에서 3년 이상의 교육과정을 수료하였거나 105학점 이상을 취득한 사람

③ 수업 연한이 3년인 전문대학을 졸업한 사람 또는 이와 같은 수준의 자격이 있다고 인정되는 사람(전문대학 졸업예정자는 응시 불가)

④ 「학점인정 등에 관한 법률」 제7조에 따라 105학점(전공 28학점 이상 포함) 이상을 인정받은 사람

⑤ 외국에서 15년 이상의 학교교육 과정을 수료한 사람

3 유의사항

① 학사학위 소지자는 취득한 학사학위 전공과 동일한 전공 시험에 응시할 수 없음.

② 유아교육학, 정보통신학 전공 : 전공심화과정 인정시험 및 학위취득 종합시험만 개설. 고등학교 졸

업자가 전공심화과정 인정시험에 응시는 가능하나, 학위취득 종합시험에 응시하기 위해서는 1~2
과정 시험 면제요건을 충족하고 3과정 시험에 합격하거나 4과정 시험 응시자격을 충족해야 함.

교양과정 인정시험, 전공기초과정 인정시험 면제대상
- 동일전공 인정학과로 대학에서 2년 이상 교육과정 수료하거나 70학점 이상 학점을 취득한 사람
- 동일전공 인정학과로 학점은행제에 70학점 이상 학점인정을 받은 사람
- 해당 전공 2과정까지 면제 가능한 자격 또는 면허를 취득하거나 시험에 합격한 사람 등

③ 간호학 전공 : 학위취득 종합시험만 개설

간호학 전공은 4과정(학위취득 종합시험)의 시험만 개설. 학위취득 종합시험에 응시하기 위해서
는 3년제 전문대학 간호학과를 졸업 또는 4년제 대학교 간호학과에서 3년 이상 교육과정을 수료
하거나 105학점 이상을 취득해야 함.

4 시험면제

「독학에 의한 학위취득에 관한 법률 시행령」제9조에 따라 국가기술자격 취득자, 국가시험 합격 및
자격 · 면허 취득자, 일정한 학력을 수료하였거나 학점을 인정받은 사람은 1~3과정별 인정시험
또는 시험과목을 면제받을 수 있다.

과정면제
- 국가기술자격 취득자 : 자격 취득분야와 동일한 분야의 시험 응시자는 해당 과정 면제
- 교육부령으로 정하는 교육과정 수료자 또는 학점을 인정받은 자
  ① 교양과정 면제
    ㉠ 대학 및 이에 준하는 각종학교에서 1년 이상 교육과정을 수료하였거나 35학점 이상을 취
       득한 사람
    ㉡ 학점은행제로 35학점 이상을 인정받은 사람
    ㉢ 외국에서 13년 이상의 학교교육과정을 수료한 사람
  ② 교양 및 전공기초과정 면제 [면제받고자 하는 전공과 동일전공인정 학과에 한함]
    ㉠ 대학 및 이에 준하는 각종학교에서 2년 이상 교육과정을 수료하였거나 70학점 이상을 취
       득한 사람
    ㉡ 학점은행제로 70학점 이상을 인정받은 사람
    ㉢ 외국에서 14년 이상의 학교교육과정을 수료한 사람
- 교육부령으로 정하는 시험 합격자 및 자격 · 면허 취득자 : 국가(지방) 공무원 7급 이상의 공개경
  쟁채용시험 합격자는 해당 과정 면제, 교육부령으로 정하는 자격 면허 취득자는 해당 과정 면제

과목면제

- 국가기술자격 취득자 : 자격 취득 분야와 다른 분야의 시험 응시자는 해당 과목 면제
- 국가평생교육진흥원장이 지정한 강좌 또는 과정 이수자는 해당 과목 면제

독학사와 학점은행제의 연관관계

1 「학점인정 등에 관한 법률」 제7조 제2항 제5호에 따라 독학학위제 시험합격 및 면제교육과정을 이수한 사람은 아래와 같이 학점은행제 학점인정을 받을 수 있음.

독학사의 과정별 학점은행제 등록 시 인정학점

- 학점 (단계별 최대 5과목, 20학점까지 인정 가능)
- 과목당 5학점 (단계별 최대 6과목, 30학점까지 인정 가능)

2 유의사항

① 학점은행제 학습구분 결정기준

- 교양과정 인정시험 : 교양학점으로 인정 가능. 단, 일부 과목의 경우 학점은행제 희망 전공의 표준교육과정에 기초하여 전공필수 혹은 전공선택으로 인정 가능

  예 학점은행제 경영학(학사) 전공의 학습자가 [경영학개론] 과목 합격 시 전공필수와 교양 중 학습자가 원하는 학습구분으로 인정

- 전공기초, 전공심화, 학위취득 종합시험 : 희망 학위 및 전공의 표준교육과정을 기준으로 학습구분이 결정

② 학위취득 종합시험에 합격하여 독학학위제 학사학위를 취득한 경우에는 과정별 합격(면제)과목을 학점으로 인정하지 않음.

③ 시험면제교육과정 이수 학습과목에 한하여 1년/1학기 최대 이수학점, 1개 교육훈련기관 최대 인정학점 제한이 적용됨.

④ 학점인정을 받은 과목 간 중복과목이 있는 경우 학습자가 선택하는 1과목만 인정 가능(단, 독학학위제 시험 과목 간에는 중복 없이 인정 가능)

Tendency
출제경향

1

국가평생교육진흥원에서 고시한 과목별 평가영역에 준거하여 출제하되 특정한 영역이나 분야가 지나치게 중시되거나 경시되지 않도록 한다.

2

독학자들의 취업 비율이 높은 점을 감안하여, 과목의 특성상 가능한 경우에는 학문적이고 이론적인 문항뿐만 아니라 실무적인 문항도 출제한다.

3

단편적 지식의 암기로 풀 수 있는 문항의 출제는 지양하고, 이해력·적용력·분석력 등 폭넓고 고차원적인 능력을 측정하는 문항을 위주로 한다.

4

이설(異說)이 많은 내용의 출제는 지양하고 보편적이고 정설화된 내용에 근거하여 출제하며, 그럴 수 없는 경우에는 해당 학자의 성명이나 학파를 명시한다.

5

교양과정 인정시험은 대학 교양교재에서 공통적으로 다루고 있는 기본적이고 핵심적인 내용을 출제하되, 교양과정 범위를 넘는 전문적이거나 지엽적인 내용의 출제는 지양한다.

6

전공기초과정 인정시험은 각 전공영역의 학문을 연구하기 위하여 각 학문 계열에서 공통적으로 필요한 지식과 기술을 평가한다.

7

전공심화과정 인정시험은 각 전공영역에 관하여 보다 심화된 전문적인 지식과 기술을 평가한다.

8

학위취득 종합시험은 시험의 최종 과정으로서 학위를 취득한 자가 일반적으로 갖추어야 할 소양 및 전문지식과 기술을 종합적으로 평가한다.

9

교양과정 인정시험 및 전공기초과정 인정시험의 시험방법은 객관식(4지택1형)으로 한다.

10

전공심화과정 인정시험 및 학위취득 종합시험의 시험방법은 객관식(4지택1형)과 주관식(80자 내외의 서술형)으로 하되 과목의 특성에 따라 다소 융통성 있게 출제한다.

학위 취득

과정도

학사 학위 취득

• 총점(600점)의 60%(360점) 이상 득점
• 전 과목(6과목) 60점 이상 득점

4 과정
학위 취득 종합시험 응시

응시자격(동일전공에서)
• 4년제 대학 3학년 수료 또는 105학점 취득
• 3년제 전문대학 졸업
• 학점은행제 105학점(전공 28학점 포함) 인정

시험 과정 면제
1~3과정 면제자

1~3과정 전 과목(17개) 합격(면제)

3 과정
전공심화과정 인정시험 응시

응시자격
고등학교 졸업 이상 학력

시험 과정 면제
1~2과정 면제자

2 과정
전공기초과정 인정시험 응시

응시자격
고등학교 졸업 이상 학력

시험 과정 면제
1과정 면제자

1 과정
교양과정 인정시험 응시

응시자격
고등학교 졸업 이상 학력

Contents

차례

Contents
차례

Contents
차례

Contents

차례

PART 1

간호과정의 개요

4단계
독학사

CHAPTER 1

간호과정은 무엇인가?

01 간호과정의 정의

1 간호과정은 무엇인가?

(1) 간호와 과정이라는 단어의 복합체

① 과정의 의미는 목적, 즉 특정한 결과를 향해 진행되는 일련의 활동을 말하며 목적, 조직, 창의성과 같은 3가지 특성을 지닌다.

② 간호과정은 간호의 궁극적인 목적을 달성하기 위해 대상자의 건강상태를 사정하여 실제적이거나 잠재적인 건강문제를 진단하고 확인된 문제들에 대해 개별화된 간호를 계획하고 수행하며, 제공된 간호에 대한 대상자의 반응을 평가하는 단계를 거치는 과학적인 문제해결방법이다.

(2) 서로 관련된 5가지 단계인 '사정, 진단, 계획, 중재, 평가'로 구성

① 환자돌보기를 조직화하고 우선순위를 정한다.

② 환자의 건강상태와 삶의 질 등 중요한 것에 초점을 맞춘다.

③ 임상에서 비판적으로 생각하는 데 필요한 자신감과 기술을 얻도록 도와주는 습관을 형성한다.

2 목적

① 대상자에 대한 기초자료 수집
② 실제적·잠재적 건강문제 파악
③ 개별화된 간호
④ 간호활동을 위한 다양한 방법들의 개발
⑤ 간호의 우선순위 설정
⑥ 제공할 간호에 대해 대상자와 의사소통
⑦ 간호에 대한 책임소재 확인
⑧ 간호의 자율성 확보
⑨ 간호의 책임감 조장

3 간호과정의 특성들

(1) 간호과정은 목적적이며 계획적이다.

각 단계는 특별한 목적을 달성하기 위해 고안된 특정한 원칙과 규칙들을 가지고 있다. 예를 들면, 사정은 건강상태를 결정하고 복합적인 계획을 세우기 위해 필요한 모든 사실들을 모으는 것을 목적으로 한다.

(2) 간호과정은 대상자 중심이다.

① 간호과정은 대상자와 간호사의 상호작용이 필수적이며, 간호사 – 대상자 관계는 항상 대상자의 요구를 우선으로 한다.

② 간호과정은 대상자 건강상태의 진술에 따라 계획을 세우는데, 이는 문제진술, 건강한 상태진술 혹은 강점일 수 있다.

(3) 간호과정은 융통성이 있다.

간호과정은 간호문제 해결을 할 때에 조직적인 간호접근법을 제공하지만 고정된 단계 형식으로 진행되지는 않는다. 간호사는 계획에 따른 간호를 제공하며, 계획은 실제로 대상자의 상황 변화에 따라 지속적으로 변화한다.

예를 들면, '김씨는 15분 동안 대상자의 상황 변화에 따라 지속적으로 변화한다.'라는 간호계획이 그가 침대에 누워있는 동안에 계획되었는데, 그는 침상에서 일어나자마자 창백해지고 현기증이 났다. 이때 간호사는 김씨가 의자에 앉는 대신에 침대에 눕도록 도와 주었다.

(4) 간호과정은 역동적이고 순환적이다.

① 초보자들과 익숙치 않은 상황을 위해 간호과정은 중요한 것이 빠지지 않도록 확실히 하기 위한 단계적 접근을 제공한다.

예를 들면, 간호과정은 진단하기 전에 사정하도록 하고 수행하기 전에 계획을 세우도록 한다. 사정한 후에, 진단, 계획, 중재 그리고 평가가 습관이 되고, 역동적인 방법으로 간호과정을 사용한다.

② 간호과정은 변화하는 환자 반응에 지속적으로 평가를 하기 때문에 이에 따라 간호의 과정이 수정된다. 각 단계가 이미 완성되었더라도 각 단계를 지속적으로 재검사하여 정확성과 적절성을 유지해야 하므로 간호과정은 역동적이고 순환적인 특징이 있다.

(5) 간호과정은 인지(사고)과정이다.

① 문제해결과 의사결정 시 지적인 기술을 사용하는 것을 의미한다.

② 간호사들은 대상자 자료에 간호지식을 논리적이고 체계적으로 적용하기 위하여 그 자료의 의미를 확인하고 적절한 간호를 계획하는 데에 비판적 사고를 사용한다.

(6) 간호과정은 계획된 결과지향적이다.

간호중재들은 전통적으로 수행하는 것보다는 연구와 원칙에 기초하여 주의 깊게 선택해야 하는데, 이는 대상자에게 기대되는 결과 달성이라는 목적을 위해 선택된다.

(7) 간호과정은 보편적으로 적용 가능하다.

① 간호과정은 모든 연령층이나 질환 그리고 안녕·질병상태의 어느 시점에 있는 모든 대상자에게 사용될 수 있다.
② 간호과정은 어떤 환경(예 학교, 병원, 의원, 가정간호, 산업장)이나 전문 분야(예 호스피스 간호, 모성간호, 수술 시 간호)에서도 사용될 수 있으며, 개인·가족·집단·지역사회를 위한 간호에도 사용된다.

(8) 간호과정은 대상자 상태 중심이다.

① 대상자의 건강상태에 대한 진술에 따라 간호계획을 세우는 것을 의미한다.
② 간호과정이 대상자의 모든 문제를 해결하거나 예방할 수는 없다.
예를 들면, 관절염과 관련된 기동성 장애와 동통과 같은 만성적인 건강문제들이다.
③ 문제가 해결될 수 없을 경우 간호사는 대상자가 안심할 수 있도록 하고 문제에 대처하기 위해 대상자의 강점을 지지해 주며, 그 상황에서 대상자가 아픈 상황을 이해하고 의미를 찾도록 도와야 한다.

4 간호과정의 유익성

(1) 간호과정은 간호의 일관성과 연속성을 증진시킨다.

① 작성된 간호계획을 통해서 간호하는 모든 사람은 대상자의 요구를 알게 된다. 병원은 항상 24시간 동안 직원이 있으므로 대상자는 매일 2~3명의 간호사에게 간호를 받을 수 있다.
② 각 간호사가 유능하더라도 통합적으로 기능하지 않는다면 대상자들은 그들의 요구를 충족시킬 간호사의 능력과 신뢰감을 의심할 수 있다.

(2) 간호과정은 비용 효율적이며 전문적 실무표준에 포함된다.

① 간호과정은 건강관리팀의 의사소통을 증진시켜 실무에서 간호사의 실수를 예방하고 대상자 문제의 진단, 치료 및 예방을 신속히 처리할 수 있게 한다. 따라서 입원기간이 더 단축되고 의료비용도 절약된다.
② 간호사는 간호과정의 성공적인 적용을 통해 실무표준을 충족시키게 되어 실무향상에 기여하게 된다.

(3) 간호과정은 개별화된 간호로 간호의 효율성을 증진시킨다.

① 간호계획은 대상자의 특별하고 독특한 요구에 초점을 두게 되므로 간호사는 대상자의 의학적 진단만을 근거로 한 표준화된 간호만을 제공하는 경향을 피할 수 있게 된다.

② 중복된 간호는 시간을 낭비하고, 대상자를 자극하며 피곤하게 만든다. 간호과정이라는 체계적인 접근을 통해서 불필요한 업무의 중복이나 중요한 업무의 누락이 없어지게 된다.

(4) 간호과정은 협동을 조장한다.

① 모든 간호팀원들이 체계적으로 조직된 접근법의 가치를 알게 되면 의사소통이 증진된다.

② 간호계획의 내용에 따라 적절한 업무할당이 가능하므로 간호사 각자가 효과적이고 개별화된 간호제공 시 만족을 느끼게 되고 근무분위기도 더 긍정적이 된다.

(5) 간호과정은 간호 시 대상자의 참여와 자율성을 증진시킨다.

① 자가간호는 우리의 건강증진 환경에서의 재정적 수익면에서 매우 중요하다. 대상자들은 치료와 간호가 더 필요해도 종종 병원에서 퇴원해야만 하는 경우가 있다.

② 간호과정의 각 단계에서 대상자를 포함시키는 것은 그들이 그들 자신의 신체에 대하여 알게 하여 참여의 중요성을 깨닫게 하고, 그들의 건강에 대한 의사결정 능력을 향상시켜 독립성을 빠르게 되찾도록 도와주기 위함이다.

(6) 간호과정은 간호사의 업무를 알리는 데 도움이 된다.

① 간호는 복합적이므로 다른 사람들에게 그들의 역할을 규정짓는 것은 어렵다. 간호가 고용주나 대상자들에게 중요한 것으로 평가되기 위해서는 간호사들이 비용을 줄이고 좀 더 나은 결과를 위해 기여한다는 것을 보여 줘야 한다.

② 간호사정과 중재의 기록은 간호사들이 어떻게 합병증을 예방하고 회복을 촉진시키는지를 보여주는 데 사용될 수 있다.

(7) 간호과정은 간호사의 직업적 만족도를 향상시킨다.

① 간호를 하면서 얻을 수 있는 것은 간호가 대상자를 도왔다는 것을 실제로 깨닫는 것으로부터 온다. 간호사는 간호과정을 통해서 자신의 간호능력이 향상되는 것을 알게 될 때 수행한 일에 대해 만족할 수 있게 된다.

② 좋은 계획을 통해서 시간과 에너지가 절약되고 좌절하지 않으며 대상자의 문제에 대한 창의적인 해결책을 알아낼 능력이 증가되고 자신감을 얻게 된다.

5 간호과정 적용에 필요한 간호사의 자질

(1) 지적인 기술

① 간호과정은 간호실무에서의 체계적인 사고에 대한 지침이다. 간호과정에서 사용되는 지적인 기술은 의사결정, 문제해결 및 비판적 사고이다.

② 의사결정은 기대되는 결과에 도달하기 쉬운 최선의 행위를 선택하는 과정이다. 의사결정 과정에는 심사숙고, 판단, 그리고 선택이 포함된다.

③ 비판적 사고는 어떤 자료가 연관이 있는지를 확인하고 자료의 출처가 믿을만한지를 평가하며, 추론을 하는 것과 같은 많은 정신적 기술을 포함하고 있는 신중하고 목표지향적인 사고를 말한다.

(2) 대인관계 기술

① 대인관계 기술은 개인 대 개인의 의사소통에 사용되는 활동이다. 이는 언어와 문자를 이용한 의사소통 외에도 자세, 움직임, 얼굴표정 및 접촉과 같은 비언어적 행위뿐만 아니라 사회적 체제와 인간행위에 대한 지식을 포함한다.

② 의사소통 기술은 매우 중요하지만 무엇을 의사소통해야 하는지도 중요하다. 간호사는 긍정적이고 유머감각이 있으며, 개방적이고, 정직하고, 인내하며, 솔직하고, 인간적으로 신뢰하고 의지할 수 있어야 한다. 또한, 자신의 잘못을 인정할 수 있고 다른 사람을 신뢰함으로써 대상자와의 좋은 관계를 유지할 수 있다.

(3) 창의성과 호기심

① 창의성과 호기심은 간호과정에서 필수적이다. 새롭고 더 좋은 방법을 발견하기 위해 간호사는 비전과 통찰력을 지녀야 한다. 간호사는 항상 "왜 이것을 하고 있는지?", "왜 이러한 방법으로 이것을 하고 있는지?"를 자신에게 물어야 한다.

② 우수한 간호사들은 모든 간호활동에 대한 이론적 근거를 이해하고 있다. 만약 간호사들이 간호활동의 이유를 찾을 수 없고 그 활동을 통해서 기대되는 결과에 도달할 수 없다면 그 활동들은 중단되어야 한다.

(4) 문화적 역량

① 문화적 역량은 간호사가 대상자의 건강문제를 해결하기 위해 대상자의 문화적 신념체계 내에서 간호를 수행하는 것을 의미한다. 이것은 간호사가 문화적 차이와 유사성을 인지하고 문화적으로 민감해야 한다는 것이다.

② 문화적 역량은 다른 문화에 대한 지식과 태도를 포함한다.

(5) 과학적인 기술

① 간호사는 컴퓨터 칩이 내장된 심장모니터나 호흡기 같은 첨단 장비를 사용하여 간호업무를 수행하게 된다.

② 많은 간호사들이 대상자에 대한 간호를 계획하고 기록하는 데 컴퓨터를 사용한다. 예를 들면, 태블릿 PC를 사용하여 대상자에 대한 사정을 하고 최선의 간호중재를 선택하기 위해 병동에서 인터넷을 통해 정보를 찾기도 한다.

(6) 정신역동적 기술

① 간호사는 특히 간호과정의 수행단계에서 대상자에게 직접간호를 제공할 때 정신역동적 기술을 사용한다.

② 좋은 정신역동적 기술은 대상자를 기대되는 결과에 도달하게 하고 대상자의 신뢰를 얻는 데 도움을 준다.

02 간호과정의 발달 🎯 기출

1 외국의 발달과정

(1) 1950~1960년대

① 미국에서 Hall(1955)이 간호사들에게 질적 간호 강의 시 대상자를 간호하고 돌보는 활동 일체를 과정으로 설명한 이후 Johnson(1959), Orlando 및 Wiedenbach가 일련의 단계들로 구성된 간호의 과정을 간호과정이란 용어로 설명하였다.

② Knowles(1967)는 오늘날의 간호과정의 단계들과는 다르지만 간호의 성패를 좌우하는 간호사의 활동 내용인 5가지 요소, 즉 정보발견, 정밀한 검사, 간호활동에 대한 계획결정, 계획수행 및 간호활동에 대한 대상자 반응을 식별하는 단계들로 간호과정을 기술하였다.

③ 미국 가톨릭 대학(1967)은 간호과정을 '사정, 계획, 수행, 평가'의 4단계로 서술하였고 계속해서 간호과정의 발전과 그 개념을 정립해 왔다.

(2) 1970년대

① 미국간호협회(1973)가 '사정, 진단, 계획, 중재, 평가'의 5단계로 구성된 간호과정을 간호실무의 표준지침으로 인정하게 되었다.

② 간호역할의 합법적인 부분으로 간호과정의 사용에 대한 법적인 근거가 마련되어 간호교육자나 전문가가 5단계의 간호과정 모델을 사용하게 되었다.

플러스 UP 미국간호협회의 실무표준

(1) **사정** : 간호사는 대상자의 건강이나 상황에 해당하는 포괄적인 자료를 수집한다.
(2) **진단** : 간호사는 진단이나 문제를 결정하기 위해 사정자료를 분석한다.
(3) **결과확인** : 간호사는 대상자나 상황에 대한 개별화된 계획을 세우기 위해 기대되는 결과를 확인한다.
(4) **계획** : 간호사는 기대되는 결과에 도달하기 위한 전략과 대안을 제시하는 계획을 수립한다.
(5) **수행** : 간호사는 확인된 계획을 수행한다.
① **간호의 조정** : 간호사는 간호수행을 조정한다.
② **건강교육과 건강증진** : 간호사는 건강을 증진시키고 안전한 환경을 조성하기 위한 전략들을 사용한다.
③ **상담** : 상담 상급 실무간호사와 전문간호사는 확인된 계획에 영향을 주고, 타인들의 능력을 강화시키며, 변화를 초래하기 위해 상담을 제공한다.
④ **처방 권한과 치료** : 상급 실무간호사는 법과 규정에 따라 처방 권한, 절차, 위로, 치료를 수행한다.
(6) **평가** : 간호사는 결과 성취를 향한 진행 사항을 평가한다.

(3) 2000년대 이후

① ANA(2003)는 새로운 Nursing's Social Statement를 발표하여 간호를 사회의 요구를 충족시키는 광범위한 맥락으로 서술하고 있으나, 인간반응의 진단과 치료는 여전히 전문적 간호실무의 고유한 부분으로 여긴다.

② 가장 최근에는 현대의 결과 중심 보건의료 환경과 미국간호협회의 수정된 실무표준을 반영해서 간호과정을 6단계로 서술하기 위해 계획단계를 두 단계로 나누고 있다.

2 우리나라에서의 발달과정

(1) 1970년대

① 간호과정에 대한 논의는 1970년대 초부터 시작되어 대한간호협회(1976. 10.) 주최의 간호지도자 연수교육의 주제로 간호과정을 선택함으로써 간호과정에 대한 실무교육이 시작되었다.

② 대한간호협회(1978. 7.)의 학술대회에서 간호과정을 '사정, 계획, 수행, 평가'의 4단계로 명명했으며 그 이론적 배경을 다루었다.

(2) 1980년대

① 1981년도부터 시행된 병원 표준화심사 중 간호부문 심사기준에 간호과정의 적용이 삽입됨으로써 각 병원에서 실무적용에 박차를 가하게 되었다.

② 임상간호사회(1988)에서는 북미간호진단협회에서 제시한 간호진단을 한글어휘로 명명하기 위한 조사연구를 하여 58개 간호진단의 한글어휘 목록을 제시했다.

(3) 1990년대

① 대한간호협회는 1993년 간호정보체계 구축을 위한 간호용어 표준안 작성을 위한 소위원회가 구성되어 1995년 '간호진단과 중재'라는 간호용어 표준 보고서를 발간하였다.

② NANDA(1997)의 간호진단 98RO에 대한 한글명을 통일하여 각 병원 및 학교에 간호진단 목록을 배포하였다.

2

간호과정의 단계

1 간호사정

(1) 간호사정의 정의

① 간호사정은 간호과정의 첫 단계로서 간호를 필요로 하는 환자에 대한 자료를 수집하고 수집된 자료에 근거하여 간호력이 작성된다. 즉, 간호사정(assessment)은 개별적이고도 적절한 간호를 제공하기 위한 필수적인 단계이다.

② 자료의 출처나 형태를 결정하여 수집하며 수집된 자료는 반드시 확인과정을 거친다. 간호의 초점은 총체적 인간에 관한 것이므로 대상자의 건강과 관련된 모든 측면의 자료를 수집해야 한다.

③ NANDA의 진단분류 목록을 이용하여 사정도구를 작성해 보면 9개 영역에 대한 사정내용을 체크리스트 형태로 만들어 간호사정 때 사용할 수 있다.

④ 사정과정을 통해서 환자에 관한 정보를 얻으면 이를 기록하여 간호력을 얻게 된다.

(2) 간호사정 시 간호사의 태도

① 간호사들은 처음 환자가 입원하면 환자에 관한 사정자료를 간호력으로 작성하게 된다.

② 간호력은 대부분 환자 본인과의 면담이나 질의응답의 형식으로 작성되며, 환자의 상태가 나쁜 경우에는 환자 보호자로부터 환자에 관한 자료를 얻게 된다.

③ 간호력 작성은 반드시 간호사가 하는 일 중의 하나로, 전문간호사의 이미지를 최초로 환자나 환자 가족에게 전달할 수 있는 매우 중요한 것이다.

④ 환자나 가족 입장에서는 처음 입원을 할 때 정신적 스트레스와 갈등이나 불안이 가장 심하기 때문에 면담기술이나 질문기술을 백분 발휘하여 간호력 작성에 임해야 한다.

(3) 사정단계에서의 비판적 사고

① 자료수집의 목적이 수행되고 평가될 수 있는 간호진단과 간호중재에 도달하기 위해 간호과정을 사용하는 것일지라도 자료는 대상자가 지각하는 욕구, 건강문제, 목적, 가치 및 생활방식과 관련될 필요가 있다.

② 간호사는 풍부한 자료, 특히 흥미롭지만 직접적인 건강문제와 관련되지 않은 정신사회적 자료를 수집할 필요성이 비판적 사고와 관련하여 제기되며, 이러한 성격의 자료수집을 간과해서는 안 된다.

③ 자료수집의 영역을 좁혀 사정 과정을 시작하는 것이 권장된다.

④ 간호사의 사정은 신속한 검토의 기회를 부여한다.

2 간호진단

(1) 간호진단의 정의

① 간호진단이란 실제적 혹은 잠재적으로 존재하는 건강상의 문제, 생의 과정에 대한 개인이나 가족 그리고 지역사회의 반응을 임상적으로 평가하는 것이다.

② 간호진단은 어느 분야에서도 적용될 수 있게 정의한 것으로 이러한 간호진단을 통해 어떤 의미로 사용되든지 복합적이고도 지적인 업무를 의미한다.

③ 간호진단과 간호문제는 동일한 의미로 사용될 수 있으나 간호진단은 분류체계를 만들어 사용함으로써 더 과학적이고 한층 광범위하게 이용될 수 있다. 일반적인 경우 몇 개의 간호진단이 동시에 내려지며 단 한 개의 간호문제를 지닌 경우는 거의 드물다.

④ 간호진단은 표준화된 간호진단분류체계를 사용해서 대상자의 건강문제를 진술한 것이다. 이 단계에서 간호사는 대상자의 현 건강상태인 실제적, 잠재적 건강문제와 강점을 확인하기 위해 자료를 분류, 조직, 분석하며, 대상자의 현 건강상태와 기여 요인들을 서술하는 정확한 진단진술문을 작성해야 한다.

(2) 간호진단의 특성

간호진단은 분류체계를 만들어 사용함으로써 과학적이면서 보다 광범위하게 이용될 수 있다.

(3) 간호진단의 중요성

① 실무에서 간호진단을 사용함으로써 얻어지는 가장 큰 효과는 전문직 간호사가 사용하고 간호사가 법적으로 책임을 지는 간호영역을 분명하게 제시해 준다.

② 의학적 진단이 사람의 특정 병리현상을 치료하는 데 초점을 둔다면, 간호진단은 간호사가 독립적으로 치료할 책임이 있는 인간반응을 다루는 것이다.

(4) 간호진단의 장점

① 개별간호의 촉진

㉠ 간호진단의 사용은 환자의 개별간호를 촉진한다.

㉡ 간호진단은 각 대상자의 자료를 근거로 하여 발견된 측정 요구에 중점을 두므로 간호사가 간호진단을 기반으로 간호할 때 개별적인 간호가 이루어질 수 있다.

㉢ 죽상경화증이라는 동일한 의학적 진단을 받은 두 환자를 간호하는 경우 활력징후를 모니터하고, 급성 심근경색 등과 같은 합병증을 관찰하기 위해서는 의료기관의 기준을 따른다. 그러나 이 두 환자에 대한 간호진단의 우선순위 목록은 각각의 환자가 일상화된 것과는 별개로 개별간호를 필요로 한다는 사실을 제시한다.

㉣ 간호진단은 그들의 특별한 요구가 확인됨을 확신하도록 돕는다. 그러므로 간호진단은 개별적인 간호를 촉진한다.

② 간호계획 과정을 용이하게 유도
- ㉠ 간호진단을 이용하는 간호사는 간호를 계획하고 제공하는 것이 더 쉬워진다는 사실을 알게 된다.
- ㉡ 간호진단은 간호사가 방대하고 다양한 환자정보를 개념으로 조직화함으로써 조절하도록 유도한다.

③ 간호영역 정의
- ㉠ 간호진단은 간호사가 간호지식을 근간으로 고유한 양식에 따라서 하므로 간호실무의 독자적인 영역을 명확히 규명하여 간호전문직의 책임성과 자율성이 증가된다.
- ㉡ 간호진단은 의료에 대한 간호의 유일한 기여를 서술하는 중요 수단으로, 간호진단적 언어는 간호사가 단순히 질병을 치료하기 위해 의사지시를 수행하는 업무 이상의 일을 한다는 사실을 명백히 한다.
- ㉢ 간호진단은 간호사가 행정자, 입법자, 소비자와 보험 제공자들이 다루는 의료 상황의 특성에 관한 의사소통을 가능하게 한다.
- ㉣ 관련 학문 간의 의사소통을 증진시키는 것에 추가하여 간호진단은 간호업무량과 인력, 예산 효과를 측정하는 데 사용된다.

④ 간호행위의 자율성과 책임감을 증진
- ㉠ 간호진단이 의사의 지시 없이 수행되는 독립적인 간호기능을 정의하기 때문에 간호의 자율성과 책임을 증진시킨다.
- ㉡ 간호행위에 있어서 독립적인 간호중재가 더 분명해질수록 간호사는 행위에 대한 더 많은 책임을 수용할 필요가 있다.

⑤ 의료 전문직 간의 의사소통을 향상
- ㉠ 간호사들 간의 의사소통은 교육·연구·실무를 행하는 간호사가 환자의 건강상태를 설명하기 위해 공인되고 공통된 표준언어를 사용함으로써 향상된다.
- ㉡ 간호진단은 많은 양의 정보를 통해서 공인된 양식에 간결한 진술로 정리하기 때문에 간호진단명을 봤을 때, 그 진단의 특징적인 양상을 도출해 낼 수 있어서 대상자의 상태를 알리는 간결하고 신속한 방법이 된다. 예를 들어, '과체중'이라는 용어는 의료인 모두에게 환자의 건강상태에 관해 같은 생각을 하게 하듯이 '피부통합장애' 같은 간호진단도 효과가 같다.

⑥ 간호계획의 전산화를 촉진
- ㉠ 간호계획에서 전산화 촉진 간호진단은 간호계획을 세우는 데 용이하게 할 뿐만 아니라 환자 정보를 저장하고 다시 찾아볼 수 있는 시스템을 제공한다.
- ㉡ 현대의 의료기관이 컴퓨터 기술을 거의 사용하면서 환자 기록과 간호계획은, 컴퓨터로 생성되며 저장된다. 간호사가 환자에 대한 간호진단을 내릴 때 컴퓨터는 진단을 위해 저장된 간호지시의 포괄적인 목록을 만들어 낸다.

ⓒ 간호진단의 전산화는 간호사가 컴퓨터에 나타난 진단명을 선택하면 그 진단에 대한
모든 간호지시 내용이 출력되므로 이를 간편하게 이용할 수 있다.

(5) 간호진단의 도출과정

간호진단의 도출이란 간호중재가 필요한 대상자의 건강상태에 관한 명확하고 단정적인 진술
로서 정확한 자료의 사정과 추론을 통해서 도출된다.

① **자료의 분류** : 논리적이고 체계적으로 조직하거나 분류한다. 자료의 분류 시에는 적절한
분류틀이 있어야 효율적으로 이루어진다.
예를 들면, 수집된 자료를 생리·심리·사회적 요인으로 분류하거나 고든의 11가지 양상
으로 분류한다.

② **부족하거나 관련성이 결여된 자료의 확인** : 수집된 자료와 자료해석의 결과는 서로 연결되고
의미를 줄 수 있어야 하는데, 수집된 자료에 의미가 부여되지 않으면 그 자료는 아무런 소용이
없으며 모순된 자료가 있음을 의미한다.

③ **연관되는 자료의 재분류** : 일차적으로 분류된 자료를 확인하고 보충하여 연관되는 것끼리
재분류하는 데 이를 자료의 합성과정이라고도 한다.

④ **적합한 기준의 설정과 비교** : 기준치나 표준에 비교하여 판단한다. 이때 간호사는 관련 자
료의 정상치나 표준치에 대한 정확한 지식이 있어야 한다.

⑤ **추론** : 임상적 판단과정으로서 자료를 해석하고 판단하며 대상자의 건강상태나 상황을
추론하는 것이다. 즉, 기준과 비교했을 때 적절 혹은 부적절 상태를 판단한다.

(6) 간호진단의 기술방법

① 간호진단을 진술하기 위하여 사용되는 양식은 PES양식, r/t(related to) 양식이 있다. PES
양식이란 간호진단의 기본 형식인 '문제 + 원인' 이외에 정의된 특성을 진단 진술문의 한
부분으로 포함시킬 수 있다. 이것을 '문제(problem), 원인(etiology) 그리고 증상(symptom)'
의 첫 글자를 이용해 PES양식이라 한다. 이 방법은 진술문을 좀 더 서술적으로 만들어
주며 진단에 대한 타당성의 개념을 더해 준다.

② 간호진단을 기술함에 있어서 NANDA에서 공인된 진단목록을 참고하는 것이 가장 간편한
방법이나 아직도 NANDA의 진단목록에 포함되지 않은 진단이 많다.

(7) 간호진단 기술의 지침

① 간호진단은 실제적·잠재적 건강문제의 진술이다.
예를 들면, 수분섭취에 문제가 있는 사람의 간호진단을 '수분공급의 필요성'이라고 기술
하지 말고 '연하곤란과 관련된 수분섭취량 부족'이라고 해야 옳은 기술방법이다.

② 간호진단의 진술 시 의학적 진단과 관련시키지 않는다.
예를 들면, '심장병, 암, 장폐색증'은 의학적 진단이며, '동통, 공포, 신체상의 변화에 대한
부적응'은 바른 간호진단 기술방법이다.

③ 간호진단은 환자 중심으로 표현되어야 하며, 개별적이고 정확해야 한다.
④ 간호진단은 간단명료해야 한다.
  예를 들면, '환자의 발에 상처가 있어서 통증을 호소함'이라는 진단은 표현이 모호하므로
  '오른쪽 발가락의 피부손상' 또는 '오른쪽 발가락의 피부손상과 관련된 통증'으로 기술하
  면 보다 간단명료한 표현이 된다.
⑤ 간호진단의 문제진술 부분은 기술문으로 쓰게 된다.
⑥ 간호진단은 원인진술을 포함해야 한다.
⑦ 간호진단은 간호수행의 방향을 제시한다.
⑧ 간호진단은 독자적인 간호중재의 기본이 된다.
⑨ 간호진단은 환자의 최근 건강상태를 반영한다.

(8) 간호진단

① 간호과정의 단계에 타당성, 정당성, 엄격성의 규칙과 같은 비판적 사고의 기준이 적용되
  어야 한다.
② 진단은 자동적으로 성취되는 것이 아니라 과정을 통하여 이루어지는 과업이기 때문에 양
  상을 보는 능력은 사람마다 다양하다.
③ 각각의 분야에서 경험이 많은 실무자와 진단가는 진단에 도달하기 위해서 귀납적 논리와
  연역적 논리 두 가지를 모두 사용해야 한다.
④ 비판적 사고는 심리학이나 간호과정의 구성된 단계보다 완성된 과정의 정확성과 관련되
  어 이루어져야 한다.

3 간호계획 (기출)

진단이 내려진 후에 간호계획이 시작되는데 계획단계에서는 기대되는 결과 또는 목적의 진
술과 적절한 간호중재의 결정이 이루어지며 간호중재의 우선순위를 결정한다.

(1) 간호진단에 따른 우선순위 결정

① 간호진단에 따른 우선순위를 정하는 것은 가장 중요한 문제를 먼저 해결하는 데 도움이
  된다. 우선순위 결정에는 환자의 생존이 위협받는 정도, 환자 자신이 가장 중요하다고 인
  지하는 것과 관련된 진단이 고려된다.
② 매슬로(Maslow)의 욕구 단계를 이용하면 일반적으로 생명을 위협할 수 있는 급박한 위험
  문제가 최우선 순위가 된다.
  예를 들면, 비효율적 호흡 양상은 가장 우선적으로 해결해야 할 문제이다.

(2) 기대되는 결과나 목표의 설정

① 이 단계에서 간호사는 대상자의 건강문제들을 해결하는 데 있어 어떤 순서로 문제들을

해결해야 할 것인지를 정하고, 각 문제에 대해 대상자의 상태가 어떻게 변화되길 바라는 지를 선택해서 대상자의 기대되는 결과를 설정해야 한다.

② 기대되는 결과에 도달하기 위해 간호사는 건강문제를 예방, 완화 및 해결하거나 안녕을 증진시키는 중재를 선택해서 간호지시를 작성하는 계획과정을 거치게 된다.

③ 목표는 현실적이어야 하며 단기목표와 장기목표로 분류한다. 장기목표는 최종결과를 표현하는 것이며 단기목표는 장기목표를 향하여 이루어지는 성취도를 단계별로 표현하는 것이다.

④ 목표는 환자의 간호문제와 관련되어 있으므로 진단분류체계 이용이 목적설정에 도움이 된다. 간호진단에 따른 간호목표를 나타내는 목록을 찾아보면 효율적으로 각각의 간호진단에 대한 간호성과나 목적을 결정할 수 있다.

(3) 목표 및 기대되는 결과의 기준

① **대상자 중심** : 목표나 기대되는 결과는 대상자에 초점을 맞추어야 한다. 목표와 기대되는 결과의 진술은 간호중재의 결과로 일어날 것을 기대하는 대상자 행위나 반응을 나타내야 하고, 대상자의 기대를 구체화해야 한다.

예를 들어, 대상자 중심의 목표는 '대상자는 하루에 2번 복도를 왔다 갔다 하게 될 것이다.'라고 진술하며, 간호사에게 초점을 맞추지 않도록 한다.

② **단일적** : 대상자의 행위 하나만을 구체화해야 한다. 2개 이상의 행위는 각각 분리시켜 쓴다. 목표를 단일적으로 기술하는 것은 평가 시의 혼돈과 주관적인 판단을 막아준다. 기대되는 결과인 '대상자의 폐는 8월 14일까지 깨끗해지고 1분에 22회 이하의 호흡률을 보일 것이다.' 와 '대상자는 매시간 incentive spirometer를 사용할 것이다.'로 나누어서 써야 한다.

③ **관찰가능한** : 관찰을 통해 측정할 수 있어야 한다. 관찰할 수 있는 변화들은 생리적 지표, 대상자의 지식수준, 인지 혹은 표현된 감정, 행위들이다. 상태에 대해서 직접 질문하거나 사정기술을 이용하여 관찰함으로써 결과를 얻을 수 있다.

예를 들어, '대상자는 인슐린을 자가투여할 수 있을 것이다.'라는 목표는 '대상자는 8월 30일까지 인슐린 1회 용량을 정확하게 준비한다.'와 '대상자는 8월 31일까지 정확하게 인슐린 피하주사를 시행한다.'라는 결과를 측정할 수 있다.

④ **측정가능한** : 대상자의 반응을 측정할 수 있는 표준을 제공한다.

예를 들어, '체온이 37℃를 유지할 것이다.'와 '심첨 맥박이 분당 60~100회를 유지할 것이다.' 측정 가능한 용어로 대상자 상태의 변화를 객관적으로 수량화할 수 있게 한다.

⑤ **시간제한적** : 결과들은 구체화된 시간틀을 가져야 한다. 각각의 시간틀은 기대되는 반응이 일어나야 하는 때를 말한다. 시간틀은 상태가 합리적인 속도로 진행되고 있는지의 여부를 판단하도록 도와준다. 평가하는 날짜가 되면 간호사는 기대되는 결과에 도달하였는지를 사정한다. 만약 결과에는 도달하지 못하였으나 적절한 간호라고 판단되면 평가 날짜를 새로이 정하도록 한다.

⑥ **상호적** : 상호적인 목표설정은 간호의 방향과 시간틀 작성이 용이하고, 대상자의 동기화와 협조를 증가시킨다. 그러나 간호사는 실무표준, 대상자의 안전, 인간의 기본 요구를 알아야만 한다. 또 대상자가 신체적·정서적으로 안정과 안전을 유지하도록 목표와 기대되는 결과의 일부를 지휘해야 할 필요가 있다.

⑦ **현실적** : 현실적으로 성취될 수 있는 목표와 기대되는 결과를 설정해야 한다. 성취감은 대상자의 동기부여와 협조심을 증가시킬 수 있다. 현실적인 목표를 설정할 때 간호사정을 통해 건강시설, 가족, 대상자의 자원을 알아야 하고, 대상자의 생리적·정서적·인지적·사회문화적 잠재력을 알아야 한다. 그리고 적절한 시간에 기대되는 결과에 도달하는데 이용될 수 있는 자원과 가격을 알아야 한다.

(4) 간호중재의 선정

간호사가 의사결정 기술을 사용하여 각 대상자에 대한 간호중재방안을 선정할 때는 다음 사항을 고려해야 한다.

① 6가지 요소, 즉 간호진단의 특성, 기대되는 결과, 간호중재에 대한 지식, 간호중재의 용이성, 대상자의 수용성, 간호사의 능력을 고려한다.

② 표준간호계획서, 중재분류체계, 표준 임상경로, 매뉴얼, 교과서, 기타 간호 관련 문헌을 검토해야 한다. 문헌, 지침서, 표준간호계획서는 일반적인 문제와 상황에 대한 해결책을 다루고 있으므로 개별화되어 있지 않다. 그러나 아이디어의 비교와 간호중재 목록에 첨가될 수 있는 간과되었던 전략이 있는지를 검사하는 데 가치가 있다.

③ 다른 건강전문직 요원들과 협동해야 한다. 협동은 간호중재를 대상자 요구에 맞도록 개별화하는 과정을 완성시킨다. 간호사는 대상자와 건강팀 요원과 함께 협동으로 일한다.
또한 이들 팀 요원들은 대상자를 알거나 간호하였거나, 대상자 문제에 전문적인 지식을 가진 사람들이므로 그들의 가치, 충고와 제안은 개별화된 간호계획을 세우는 데 꼭 필요하다.

④ 간호중재는 정확하고 현 시점에 적합한 것을 선택해야 한다. 간호중재를 선택할 때 간호중재에 관한 간호중재분류체계(NIC)를 이용할 수 있는데 이는 포괄적이며, 간호행위에 대한 표준화된 분류로서 신체적·정신적 중재 모두를 포함하고 있다.

(5) 간호계획 시행 준비

① 대상자 재사정

ㄱ 간호중재의 첫 단계일 때에 간호사는 대상자를 재사정한다. 이는 부분적인 간호사정으로서 안위의 차원 같은 대상자의 차원이나 심혈관계 같은 한 체계에 초점을 맞춘다.

ㄴ 재사정은 계획된 간호활동이 대상자의 안녕 수준에 여전히 적절한지를 검토하는 것이다.

② 계획의 검토 및 수정

ㄱ 대상자를 재사정한 후 간호사는 진술된 간호진단이 옳은지 확인하고 간호중재가 임상상황에 가장 적합한지를 결정하기 위해 간호계획을 사정자료와 비교하여 검토한다.

    ⓛ 만일 대상자의 상태가 변하여 간호진단과 관련된 간호중재가 더 이상 적합하지 않다면 간호계획을 수정할 필요가 있다.

③ 자원의 조직화

    ㉠ 자원에는 기구와 기술력을 갖춘 직원이 포함된다.

    ㉡ 기구와 직원의 조직화를 통해 효율적이며 기술적인 대상자 간호가 가능하다.

    ㉢ 간호중재를 시작하기 전에 필요한 용품을 준비하고 간호제공자와 시간을 결정한다.

    ㉣ 간호중재를 위해서 환경과 대상자를 준비시켜야 한다.

4 간호수행

간호수행은 계획된 간호를 실제로 수행하는 단계이다. 환자의 기대되는 결과/목적은 간호중재를 시행함으로써 성취될 수 있다. 간호수행단계에서 간호사는 더욱 효과적인 간호중재를 위해 계속적으로 환자를 사정하여야 한다. 즉, 간호에 대한 환자의 반응을 확인하여야 한다.

(1) 준비단계

① 계획단계에서 확인된 간호중재를 검토한다. 간호중재를 수행하기 위해 준비할 때 현재의 문제와 관련된 것인지, 바람직한 특성을 포함하는지를 확인한다.

② 간호계획과 일관성이 있고, 과학적 원리에 근거를 두며, 안전하고 치료적 환경을 제공하기 위해 사용되며, 적절한 자원의 활용을 고려한 간호중재인지를 검토해야 한다.

③ 필요한 간호지식과 기술분석을 한다. 간호수행을 하기 위해 필요한 지식수준과 기술의 종류를 확인해야 한다.

④ 질병과 치료 과정 중에 합병증의 위험이 발생할 수 있다. 간호사는 이러한 위험성을 예방하기 위해 예방적 접근을 해야 한다.
예를 들면, 유치 도뇨관 삽입이 필요한 환자의 경우 상행성 요로감염이 발생할 수 있다는 것을 늘 염두에 두어야 한다.

⑤ 대부분의 간호절차를 수행하는 데는 기구나 물품이 필요하므로 간호사는 필요한 도구가 무엇인지 준비해야 한다. 또한 간호중재를 수행하기 위해 준비할 때 시간자원, 인적자원, 기구 등 물질적 자원을 확보해야 한다.

⑥ 환경적 요인은 간호수행에 영향을 미치기 때문에 안전성이 가장 중요하다. 대상자가 감각결손이나 의식 수준의 변화가 있으면 손상을 막기 위해 환경을 정리해야 한다. 특히, 신체를 노출해야 할 때는 프라이버시를 유지해줌으로써 이완을 증진시킬 수 있다.

(2) 수행단계

① 간호수행은 의사의 지시 없이 간호사가 수행하는 활동인 독자적인 간호중재뿐만 아니라 의존적·상호의존적 중재를 모두 포함한다.

② 의존적 중재는 간호사의 독자적인 중재가 아니다.

예를 들면, 발열환자에게 의사의 처방에 따라 주사제를 투약하는 중재가 의존적 중재에 포함된다.

③ 상호의존적 중재 또는 협력적 중재는 의사, 사회사업가, 임상병리사, 영양사 등 다른 보건의료 전문인과 협조하여 간호를 수행하는 것이다.

예를 들면, 질병으로 인한 가장의 실직은 가정의 붕괴를 가져올 수 있기 때문에 사회사업가를 연결시켜 주는 것이 바람직하다.

④ 간호수행 시 필요한 기술

  ㉠ 인지적 기술 : 인지적 기술은 간호학적 지식이 포함된다. 간호사는 치료적 중재에 대한 이론적 기술을 알고, 정상적이거나 비정상적인 생리적·심리적 반응을 이해하며, 대상자의 학습요구를 규명하고 적절한 건강관리 정보를 교육하며, 예방적이고 보상적인 간호행위에 대한 요구를 인식해야 한다.

  ㉡ 대인관계 기술 : 대인관계 기술은 효과적인 간호중재에 필수적이다. 간호사는 대상자, 가족, 친지 및 건강 관리팀과 명확한 의사소통을 해야 한다. 대상자의 교육과 상담은 대상자의 이해수준에 맞추어서 실시한다.

  ㉢ 전문적 기술 : 전문적 기술은 모든 대상자 간호에 필요하다. 병원에서는 간호사에게 매일 많은 절차들을 수행하도록 요구한다. 간호사는 각 절차들을 정확하게 수행해야 할 책임이 있다. 이들 절차 중 어떤 것은 새로운 것도 있으므로 새로운 절차에 들어가기 전에 간호사는 개인적 능력을 사정하고 도움의 요구나 새로운 지식·기술에 대한 요구를 결정하도록 해야 한다.

(3) 기록단계

① 출처중심기록·서술기록

  ㉠ 전통적인 기록체계로 많은 기관이나 병원에서 지속적으로 활용되고 있다.

  ㉡ 이 기록체계에서는 정보를 특정한 시간에 순서적으로 기록한다.

  ㉢ 간호기록지, 의사경과 기록지, 의사치료지시 기록지, 영양사 기록지 등으로 의료분야별로 분리해 정보를 기록한다.

② 문제중심기록

  ㉠ 문제중심기록 체계는 대상자의 문제(진단)에 초점을 두고 있다. 따라서 자료는 대상자의 개인별 요구에 초점을 두고 있어 접근이 용이하다.

  ㉡ 이 체계의 장점은 전체 의료요원이 확인된 동일한 문제에 초점을 두기 때문에 질적 간호가 촉진되며 신속한 접근이 가능하다.

  ㉢ 이 체계의 단점으로는 특정 의료분야의 구성원이 통합된 기록체계의 활용을 거부할 수 있고 간호가 개별화되지 않고 일치되지 않는다면 문제를 해결할 수 없다는 것이다.

③ 핵심기록

　　㉠ 핵심에 포함되는 사항으로는 증후와 증상, 대상자의 관심사나 행위, 간호진단, 대상자 상태나 행동의 급속한 변화 등이 있다.

　　㉡ 자료는 핵심과 관련된 주관적·객관적 자료이며 행위는 수행하고 있는 간호중재, 반응은 중재의 효율성 평가이다.

④ 컴퓨터 기록

　　㉠ 대부분의 의료기관에서는 전산정보 시스템을 이용하고 있다.

　　㉡ 간호업무 전산화 목적은 양질의 간호를 제공하기 위해 컴퓨터가 제공할 수 있는 정확성, 신속성, 간편성을 살려 부서 간 효율적인 의사소통을 도모하고, 간호업무에 많은 부분을 차지하는 사무와 기록업무를 줄여 직접간호 시간에 활용함으로써, 간호대상자에게 더 나은 간호서비스를 제공하기 위함이다.

5 간호평가

(1) 평가의 본질

① 간호과정의 평가는 간호활동에 대한 대상자 반응, 대상자의 목표달성 진행 상태, 그 기관에서 제공한 간호의 질과 간호의 수준을 측정하는 것이다.

② 간호평가는 간호과정에서 마지막 단계이지만 실제로는 간호과정 각각에서 연속적으로 이루어진다. 평가의 단계에서 간호사는 간호목표가 성취되었는지를 결정하게 된다.

③ 간호사는 간호의 효율성을 판단하기 위하여 간호의 표준지식, 정상적인 대상자의 반응에 관한 지식, 간호중재의 효율성을 조사할 수 있는 능력이 있어야 한다.

④ 평가는 일반적으로 즉각적인 재사정, 재진단, 재계획으로 이어지며, 부분적인 간호중재에 대한 대상자의 반응을 지속적으로 사정하고, 간호진단의 우선순위를 수정하여, 간호계획을 변경시키기도 한다.

(2) 평가의 단계

① **대상자의 목표와 평가기준의 재검토** : 간호사는 각 간호진단을 위해 개발된 평가기준과 대상자의 간호목표에 대한 재검토를 통해서 목표달성을 측정할 수 있다.

② **정보수집** : 목표가 달성되었는지와 대상자의 평가기준이 만족하였는지의 여부를 결정하기 위해 필요하다.

③ **목표달성의 측정** : 대상자가 목표성취의 판단에 참여하도록 고려한다.

④ **목표달성의 판단이나 측정을 기록** : 수집된 주관적·객관적 정보에 관한 기록과 목표달성에 관해 내려진 판단이 환자의 건강기록에 필요하다.

⑤ **간호계획의 수정과 조절** : 평가의 단계는 기대되는 목적을 성취하였는지 여부를 비판적으로 검토하는 과정이기도 하다. 제공된 간호의 평가에 따라 목표가 달성되지 않았으면 간호계획을 변경하여 다른 간호법을 시행해야 한다.

6 간호과정과 비판적 사고

(1) 비판적 사고

① 비판적 사고의 필요성 : 인간은 이성적 동물인 동시에 사회적 동물이다. 인간은 혼자서 살아갈 수 없고 다른 사람과의 사회적 관계 속에서만 살아갈 수 있기 때문이다. 그런데 현대와 같은 정보화 시대에는 사회적 동물로서의 인간이 더욱 강조된다.

정보통신의 발달로 우리는 과거보다 더 쉽게 다량의 정보에 접근할 수 있으며 그 정보를 분석해야 하고 그 정보로부터 어떤 것을 추론하고 종합해야 하며, 또 새로운 대안마저 제시해야 하는 상황에 놓여 있다. 즉, 현대사회에서 인간은 과거에 비해 자기 입장을 더 분명하게 해야 하고 다른 사람의 입장을 비판적으로 평가해야 하며, 궁극적으로 사회적 소통을 통해 공존을 모색해야 할 상황을 맞이한 것이다. 이러한 점에서 분석하고 추론하며, 종합하고 대안을 제시하는 복합적 사고 과정으로서 비판적 사고가 요청된다고 볼 수 있다.

② 비판적 사고의 개념 : 비판적 사고의 시작은 미국의 실용주의 교육학자인 존 듀이부터이다. 그는 비판적 사고를 반성적 사고와 동일시 한다. 우리는 일반적으로 신념이나 가정된 지식을 지속적으로 유지하려는 경향이 있는데 그것들을 비판하고 반성하는 것이 비판적 사고이다. 즉, 우리의 선입관, 편견, 습관적 믿음 등에서 벗어나기 위해 능동적 반성을 해야 한다고 말하는 셈이다.

㉠ 비판적 사고의 정의

ⓐ 비판적 사고는 어떤 의견을 받아들일지 또는 어떤 행위를 할지 결정하기 위해 상황에 대한 논리적 구조와 의미를 파악하고 개념, 준거, 방법, 맥락 등을 고려하여 최선의 판단을 내리는 합리적 사고이다.

ⓑ 비판적 사고는 크게 비판적 사고 성향과 비판적 사고 기술로 개념화한다.

ⓒ 비판적 사고 성향은 스스로 판단하는 사고를 중요하게 여기고 이를 사용하려는 개인적인 성향과 습관을 말한다.

ⓓ 비판적 사고 기술은 해석, 분석, 평가, 추론 등의 인지적 기술을 의미한다.

ⓔ 비판적 사고란 무엇을 믿고 무엇을 할지를 결정하는 데 초점을 맞추는 합리적이고 반성적인 사고이다.

ⓕ 비판적 사고는 맥락에 민감하고 기준에 의존하며 자기 교정적인 것으로서 좋은 판단을 만들어 내는 숙련되고 책임감 있는 사고이다.

ⓖ 비판적 사고란 자신의 생각과 타인의 생각을 주의 깊게 검토하여 세상을 이치에 맞게 이해하려는 능동적·목적적·조직적 노력이라고 정의된다.

ⓗ 비판적 사고를 통해 상식, 관행, 선행 이론, 타인의 견해를 반대할 수도, 찬성할 수도 있으며 보완, 절충, 유보의 입장에 설 수도 있다.

간호에서의 비판적 사고

- 목적이 있고, 정보에 근거하며, 성과 중심의 사고로 이는 주요 문제, 이슈 및 위험요인들을 신중하게 확인할 것을 요한다.
- 환자, 가족 및 지역사회의 요구에 의해 촉구된다.
- 간호과정의 원칙이나 과학적 방법을 기초로 한다.
- 특정 지식, 기술 및 경험을 요구한다.
- 전문적 표준과 윤리강령을 지침으로 한다.
- 인간의 잠재력을 극대화하거나, 인간 본성에 의해 만들어지는 문제를 보상하는 전략을 요구한다.
- 이는 지속적인 재평가, 자기 수정 및 개선을 위한 노력이다.

ⓛ 학자들의 정의

이름	비판적 사고의 개념
Dewey	어떤 신념이나 가정된 지식의 형식에 대하여 그것의 근거와 도달하고자 하는 결론을 조명하여 적극적이고 지속적으로 조심스럽게 고려해 보는 것
Ennis	• 진술에 대한 올바른 평가 • 무엇을 믿고 무엇을 해야 하는가를 결정하는 데 초점이 맞추어진 반성적, 합리적 사고
facione	해석, 분석, 평가 및 추론을 산출하려는 의도적이고 자기 규제적인 판단이며, 동시에 그 판단에 대한 근거가 제대로 되어 있는가와 개념적, 방법론적, 준거적, 또는 맥락적 측면들을 제대로 고려하고 있는가에 대한 설명을 산출하는 의도적이고 자기 규제적인 판단
Glaser	어떤 신념이나 형식화된 지식을, 그리고 그것을 지지하는 증거와 그것이 제시하는 결론에 비추어 검증하려는 부단한 노력을 요구하는 것
Lipman	준거를 따르고 자기 수정적이며 상황에 민감하여 좋은 판단을 내릴 수 있도록 해 주는 숙련되고 책임감 있는 사고
신경림	관찰, 경험, 반성, 추론, 의사소통으로부터 얻어진 정보를 기술적으로 개념화하고 적용하며, 분석하고 통합·평가하는 지적으로 잘 훈련된 과정으로서 결과보다는 하나의 수단으로서 이용하는 합리적 행위

출처 : 조아미 외. 청소년 생애핵심역량 개발 및 추진방안 연구 Ⅱ; 사고력 영역.
한국청소년 정책연구원. 2009.

ⓒ 비판적 사고의 구성요소

이름	구성요인
D'Angelo	지적 호기심, 객관성, 개방성, 융통성, 지적 회의성, 지적 정직성, 체계성, 지속성, 결단성, 다른 관점에 대한 존중
Ennis	진술의 의미를 명백히 하기, 질문의 요지에 초점 유지하기, 전체상황 고려하기, 이유를 찾고 제시하기

ⓔ 비판적 사고의 적용
  ⓐ 비판적 사고는 현실의 구체적인 주제나 경험적인 문제를 해결하는 데 더 적합하다.
  ⓑ 비판적 사고는 어떤 문제나 주제에 대해 더 구체적이고 실질적인 대안을 주는 해결
     지향적 사고이다.
  ⓒ 비판적 사고는 적극적으로 고정관념을 타파하려는 시도이다. 고정관념이란 생각
     A로부터 생각 B가 발생한다는 믿음인데, 비판적 사고는 A로부터 B가 아닌 것들이
     발생할 수 있고 A가 아닌 것들로부터 B가 발생할 수 있음을 따져 보는 사고이기
     때문이다.
  ⓓ 비판적 사고는 대중사회나 정보화 사회에 더 걸맞은 사고의 방식이라고 볼 수 있다.
  ⓔ 비판적 사고는 올바른 사고의 기술과 기준을 지속적으로 연습하고 부과함으로서
     사고 과정의 오류, 왜곡, 실수를 최소화하고 올바른 판단을 내리는 데 유용하기
     때문이다.
  ⓕ 비판적 사고는 시행착오적·개방적·합의지향적이며, 공존을 위한 사고의 미학을
     보여 준다고 할 수 있다.

제시 1. 비판적으로 사고하는 방법

첫 번째 훈련 단계 : 비판적으로 사고하는 법을 배우기
비판적으로 사고하기 위해서는 우선 비판적 사고가 무엇인지, 그리고 어떻게 비판적으로 사고해야 하는지를 배워야 한다.

두 번째 훈련 단계 : 비판적 사고에 기반하여 행동하기
비판적 사고가 무엇인지 그리고 그것을 어떻게 하는지를 배웠다면 이제 비판적 사고로 우리의 삶을 더 좋게 만들어야 한다. 생각은 행동으로 이어지고 삶을 구성한다. 비판적 사고에 입각한 행동은 우리의 삶을 변화시킨다. 비판적 사고를 하는 사람(critical thinker)은 곧 비판적 행동가(critical activist)가 되어야 한다.

세 번째 훈련 단계 : 행동을 평가하고, 비판적 사고를 발전시키기
행동을 하고 난 뒤에는 반드시 자신의 행동에 대한 검토와 평가가 필요하다. 만일 행동의 잘못이 사고의 잘못에서 기인한다면, 첫 번째 단계로 돌아가 비판적 사고 과정에 어떤 문제가 있었는지를 점검하라. 만일 사고를 행동에 적용하는 단계에서 문제가 있었다면 두 번째 단계로 돌아가 더 좋은 행위자가 되기 위한 방법을 고민해야 한다. 이처럼 비판적 사고는 삶의 전 과정에서 계속되어야 한다. 과거의 자신의 생각과 행동을 지속적으로 되돌아보면서 현재와 미래에 더 나은 삶을 살기 위해 스스로를 단련시키고 노력해야 한다.

제시 2. 비판적 사고 성향 측정해보기

1. 지적 통합
- 나는 어떤 문제에 접근할 때 관계, 배경 등 총체적인 상황을 고려한다.
- 나는 문제를 해결하거나 판단을 할 때 수집한 자료를 체계적으로 조직하여 활용한다.
- 나는 어떤 문제에 대해 관련 정보를 종합적으로 고려하여 판단한다.
- 나는 문제에 당면하면 먼저 전체 상황을 파악하려고 노력한다.
- 나는 문제에 당면하면 여러 각도에서 해결방안을 고려해 본다.

2. 창의성
- 나는 다른 사람들이 생각할 수 없는 것을 흔히 생각해 낸다.
- 나는 문제해결을 위해 이전의 방법과는 다른 방법을 시도해 본다.
- 나는 남들과는 다른 방식으로 생각하는 것을 좋아한다.
- 나는 독창적인 아이디어를 생각해 내는 것을 좋아한다.

3. 도전성
- 나는 어떤 일을 하다가 중도에 쉽게 포기하지 않는다.
- 나는 어떤 논제에 대해 결론이 나지 않으면 토론을 포기하지 않는다.
- 나는 남들이 하는 대로 따라하지 않는다.

4. 개방성
- 나는 나의 의견에 대한 비판을 기꺼이 받아들인다.
- 나는 어떤 논제에 대해 다른 사람들의 견해를 듣기를 좋아한다.
- 나는 나의 실수를 학습의 기회로 삼는다.

5. 신중성
- 나는 어떤 일을 결정하기 전에 결과의 장단점을 미리 생각해 본다.
- 나는 질문을 받으면 대답하기 전에 한 번 더 생각해 본다.
- 나는 성급하게 결정하지 않고 충분히 생각한다.
- 나는 어려운 일이 발생해도 당황하거나 덤벙대는 경향이 없다.

6. 객관성
- 나는 어떤 일을 판단할 때 객관적인 입장에 서서 판단한다.
- 나는 이성적인 사람이라는 평을 듣는다.
- 나는 평소에도 어떤 것이 옳고 그른지 분석해 본다.

7. 진실추구
- 나는 일단 방침이 정해졌더라도 더 나은 결과를 위해 지속적으로 생각해본다.
- 나는 일을 처리하는 과정에서 반복적인 평가를 거치면서 진행한다.
- 나는 나의 생각이 옳은 지를 지속적으로 평가한다.

8. 탐구성
  • 나는 문제해결을 위해 관련 정보를 지속적으로 찾는다.
  • 나는 복잡한 문제를 해결하기 위해 노력하는 일이 재미있다.
  • 나는 의문이 생기면 알아내려고 애를 쓴다.
  • 나는 어떤 일이 발생했을 때 그 일의 진행과정이 궁금하다.
  • 나는 사물을 볼 때 문제의식을 가지고 본다.

(2) 비판적 사고의 전략

① 9가지 표준

㉠ **명료성**(clarity, clearness) : 명료성은 비판적 사고의 표준들 중에서도 출입문에 해당하는 표준이다. 어떤 생각을 표현한 진술이 불명료하면 우리는 그 진술의 의미를 이해할 수 없고, 나아가 그 진술이 정확하거나 적절한지 결정할 수 없으며, 그 진술이 중요한지, 깊이가 있는지도 결정할 수 없기 때문이다. 우리의 사고는 쉽게 이해되거나, 오해 가능성이 없거나, 그 사고로부터 무엇이 따라 나오는지 명백할 때 명료하다고 한다. 따라서 사고가 모호하거나, 애매하거나, 혼란스럽거나, 오해하기 쉽거나, 또는 그 사고로부터 무엇이 따라 나오는지 알 수 없을 때 그 사고는 불명료하다고 한다.
명료성에는 두 측면이 있다. 하나는 내가 의미하는 것에 대해 나 자신이 마음속에서 명료한지의 측면이다. 다른 하나는 내가 의미하는 것을 다른 사람이 알 수 있도록 명료하게 표현하고 있는지의 측면이다. 만일 내가 생각하고 있는 것을 내가 자세히 설명하거나, 또는 나 자신의 말로 표현하거나, 그것의 함의를 꿰뚫어볼 수 있으면, 그 생각은 나 자신의 마음속에서 명료하다. 반면에 다른 사람이 알 수 있도록 명료하게 표현하는 측면은 맥락이나 상황에 따라 다르다. 내가 말을 하는 상대가 누구인지에 따라 명료성의 정도가 달라질 것이기 때문이다. 예컨대 광합성이 무엇인지에 대해 초등학생에게 설명할 때와 생물학 교수에게 설명할 때 내가 선택할 낱말들은 달라져야 할 것이다. 명료하지 않은 진술의 예로 누군가가 "복지 정책은 부정이다!"라고 말한다고 해보자. 이 진술이 무엇을 의미하는가? 이 진술은 다음 셋 중 어느 것을 의미하는지 불명료하다.
ⓐ "사람들에게 그들이 벌지 않은 재화와 서비스를 제공한다는 생각은 벌어들인 사람에게서 돈을 도둑질하는 것과 같다."(윤리적 주장)
ⓑ "복지법은 그 법안이 처음 공식적으로 제출되었을 때 상상하지 못했던 뒷구멍이 너무 많아서 사람들이 공짜로 돈과 서비스를 받게 된다."(법적 주장)
ⓒ "복지 혜택을 받는 사람들은 종종 서류를 위조하고 거짓말을 한다."(수혜자의 윤리적 성품에 관한 주장)

따라서 이런 의미 중 어느 것을 의미하는지 명료하게 하지 않는 한 이 진술에 대해 이해했다고 할 수 없다.

명료성에 초점을 둔 물음은 다음과 같다.

- 이 생각이 명료한가?
- 이 생각이 나의 마음속에서 명료한가?
- 내가 이 생각을 상대방에게 명료하게 말하고 있는가?

ⓛ 정확성(accuracy) : "한국인 남성의 대부분은 100kg 이상 나간다."의 경우처럼 진술은 명료하지만 사실과 일치하지 않아 정확하지 않을 수 있다. 정확하다는 것은 어떤 것을 실제로 존재하는 대로 나타낸다는 것을 의미한다. 우리는 종종 사물이나 사건을 사실과 불일치하게 제시하거나 기술한다. 따라서 나의 생각이나 말은 사실과 일치하게 기술하면 정확하다. 그리고 사실과 부합하지 않게 기술하면 부정확하다. 이때 "정확하다"는 말은 경우에 따라서는 "옳다"나 "사실이다"로 바꾸어 써도 무방하다. 따라서 정확성 표준은 진리, 또는 사실과 관련된 표준이다.

훌륭한 사고자는 진술을 주의 깊게 경청하고, 자신이 들은 것이 정확하고 옳은지 묻는다. 우리는 자기중심적 경향으로 인해 자연스럽게 우리의 사고가 그저 우리 것이라는 이유로 정확하다고 믿기 쉬우며, 우리와 불일치하는 사람들의 사고가 부정확하다고 생각하기 쉽다. 그러나 우리는 다른 사람의 견해는 물론이고 우리 자신의 견해도 정확하게 평가해야 한다.

"한국인은 대부분 100세 이상 산다."는 진술은 그 뜻을 충분히 이해할 수 있을 정도로 명료하긴 하지만 정확하다고 할 수는 없다. 아무리 의술이 발달한 시대지만 아직 한국인의 평균 수명이 100세에는 미치지 못하기 때문이다.

정확성에 초점을 둔 물음은 다음과 같다.

- 이 생각이 정확한가?
- 이 진술이 정확하고 옳은가?

ⓒ 정밀성(precision) : 정밀성은 모호성(vagueness)의 반대 개념으로 정밀하다는 어떤 진술의 의미를 확실하게 이해하는 데 필요한 세부 사항을 구체적으로 제시하고 있음을 의미한다. 그래서 우리가 말하고 있는 것의 의미를 파악하기에 충분할 정도의 세부 사항을 제시하지 못하거나, 구체적 사항을 언급하지 않은 채 일반론을 말하게 되면 정밀하지 못하다고 한다.

정밀성과 명료성은 관계가 있기는 하지만 서로 다른 측면에 초점이 맞추어져 있다. 예컨대 "아기에게 열이 있다."는 말은 무슨 뜻인지 이해할 수 있기 때문에 명료하다고 할 수 있다. 그 말은 대략 아기의 체온이 36도 이상 된다는 말일 것이다. 하지만 이 말이 정밀하다고 할 수는 없는데, 아기의 체온이 36도 이상이면서 정확히 몇 도인지 말하고 있지 않기 때문이다. 반면에 "아기의 체온이 40도다."라는 말은 명료하면서 정밀한 말이다.

물론 사고에 요구되는 정밀성의 정도는 진술을 하는 맥락이나 목적에 따라 달라진다. 예컨대, "키가 얼마인가?"라는 질문을 받고 우진이가 "175.3345cm입니다."라고 대답한다면 우진의 대답은 지나치게 정밀한 것일 수 있다. 그런 질문을 던질 때 우리가 보통은 그 정도까지 구체적인 답을 원하는 것이 아니기 때문이다.

정밀성에 초점을 둔 물음은 다음과 같다.

- 이 생각이 정밀한가?
- 생각을 충분히 상세하게 진술했는가?

㉣ 관련성, 적절성(relevance) : 사고는 명료하고 정확하며 정밀하지만 해당 물음이나 문제와 관련이 없을 수 있다. 어떤 사고가 관련이 있다는 말은 그 사고가 현재 논의 중인 문제와 관련해서 잘 맞아떨어진다는 것을 말한다. 모든 사고는 어떤 의미에서 다른 어떤 사고와 어떻게든 관련이 있다고 할 수 있다. 하지만 그렇다고 해서 그 사고가 다른 사고와 직접적으로 적절한 관련이 있다고는 할 수 없다.

예컨대, 학생들은 종종 성적이 공개된 후 많은 시간을 들여 공부한 과목의 점수가 낮기 때문에 불만을 토로한다. 학생들은 어떤 과목에 들인 노력의 양과 그 과목의 성적 사이에 직접적 관계가 있어야 한다고 생각한다. 그렇지만 노력이 곧 학생의 학습의 질의 척도가 되지 못하고, 그래서 성적과 무관한 경우가 종종 있다. 많은 시간을 들여 공부했지만 핵심 내용을 파악하지 못한다든가, 대단히 비효율적인 방식으로 공부한다든가 하는 일이 있을 수 있기 때문이다.

관련성에 초점을 둔 물음은 다음과 같다.

- 이 생각이 해당 물음이나 문제와 어떻게 관련이 있는가?
- 이 생각이 다른 생각과 어떻게 관계가 있는가?

㉤ 중요성, 의의(importance, significance) : 어떤 주제에 대해 생각할 때 우리는 가장 중요한 사항에 초점을 두어야 한다. 우리가 어떤 문제에 대해 생각하고 있을 때 그 생각이 그 문제를 결정하는 일에 상관이 있으면 그 생각은 중요한 생각이다. 생각은 문제를 처리하는 일에 직접 관련이 있을 때 중요한 것이기 때문이다. 많은 사고가 해당 쟁점이나 문제와 관련이 있지만 모든 사고가 똑같이 중요한 것은 아니다. 그런데도 우리는 종종 가장 중요한 물음을 제기하지 못하고 중요성이 별로 없는 피상적 물음에 사로잡히는 수가 많다.

중요성에 초점을 둔 물음은 다음과 같다.

- 이 생각이 가장 중요한 것에 초점을 두고 있는가?
- 이 생각이 맥락상 어떻게 중요한가?
- 이 개념들 중 어떤 것이 가장 중요한가?

ⓑ 논리성(logicalness) : 생각을 할 때 우리는 다양한 사고를 어떤 순서에 따라 결합한다. 결합된 사고들이 상호 뒷받침하면서 이치에 닿거나 사리에 맞을 때 그 생각을 논리적이라고 한다. 그 결합이 상호 뒷받침하는 것이 아니고, 어떤 의미에서 모순적일 때, 즉 이치에 닿거나 사리에 맞지 않을 때 그렇게 결합된 생각은 비논리적이다. 논리성 표준은 우리의 사고들이 서로 모순되지 않고 일관성을 지니고 있는가 하는 문제와 관련이 있다. 더 나아가 추론을 통한 우리의 사고가 다른 사고로부터 도출되는지를 살피기 때문에 논리적 정당화가능성 문제와 연관되어 있다.

논리성에 초점을 둔 물음은 다음과 같다.

- 이 모든 것이 논리적으로 서로 맞는가?
- 그 생각이 당신이 말한 것으로부터 따라 나오는가?

ⓢ 충분성(sufficiency) : 어떤 문제에 대해 생각할 때 우리는 필요한 사항들이 목적이나 요구에 맞게 충분히 고려되었는가를 생각해보아야 한다. 충분하다는 말은 해당 목적에 맞게 충분히 추론했다거나, 필요한 것에 적합했다거나, 필요한 모든 요인을 고려했다는 것이다. 따라서 결정적 요인을 빠뜨리거나, 상황에 요구되는 필요를 충족시킬 수 있을 만큼 추론하지 못한 경우, 또는 해당 문제에 대해 결론을 내리기 전에 다루어야 할 필수 요인들이 남아 있으면 우리의 사고는 불충분하다.

비판적 사고의 표준으로서 충분성은 정확성이나 관련성보다는 훨씬 덜 익숙하다. 그렇지만 우리의 이유가 정확하고 관련이 있다는 사실만 가지고서는 비판적 사고가 되기에 충분하지 못하다. 이유들은 결론을 끌어내기에 충분해야 하기 때문이다.

충분성에 초점을 둔 물음은 다음과 같다.

- 이 생각이 충분히 철저하게 추론된 것인가?
- 이 생각이 해당 문제에 대해 합리적으로 결론을 내릴 수 있을 만큼 충분하게 추론된 것인가?

ⓞ 폭넓음, 다각성(breadth) : 우리의 사고는 명료, 정확, 정밀하고 관련이 있지만 폭이 넓지 않을 수 있다. 우리가 관련 있는 모든 관점에서 문제를 살필 때 우리는 그 문제를 폭넓게(다각적으로) 생각한다고 할 수 있다. 다양한 관점이나 측면에서 해당 문제를 볼 수 있는데도 그런 관점이나 측면들을 고려하지 못하면 우리는 근시안적으로, 또는 편협하게 생각하는 것이다.

우리는 여러 가지 이유, 즉 제한된 교육, 타고난 자기중심주의, 자기기만, 지적오만 때문에 편협성에 빠질 수 있다. 우리는 우리와 다른 관점을 고려하기보다는 무시하기 쉬운데, 이는 다른 관점을 고려하는 것이 우리 자신의 관점을 재고하도록 요구하기 때문이다.

사고의 폭넓음에 초점을 둔 물음은 다음과 같다.

- 또 다른 관점을 고려할 필요가 있는가?
- 이 물음을 살필 다른 방식이 있는가?

㉧ **깊이, 심층성(depth)** : 우리의 사고는 어떤 문제의 표면적 요소를 살피고, 심층의 복잡성을 확인한 다음, 그러한 복잡성을 고려하여 문제를 다룰 때 깊이가 있다고 한다. 반면에 사태를 지나치게 단순화하거나, 복잡하고 다양한 답을 요구하는 문제에서 그 복잡성을 보지 못할 때 우리의 사고는 피상적일 수 있다.

우리의 사고는 명료, 정확, 정밀과 관련이 있지만 깊이가 없이 피상적일 수 있다. 예컨대 청소년 약물 사용 문제와 관련하여 어떻게 해야 할지 질문을 받았다 하자. "청소년의 약물 사용은 무조건 금지하면 된다."라고 답했다고 해보라. 이 답은 명료, 정확, 정밀과 관련이 있을 수 있다. 하지만 이 답은 문제의 본질을 다루지 못하고 지나치게 피상적인 답을 제시하고 있다. 청소년 약물 사용의 역사, 그 문제의 정치적 배경, 경제적 요인, 중독의 심리 등을 고려하고 있지 않기 때문이다.

깊이에 초점을 둔 물음은 다음과 같다.

- 나의 답이 문제의 복잡성을 어떻게 다루는가? 피상적인가 심층적인가?
- 내가 그 문제의 중요한 요인들을 어떻게 다루는가? 피상적인가 심층적인가?

② 비판적 사고의 기술(간편 매뉴얼)

제시 3. 논리력 배양을 위한 훈련

1. 사고를 명료히 하라(명료성, clarification)
   - 한 번에 하나씩 생각하고 진술하라.
   - 사고는 구체적으로 하라.
   - 생각은 간결한 문장으로 진술하라.

2. 정확한 자료를 근거로 발언하라(정확성, accuracy)
   - 자신의 지식을 점검하라. 정말로 내가 아는 것은 무엇이고 모르는 것은 무엇인지 스스로에게 질문해 보라.
   - 모르는 것은 철저하게 자료 조사에 임하라.
   - 조사를 했다고 했으나 토론이 시작된 후 자신의 자료 조사가 미흡했음을 알게 된다면, 이를 인정하고 분명히 밝혀라.
   - 내가 아는 것이라고 해도 이에 대해 지속적으로 의문을 제기하라. 정말로 자신의 지식을 확신할 수 있는지, 스스로에게 질문을 던지고 확인하라.

3. 객관적이고 공정한 태도를 취하라(객관성, objectivity)
   - 누구라도 자신이 제시한 것과 동일한 자료를 찾아 확인할 수 있는가?
   - 편견이나 이기심으로 자료를 선별하거나 왜곡하고 있지는 않은가?
   - 불이익을 받을 타인의 관점에서 생각해 보았는가?
   - 자신의 기득권을 유지할 수 있는 상황에서 타인에게 권리를 공정하게 분배할 수 있는가?

4. 논점을 지켜라(관련성, relevance)
- 논제 혹은 주장에 관련된 사고를 해야 한다.
- 논점에서 일탈하지 마라.

5. 깊이 있는 폭넓은 질문을 던져라[사고의 폭(width), 깊이(depth)]
- 자신의 말과 생각을 스스로 정확히 이해하고 있는지 질문하고 답변하라.
- 스스로 이해하지 못한 것을 타인에게 말하지 마라.
- 논제와 관련된 현 상황이나 기초 개념에 대해 더 수준 높고 천문적인 자료를 찾아보라.
- 다양한 분야의 연구 결과와 접근법으로 논제를 분석하고 해결책을 찾아보라.

6. 함축까지 고려하라(함축, impication)
- 내가 선택한 언어가 무엇을 함축하는지 파악하라(언어적 함축).
- 나의 발언이 현실에 적용되었을 때 도출할 수 있는 실질적 효과를 생각해보라.

7. 타인의 발언을 경청하고 있는 그대로 반영하라
- 상대방의 발언을 정확히 이해하고 그에 대해 상호작용하라.
- 만일 상대의 입장을 정확히 이해하지 못했다면 자기가 이해한대로 왜곡하지 말고 다시 한 번 확인하라.

간호과정에서의 비판적 사고
- 간호를 계획, 중재, 조정할 때 표준이나 원칙을 적용함.
- 체계적이고 완전하게 사정함 : 간호문제를 확인하기 위해서는 간호 이론적 틀을 사용하며, 의학적 문제를 확인하기 위해서는 해부학적 틀을 사용한다.
- 편견을 인식한다 : 정보 출처의 신뢰성을 결정한다.
- 정상과 비정상을 구분한다 : 비정상의 위험을 확인한다.
- 자료의 중요성을 확인한다 : 관련 있는 것과 관련 없는 것을 구분한다.
- 가정이나 모순을 확인한다.
- 알려진 것과 알려지지 않은 것 모두를 포함한다.
- 다양한 설명과 해결책을 고려한다.
- 문제와 그 것의 원인 모두를, 그리고 관련 요인을 확인한다.
- 개별적인 성과를 측정한다.
- 위험요인을 관리하고, 합병증을 예방하며 건강, 기능 및 안녕감을 증진시킨다.
- 적합한 방법으로 우선 순위를 정하여 의사결정을 한다.
- 위험과 이점을 계산한다.
- 반응을 확인하기 위하여 재사정하고 결과를 모니터한다.
- 구두나 서면으로 효과적인 의사소통을 한다.
- 윤리적 이슈를 확인하고 적절하게 행동한다.

③ **표준을 통해 사고 평가하기** : 비판적 사고의 표준에 대해 어느 정도 이해가 되었으면 이제 이 표준들에 의거해 우리의 사고를 평가하는 것이 중요하다. 이러한 평가 작업은 궁극적으로 우리의 사고를 개선하기 위한 것이다. 생각을 평가한다는 것은 우리의 생각이 얼마나 합리적인지에 대해 판단을 내린다는 것이다. 그리고 이 일은 우리의 생각이 비판적 사고의 표준들에 얼마나 잘 맞는지 평가하는 일로 이루어진다. 물론 평가를 하기 위해서는 그 전의 사고에 대한 분석이 먼저 이루어져야 한다. 그래서 일차적으로 사고의 8요소를 활용해 사고자가 어떻게 생각했는지 분석하는 일이 먼저 이루어져야 한다.

사고에 대한 분석을 통해 목적, 핵심 물음, 정보, 결론, 주요 개념, 가정, 함의나 귀결, 관점, 맥락, 대안의 요소들로 분석하고, 이 요소들을 전체적으로 종합하여 사고자의 생각을 확인했으면, 이제 평가 단계로 넘어가면 된다. 평가를 할 때는 지금까지 이 장에서 다루었던 표준들을 활용해 대략 다음과 같은 물음들을 제기하고 답을 찾으면 된다.

④ **사고에 대한 평가**

    ㉠ 그 사람의 사고의 목적이 명료한가? 그가 추론 과정에서 목적을 달성하는가?

    ㉡ 그 사람이 핵심 물음에 대해 적합하게 답하고 있는가?

    ㉢ 그 사람이 제공하는 주요 정보를 살펴보라. 그 정보들이 합리적인가? 그 정보들이 전체적으로 옳은가? 핵심 물음에 답하는 데 더 많은 정보가 필요하지는 않은가?

    ㉣ 그의 추리로부터 그 사람의 결론이 따라 나오는가? 그 사람이 해당 문제를 정확하게 해석하고 있는가?

    ㉤ 추론의 결과에 영향을 미치면서 핵심 개념들을 달리 해석할 수 있는 다른 대안의 방식들이 있는가?

    ㉥ 그 사람의 주요 가정들이 충분히 합리적인가?

    ㉦ 그 사람의 추론에서 주요 함의나 귀결이 승인할 만한 것인가? 그 사람의 추론이 그의 추론에 유리하거나 불리한 다른 귀결들로 이끌지는 않는가?

    ㉧ 그 사람이 이 문제에 대한 다른 합리적 관점들을 의식하고 있는가? 그가 그런 관점들을 적절하게 고려했는가?

    ㉨ 그 사람이 해당 맥락을 충분히 고려하는 방식으로 문제를 다루고 있는가?

    ㉩ 그 사람이 이런 생각을 추론해낸 방식 이외에 더 나은 대안들이 있는가?

위 물음들에 대한 나의 답은 그 자체로 사고자의 생각에 대한 나의 평가가 될 것이다. 하지만 이 개별 물음들에 대해 답을 제시하는 데서 그치지 말고, 내가 내놓은 답에 대해 증거나 이유를 가지고 뒷받침하는 노력이 중요하다. 개별 물음들에 대한 각각의 답에 대해 그저 찬반 의견을 내놓는 것이 중요한 것이 아니라 그 찬반 의견의 충분한 근거나 이유를 댈 때 나의 답 역시 합리적인 의견이 될 것이기 때문이다. 이렇게 해서 사고의 요소들을 통해 사고에 대해 분석하기, 비판적 사고의 표준들을 통해 사고 평가하기, 평가에 대해 나의 이유로 뒷받침하기가 이루어지면, 이제 마지막으로 사고자의 생각에 대해 앞의 과정들을 종합하여 나의 전체적 의견을 제시하면 된다. 그리고 이 마지막의 전체적 의견이 바로 사고에 대한 나의 전체적이고 종합적인 평가가 되는 셈이다.

⑤ 비판적 사고를 하기 위한 전제조건

　㉠ 자기의 모순을 파악하라 : 자신의 신념을 병렬한 뒤, 각 믿음들 간의 모순은 없는지, 만일 있다면 이들을 어떻게 해결해야 하는지 생각해 보라.

　㉡ 목적을 합리적으로 설정하고 목적에 충실하라

　　ⓐ 목적을 분명히 하라.

　　ⓑ 실현 가능한 목적을 설정하라.

　　ⓒ 만일 원대한 꿈을 가지고 있다면 중간 목표들을 나누어 설정하라.

　㉢ 이유가 있다면 번복하라 : 자신의 잘못과 실수를 깨닫게 된다면 기꺼이 번복하라. 한 번 뱉은 말이 틀린 줄 알면서 끌고 가지 마라.

　㉣ 그만 걱정하라

　　ⓐ 어려운 문제에 직면했다면 무엇이 걱정해야 할 문제이고 무엇이 쓸데 없는 걱정인지를 구분하라.

　　ⓑ 걱정한다고 해서 해결할 수 없는 문제는 걱정하지 마라.

　　ⓒ 만일 해결할 수 없는 문제임에도 그것을 계속 걱정하고 있다면 왜 미련을 버리지 못하는지 그 이유를 생각해 보라.

　㉤ 감정을 통제하라

　　ⓐ 모든 인간은 감정을 갖는다. 우리의 삶에서 감정은 매우 중요하다. 감정이 풍부한 삶, 감정을 효과적으로 사용하는 삶은 바람직하다.

　　ⓑ 자신의 감정을 점검하여 감정의 소모를 줄여라.

　㉥ 욕구를 절제하라

　　ⓐ 자신이 정말로 원하는 것이 무엇인지 분석하고 평가하라.

　　ⓑ 이유도 모르면서 추구하고 있는 욕구들은 없는지 살펴보라.

　㉦ 환경을 탓하지 마라 : 과거와 타인을 탓하지 말고 지금 여기에서 인생을 시작하라.

PART 2

간호사정

독학사 ^{4단계}

자료수집의 개요

01 자료수집 과정

1 자료의 유형 기출

(1) 주관적 자료

① 대상자 자신만이 입증하고 인지할 수 있는 자료이므로 숨겨진 자료 혹은 증상이다. 예를 들면, 통증, 어지러움, 오심, 슬픔, 불안감이 주관적 자료이며 대상자 자신과 건강에 대한 사고, 신념, 믿음, 감정, 느낌, 인지 등을 포함한다.

② 주관적 자료는 대부분을 대상자로부터 얻게 되지만 가족이나 지인, 다른 건강전문가들로부터 얻은 자료가 사실이기보다는, 그들의 의견이나 인지된 것이라면 주관적 자료가 될 수 있다.

예를 들면, 신생아, 무의식 대상자나 인지장애 대상자는 주관적 자료를 제공할 수 없으며, 자료를 제공하더라도 그들이 제공한 자료는 신뢰를 받기 어렵다.

(2) 객관적 자료

① 대상자가 아닌 타인이 확인할 수 있는 명백한 자료이므로 이를 공개된 자료 혹은 징후라 한다.

② 동일한 것을 관찰한 다른 사람이 그것을 인지할 수 있고 입증할 수 있는 자료로 관찰과 측정이 가능한 자료이다.

예를 들면, 장음, 체온, 말초맥박, 경정맥의 팽창, 피부발적 등이 포함된다.

③ 객관적 자료는 행동의 관찰이나 측정기구를 이용해 얻어질 수 있으며, 임상검사나 진단검사 과정에 의해 얻어진다. 간호사는 관찰한 대상자의 행동이나 사실을 판단해서 결론을 내리거나 해석을 가하지 말고 그대로 간단명료하게 기록해야 한다.

» 주관적 자료와 객관적 자료의 비교

구분	주관적 자료	객관적 자료
수집방법	면담	신체검진, 측정기구, 건강기록, 임상검사, 방사선 검사, 진단검사
설명	대상자 자신만이 인지하고 입증할 수 있는 자료나 증상	대상자 자신이 아닌 타인이 확인할 수 있는 명백한 자료나 징후
예	"수술할 때 얼마나 아플지 너무 두려워요."	40세 남자, 키 174cm 전혈검사 결과, 방사선 검사 결과 촉진되는 종양

2 자료의 출처

(1) 1차적 출처

① 대상자는 정보제공의 가장 좋은 출처이며, 다른 모든 출처는 2차적 출처이다. 대상자는 건강관리 요구와 생활양식, 현재와 과거의 질병, 증상, 일상생활 활동의 변화에 대해 가장 정확한 정보를 제공할 수 있다.

② 1차적 출처의 자료는 대상자의 말이나 관찰, 검진을 통해서 얻을 수 있으므로 주관적이거나 객관적일 수 있다.

(2) 2차적 출처

① 2차적 출처는 대상자로부터 얻어진 자료를 보충해 주고 명백하게 입증된 자료로 제공된다. 대상자 이외의 다른 자원으로써 가족이나 친지, 건강관리 요원들, 대상자 기록 등이 포함된다.

② 가족이나 친지는 대상자가 신생아나 어린이일 때, 위급한 상황일 때, 무의식 상태인 경우에 대상자에 대한 자료를 제공해 줄 수 있는 유일한 자원으로써 매우 중요하다. 이들은 대상자의 질병에 대한 반응, 건강상태의 변화에 대한 대상자의 지각, 생활 스트레스원에 대처하는 능력, 대상자의 가정 상황에 대한 자료를 제공한다.

③ 동료 간호사와 의사, 사회사업가, 영양사, 언어치료사 및 건강관리 영역에서 일하는 비전문요원들도 대상자에 대한 정보를 제공할 수 있다.

④ 과거와 현재의 의무기록, 병력, 간호력, 신체검진 결과 등도 2차적 출처이므로 이는 대상자에 관한 풍부한 정보를 포함하고 사정해야 할 자료를 완성하는 데 도움이 된다. 이를 통해 과거 질병, 입원 경험, 건강기능 양상 장애가 밝혀질 수도 있고 대상자가 말하지 않았거나 간호사가 빠뜨린 자료를 알려주기도 한다. 이러한 건강기록의 검토는 대상자가 다른 의료진에게 받았던 질문의 중복을 줄여준다.

⑤ 간호학이나 다른 문헌에서 얻은 정보는 특히 학생이나 실무를 처음 시작하는 사람에게 중요하다.

예를 들면, 삼차신경통을 가진 대상자를 간호해 본 적이 없는 자가 그 대상자의 어떤 증상과 징후를 사정해야 할지 알기 위해 교과서를 보는 것은 중요하다.

≫ 1차적 출처와 2차적 출처의 비교

1차적 출처	대상자로부터 직접 수집된 주관적·객관적 자료 예 대상자의 통증, 불안진술, 가려움증, 피부색 등
2차적 출처	• 가족과 친구로부터 수집된 대상자에 관한 자료 • 다른 건강관리 전문가들의 구두 보고 • 대상자 기록상의 정보 • 간호제공자들의 구두 보고 • 가족의 진술내용 예 기록상의 진술들 : 대상자의 식사거절에 대한 기록

3 **자료의 기록**

(1) 기록의 의의

① 자료는 체계적으로 기록되고 의료기록의 일부로 영구히 남는다.

② 병원마다 특별한 양식이 있으며 기본 자료는 주기적으로 재사정하여 대상자의 현재 상황과 처음 상태를 비교할 수 있게 한다.

(2) 기록의 종류

① **전통적인 방법** : 면담과 신체사정으로 얻은 자료를 병원의 적합한 양식에 기록하는 것이다. 간호사는 기술과 대상자의 건강문제에 따라 사정자료의 기록에 많은 시간이 요구되므로 이를 효과적으로 요약하여 기록할 수 있어야 한다.

② **컴퓨터 기록** : 컴퓨터 기록은 대상자의 사정자료를 컴퓨터에 입력하여 보관하는 것으로 입력 속도는 간호사가 컴퓨터를 다루는 능력과 입력 속도에 따라 다르다. 컴퓨터 시스템은 임상결과가 같은 대상자와 관련된 자료를 모두 입력하여 손쉽게 간호목적으로 활용할 수 있다.

4 **자료의 확인**

(1) 자료확인의 의미

① 자료의 확인은 이미 수집된 자료를 재차 확인하는 활동이며, 이는 수집된 자료에 대해 가능한 실수나 편견으로부터 벗어나 정확성과 사실성을 확실히 하는 데 목적이 있다. 자료에 오류가 있거나 편견을 가질 경우 부적절하고 비효과적인 간호를 제공할 수 있다.

② 간호사가 모든 자료를 확인하기에는 실제적으로는 불가능하므로 확인이 필요한 자료의 항목을 결정해야 하며, 이를 위해서는 간호사는 항상 면담자료와 신체검진 자료를 비교해야 한다.

③ 수집된 자료의 확인이 필요한 경우는 대상자가 호소한 자각증상이 간호사가 관찰한 내용과 불일치할 때이다.

예를 들면, 대상자는 면담을 할 때에 혈압이 높은 적이 없다고 하였으나 간호사가 혈압을 측정하였더니 200/110mmHg의 결과를 얻었다면 이 자료의 사실 여부를 확인해야 한다.

④ 수집된 자료의 객관성이 부족할 때도 확인이 필요하다.

예를 들면, 대상자가 과거 병력상 중이염을 자주 앓았지만 특별한 문제는 없었다고 한 경우에 면담을 하니 대상자가 간호사의 질문을 잘 알아듣지 못하고 자주 반문을 하면서 간호사가 말을 할 때마다 귀를 간호사쪽으로 기울인다면, 간호사는 대상자가 청력에 문제가 있는지를 사정해서 사실 여부를 확인할 필요가 있다.

(2) 자료확인의 방법

① 정상기능과 단서를 비교하고 구체적으로 질문한다.

② 관찰이나 신체검진을 통해 확인할 수 있다.

③ 교과서, 잡지, 연구 논문을 참조한다.

④ 단서의 일관성을 확인한다.

> 예 다른 기구를 사용하여 대상자의 체온과 혈압을 재어볼 수 있다.

⑤ 주관식·객관적 자료를 비교한다.

> 예 대상자가 열이 난다고 말하지만 체온은 37.8℃일 수 있고 숨을 쉴 수 없다고 말해도 호흡수는 20회/분이고 호흡음은 깨끗할 수 있다.

⑥ 대상자의 진술은 명백히 해야 한다. 폐쇄 질문을 사용하여 대상자가 가족의 불분명한 진술을 분명히 하고 추론을 확인해야 한다.

⑦ 필요에 따라서 간호사는 다시 측정하거나 동료 간호사에게 확인해 줄 것을 요청하여 자료를 확인할 수 있다.

예를 들면, 과거에 고혈압이 없었다고 말한 대상자의 자료와 간호사의 측정자료가 일치하지 않는 경우에 간호사가 대상자의 혈압을 오른쪽 팔에서 측정하였다면, 자료의 확인을 위해 왼쪽 팔에서 다시 혈압을 측정하거나 동료 간호사에게 혈압을 재측정하도록 하여 자료를 확인할 필요가 있다.

5 자료의 조직

(1) 개념틀의 유용성

① 자료의 체계적인 조직을 위해 특정한 틀을 사용해서 관련된 단서들을 묶는 것은 대상자의 강점, 건강문제, 위험요인을 확인하기 위해 필요한 패턴을 찾는 데 도움이 된다.

② 사정자료의 묶음 틀은 대상자의 신체적, 정신적, 사회적 및 영적 측면에서 건강과 관련지어 수집된 자료들을 같은 속성을 지닌 내용끼리 범주화시키는 틀로써 기능하게 한다.

③ 자료의 해석을 쉽게 해주며 불완전한 자료를 파악하는 데 도움을 준다.

④ 수집된 다양한 자료들 간의 연계성을 정확히 분석하게 한다.

⑤ 대상자의 건강문제와 관련된 특성을 종합적으로 평가해 준다.

(2) 간호개념 모형

① 간호개념 모형은 개념틀을 제시하고 간호사들은 이 개념틀 가운데 한 가지 또는 그 이상을 사용한다.

② 간호이론가들의 간호모형으로는 오램의 자기간호 모형, 로이의 적응모형, 뉴만의 건강체계 모형, 존슨의 행위모형, 로저스의 생의 과정 모형 등이 있다.

(3) 신체기관 모형

① 일종의 의학 모형으로 머리부터 발까지 전신을 검사한다.

② 각 신체기관의 과거와 현재의 상태에 관한 신체체계를 검사하여 자료를 수집함으로써 실제적·잠재적 문제를 파악한다.

자료수집 방법

1 관찰

(1) 의미

① 간호과정에서 관찰은 대상자의 자료수집을 위한 가장 중요한 부분이다.

② 대상자를 만나는 매 순간마다 시각, 청각, 후각, 촉각, 미각의 다섯 가지 신체감각을 이용하여 대상자와 그의 환경에서 자료를 모으는 목적 있는 의도적 행위이다.

③ 간호사가 지니고 있는 모든 감각을 동원해서 대상자를 관찰해야 한다.

    ㉠ 시각을 통해 대상자의 피부 변화, 분비물의 색깔과 양, 부종 유무, 호흡특성 및 기타 비언어적 표현들

    ㉡ 청각을 통해 대상자의 장음, 심장음, 호흡음, 통증 및 비정상적인 신호 등

    ㉢ 후각을 통해 질병과 관련된 특유의 냄새, 배액물 등

    ㉣ 촉각을 통해서 피부상태(건조한지, 축축한지, 차가운지, 따뜻한지 등)와 병소의 특징(크기, 모양, 감촉 등)

» 신체감각을 이용한 관찰자료

감각	자료의 예
시각	일반적 외모상태(키, 몸무게, 자세), 피부색, 신체 움직임, 얼굴표정, 장비
청각	혈압, 호흡음, 장음, 심음, 언어능력
촉각	맥박수와 리듬, 병소(종양, 결절), 체온
후각	소변 냄새, 분비물 냄새, 호흡 시 냄새

(2) 관찰의 순서

① 병실에 들어갈 때는 대상자의 고통의 징후들이 있는지 관찰한다.

    예 창백함, 호흡곤란, 통증 등

② 대상자의 안전을 위협하거나 위협이 예상되는 상황이 있는지 관찰한다.

    예 침상난간은 올려져 있는가? 바닥에 엎지를 것은 없는가?

③ 사용되고 있는 장비들을 살펴본다.

    예 소변주머니, 정맥펌프, 산소, 모니터 등

④ 병실 안을 살펴본다.

    예 누가 있으며 이 사람들은 대상자와 어떤 관계인가?

⑤ 체온, 호흡음, 배액냄새, 드레싱의 상태, 침상의 상태, 체위변경 요구와 같은 자료는 더 자세하게 관찰한다.

(3) 시각

① 대상자가 어떻게 보이는지 파악하는 능력의 열쇠가 된다.
② 대상자는 비언어적인 태도로 간호사, 의료진, 가족에 대한 느낌을 표현한다.
③ 대상자의 모습을 통해 생활환경, 직업, 나이, 사회경제적 위치를 고려하면서 정상과 비교할 수 있다.

(4) 후각

① 체취나 호흡 때의 냄새를 확인한다.
② 대상자를 관찰할 때 체취나 숨 쉴 때의 냄새를 통하여 후각으로 하는 관찰의 예를 참조한다.
③ 호흡 때의 악취는 구강이나 폐의 감염을 의미한다.
④ 과일 향기와 같은 케톤 냄새는 당뇨로 말미암은 대사 이상을 의미한다.

(5) 청각

환자의 말을 청취함으로써 의식수준과 환경 지각 능력을 확인할 수 있다.
① **청각을 통한 관찰의 유용성**
    ㉠ 의식수준과 환경에 대한 지각 능력을 알아낼 수 있다.
        ⓐ 간호사가 질문하는 대로 대상자가 이름, 장소, 날짜와 시간을 말하는가?
        ⓑ 간호사가 하는 말을 듣고 대답하는 능력이 있는가?
    ㉡ 대상자의 정신과 신체상태를 알 수 있다.
        ⓐ 대상자가 대화를 시작할 능력이 있는가?
        ⓑ 대상자는 물어볼 때만 대답하는가?
② **청각을 이용하여 관찰이 불가능할 경우** : 정신이 혼미(stupor, coma)한 대상자인 경우에는 가족이나 가까운 사람에게서 정보를 얻을 수 있다.

(6) 촉각과 접촉

비언어적 소통으로 환자에게 안심을 줄 수 있다.
① **촉각을 통한 관찰의 유용성**
    ㉠ 대상자와 악수할 때, 비언어적인 의사소통을 하고 안심시킬 때, 피부의 온도와 습도를 평가할 때, 손에 힘이 있는지를 평가할 때 등 전반적인 관찰을 할 수 있다.
    ㉡ 대상자를 안심시킨다. 가벼운 접촉으로도 대상자를 안심시킬 수 있다.
② **촉진(Palpation)** : 전문적인 접촉으로 신체검진 때 행해진다.
③ **촉진 때 유의사항** : 대상자의 사회문화적 배경을 고려해야 한다. 문화권에 따라 접촉은 대상자의 사적 권한을 침해하거나 적대적인 행동으로 해석될 수도 있다.

2 면담 기출

(1) 면담의 의미

① 면담은 대상자가 건강상 강점과 문제점을 확인하는 시작점으로 중요하고 자료수집에서 신체검진으로의 교량 역할로서 중요하다.

② 면담은 대상자가 자신의 건강상태를 인지한 것에 대하여 말하는 처음의 기회이자 가장 좋은 기회이다. 면담하는 동안 대상자는 건강과 질병에 관한 언어적·비언어적 메시지를 전달하게 되지만, 간호사 – 대상자의 상호작용에 의하여 달라질 수 있으므로 치료적 의사소통의 원리를 적용해야 한다.

(2) 면담 시에 준비되어야 하는 사항

① 편안한 수준의 실내 온도를 유지한다.

② 적절한 조명을 제공한다.

③ 대상자가 편안한 자세를 취하도록 해준다.

④ 소음을 줄인다.

⑤ 대상자와의 거리는 1.2~1.5m(팔길이의 두 배)를 유지한다.

⑥ 동등한 수준의 자리를 배열하며, 편안하게 눈높이를 맞추고, 방해물로 여겨지는 책상이나 침대 옆 탁자 뒤에 앉는 것을 피한다.

⑦ 검진자도 서 있는 것을 피한다.

(3) 소개단계

① 친밀한 관계를 형성하고 안정된 분위기를 유지하고 간호사와 대상자가 좋은 면담을 위해 집중하기 위한 시간이 필요하다.

② 면담을 시작할 때는 정중한 인사말과 함께 간호사의 이름을 밝힘으로써 존중감을 나타낸다. 악수를 청하는 것은 다정하며 수용적인 태도를 나타낸다.

③ 간단한 접촉과 같은 간호사의 비언어적인 행동은 친밀한 관계를 형성하는 데 도움이 된다. 서로 마주 보며 눈 맞춤하는 것은 서로 간에 존경을 가장 잘 나타내는 것이다.

(4) 진행단계

진행단계의 목적은 대상자의 인적자료와 건강상태에 적합한 자료를 수집하여 간호요구를 확인하고 반응하기 위함이다. 이 단계에서는 자료수집을 하기 위하여 구조화된 면담을 사용할 수 있다. 질문에는 개방형과 폐쇄형의 두 가지 유형이 있다.

① 개방형 질문

　㉠ 개방형 질문은 서술적 정보를 묻는 것이다. 이 질문은 일반적 용어에서 뿐만 아니라 논의되어야 하는 주제를 진술하는 것이다.

ⓛ 면담을 시작할 때, 질문의 새로운 부분을 소개할 때, 그리고 새로운 주제를 소개할 때마다 이러한 질문을 사용한다. "오늘 여기 오신 이유를 말씀해주세요.", "무엇 때문에 병원에 오시게 되었습니까?" 등이 그 예이다.

② **폐쇄형 질문**

ⓖ 면담을 할 때 질문을 짧은 대답이나 한 두 단어의 대답, "예" 또는 "아니오"로 선택형의 대답을 이끌어낸다.

ⓛ 대상자가 서술적 대답을 하고 난 후에 빠진 부분을 상세히 채우기 위해 직접적인 질문을 사용한다. 또한 과거의 건강문제에 대해 질문할 때, 기간별 검토를 할 때와 같이 당신이 많은 일정한 사실들이 필요할 때 직접 질문을 한다.

③ **반응**

ⓖ 대상자가 말할 때, 주제를 벗어나 방황하지 않도록 할 뿐 아니라 자유스럽게 표현할 수 있도록 격려해야 한다.

ⓛ 반응은 대상자의 말을 중단시키지 않고 자료를 수집하는 것을 도와주는 효과적인 의사소통 기술들을 적용해야 한다.

④ **의사소통의 기술(면담 기술)** : 좋은 면담을 갖기 위해서는 효과적인 의사소통 기술을 적용해야 하며 이러한 의사소통 기술을 선택할 때는 상황에 따른 융통성이 필요하다.

ⓖ **촉진적** : 촉진적 반응은 대상자가 이야기를 계속해서 더 말하도록 격려하는 것이다. 예를 들면, "음", "예", "그리고", 또는 고개를 끄덕이는 반응들이 있다.

ⓛ **침묵** : 침묵하는 것은 대상자가 방해를 받지 않고 말하고 싶은 것을 생각하고 조직하는 시간을 갖도록 의사소통을 하는 것이다. 침묵은 드러나지 않게 대상자를 관찰하는 기회와 비언어적 실마리를 알아채는 기회를 제공하기도 한다.

ⓒ **반영** : 반영적 반응은 대상자 말로 되풀이하는 것, 다시 말해 대상자가 지금 말한 것을 반복하는 부분을 포함한다. 이는 구체적인 것에 좀 더 집중하여 초점을 두고 그 사람이 자신의 방법대로 계속하기를 돕는 것이다.

ⓡ **공감** : 공감적 반응은 감정을 인지하고 그것을 말로 바꾸는 것이다. 이는 느낌이라 부르고 표현을 하도록 하는 것이다. 당신이 공감적 반응을 사용하게 되면, 대상자는 수용되었음을 느끼고 개방적으로 그 느낌을 다룰 수 있다. 공감적 반응은 "이것은 당신에겐 매우 어려운 것임에 틀림없어요."라고 말하면서 손을 상대방의 팔에 놓는 것을 의미한다.

ⓜ **명료화** : 대상자의 말이 애매모호하거나 불분명할 때 명료화 반응을 사용한다. 예를 들면, "당신이 말한 감기가 의미하는 것을 내게 정확히 말해 주십시오."

ⓗ **초점** : 단락을 나눔으로써 모호성을 배제하고 대상자로부터의 정보를 확인할 기회를 갖는다. 부가적인 설명이나 토의 영역을 제한하여 직립적인 메시지에 주목하도록 돕는다.

Ⓢ **직면** : 당신이 어떤 행동이나 감정 또는 말을 관찰한 경우에는 당신은 바로 지금 그것에 대상자의 집중을 중요시한다. "당신은 아프지 않다고 말하지만 내가 여기를 만지면 당신은 얼굴을 찡그리고 있어요."라고 말함으로써 이것은 불일치되는 것에 초점을 둘 수 있다. 또한 "당신은 슬퍼 보이네요.", "당신은 화가 난 것 같네요."라고 표현함으로써 대상자의 정서에 초점을 둘 수 있다.

ⓞ **해석** : 해석적 반응은 직접적인 관찰(직면과 같은)에 근거하는 것이 아니라 추론이나 결론에 근거한다. 해석은 사건과 연결되어 있고 연상을 하게 되며 원인을 함축하게 된다. 예를 들면, "위에 통증을 느낄 때마다 당신은 생활에서 일종의 스트레스를 받는 것 같이 보여요."라고 표현한다.

ⓩ **설명** : 진술을 함으로써 당신은 사실적이고 객관적인 정보를 공유한다. 이것은 기관의 오리엔테이션 같은 것이 될 수 있다.

　예를 들면, "저녁식사 시간은 오후 5시 30분입니다." 아니면 이유를 설명할 수도 있다. 또 다르게 "당신이 혈액검사 전에 먹거나 마실 수 없는 이유는 음식이 검사결과를 변할 수 있게 하기 때문입니다."라고 말할 수 있다.

ⓒ **요약** : 요약은 당신이 대상자가 말한 내용을 이해한 것에 대한 최종 심경이다. 이는 사실을 요약하고 당신이 대상자의 건강문제나 요구를 어떻게 인지하고 있는지에 대해서 제시하는 것이다.

⑤ **면담을 방해하는 10가지 요인**

　㉠ **거짓으로 안심시키는 것** : 실제로 문제가 있음에도 불구하고 "자, 이제 걱정하지 마세요. 모든 것이 잘 될 거에요."라는 말은 대상자를 안심시키기 위하여 거짓 믿음을 주는 것이다. 이러한 말들로 인해 대상자는 의사소통의 차단을 느끼게 된다. 즉, 대상자가 진정으로 느끼는 불안을 늘 있는 평범한 것으로 여기고 더 나아가 효과적으로 민감한 얘기를 할 수 없도록 한다.

　㉡ **원하지 않는 충고를 하는 것** : 대상자는 검진자에게 "당신은 무엇을 할 것입니까?"라고 마지막으로 말하면서 문제를 설명한다. 당신이 "만약 내가 당신이라면, 무엇을 할 텐데."라고 답한다면 건강관리 의사결정에 대한 책임이 대상자로부터 당신에게로 이동하는 것이다. 이렇게 된다면 대상자가 열등한 위치에 있으며 자신의 일을 결정하는 데 능력이 없다는 것을 내포하므로, 자신의 해결책을 마무리하지 않고 자신에 대해 아무것도 알지 못하게 된다.

　㉢ **권위를 내세우는 것** : "당신의 주치의/간호사가 최고에요."라는 말은 오히려 의존성과 열등감을 조장시키는 반응이다.

　㉣ **회피하는 언어를 사용하는 것** : 사람들은 현실을 회피하거나 자신의 감정을 숨기기 위하여 "이 얘기는 넘어 갑시다."와 같은 완곡어법을 사용한다. 이러한 것은 대상자에게 검진자의 공감결여를 나타낼 수도 있다.

ⓜ 거리를 두는 것 : 거리를 두는 것은 자신과 위협적인 일 사이의 틈을 마련하기 위해 일반적인 막연한 언어를 사용하는 것이다.

　　例 "왼쪽 가슴에 덩어리가 있어요."

ⓗ 전문적 용어를 사용하는 것 : 전문적 용어를 사용하는 것은 대상자를 배제시키는 것처럼 여겨질 수도 있다. 대상자에게 사용하는 어휘를 조정하여 맞출 필요가 있지만 상냥한 척하는 자세는 피해야 한다.

ⓢ 유도질문이나 편파적인 질문을 사용하는 것 : "당신, 담배를 안 피우시지요?" "그렇죠?"라는 질문은 당신이 자기 마음에 드는 대답을 하도록 대상자에게 강요하는 것이 될 수도 있다.

ⓞ 너무 많이 말하는 것 : 간혹 어떤 검진자는 말을 많이 하는 것과 도움을 주는 것과는 관련이 있다고 한다. 그리고 이러한 것이 대상자의 요구에 대처하는 것이라고 생각하지만, 그 반대의 경우가 있을 수 있다.

ⓩ 중단시키는 것 : 종종 대상자가 말할 것을 안다고 생각할 때 대상자의 말을 중단시킨다.

ⓒ '왜'라는 질문을 사용하는 것 : 어른들이 "왜"라는 질문을 사용하는 것은 대개 비난하거나 대상자로 하여금 방어하도록 하는 의미가 포함된다.

(5) 종료단계

① 요약 전단계, 요약단계, 추후단계가 포함된다. 면담이 끝나감을 암시하고 종료하는 것을 수월하게 하기 위해서는 "더 하실 말씀이 있습니까?"라고 대상자에게 질문하면서 자기표현을 할 마지막 기회를 부여한다.

② 면담 시 알게 된 것에 대해 요약을 해준다. 이것은 당신과 대상자가 자신의 건강이 어떤 상태로 되기를 동의한 것에 대한 최종 진술이다.

③ 마지막으로 면담에 응해준 감사와 추후 연계성을 암시한 후 종결의 인사를 한다.

3 신체검진 🎯기출

(1) 신체검진의 정의

① 신체검진은 시진, 촉진, 타진, 청진을 이용하여 건강문제를 알아내는 체계인 자료수집방법으로, 간호면담을 하는 동안에 얻어진 자료들을 명확히 하고 확장하기 위해 사용하는 방법이다.

② 신체검진은 철저하고 체계적이고 능숙한 기술이다. 가정간호사나 보건진료원의 독자적 업무를 대비하기 위해 간호교육에서 강조된다.

(2) 신체검진의 수행

① 신체검진은 일반적으로 간호력 작성을 위한 면담 후에 실시하며, 대상자의 신체적 상태

와 적절한 시간에 수행되어야 한다.

② 신체검진은 체계적인 방법으로 실시해야 하는데 대개의 경우 키, 몸무게, 활력징후 측정의 순으로 실시하고, 대상자의 전반적인 인식 정도와 건강수준에 대한 기록을 한다.

③ 신체검진은 정신상태, 신체발달 정도, 영양상태, 인종, 성별, 연령, 외모상태, 언어능력 등에 대한 검사를 실시한다.

④ 검진 영역을 마친 후두부와 경부로부터 시작하여 흉곽, 폐, 심장혈관계, 복부, 신경계, 근골격계 및 사지, 생식기와 직장 등의 순으로 검진을 실시한다.

》 신체검진의 지침

검진 영역	검진내용
신경학적 상태	정신상태, 지남력, 동공반응, 시력과 눈의 움직임, 구개반사, 청력, 미각, 감각, 후각, 걸음걸이, 협응력, 팔과 다리의 반상, 통증이나 두통과 같은 불편감의 유무
호흡상태	목구멍, 기도, 숨소리, 호흡률과 깊이
심장상태	심첨맥박, 리듬, 심음, 통증/불편감 유무
순환상태	맥박수, 리듬과 맥박의 질, 통증/불편감 유무
위장상태	입술, 혀, 치아, 치주, 장음, 복부 팽만, 매복, 치질 복통과 같은 통증/불편감 유무
생식배뇨 상태	소변의 색과 양, 방광 용적의 변화, 대음순의 상태, 고환검사, 통증/불편감 유무
피부상태	색, 온도, 피부의 긴장도, 부종, 병변, 발진, 덩어리, 모발의 분포, 특히 남성과 여성의 유방에는 덩어리나 유두의 분비물이 있는지 살피고 가려움, 통증/불편감 유무
근골격 상태	근육의 톤, 움직임의 범위, 근육통이나 경련 같은 통증/불편감 유무

(3) 시진(Inspection)

① 시진은 주의 깊게 정밀조사를 하는 것으로 먼저 대상자를 전체적으로 보고 각 신체기관을 보게 된다.

② 시진은 대상자를 만나서 '일반적인 조사'를 할 때부터 시작되며, 검진을 진행하면서 시진과 함께 각 신체기관의 사정을 시작한다.

③ 신체의 오른쪽과 왼쪽을 비교한다. 시진 시에는 적당한 조명과 적절한 노출, 때로는 시야 확대를 위한 기구(확대경, 이경, 검안경, 손전등, 비경, 질경 등)를 사용한다.

(4) 촉진(Palpation)

① 촉진은 손 감각을 이용하게 된다. 감촉, 온도, 습도, 기관의 위치와 크기, 부종이 있는지, 떨림이나 맥동, 강직, 경련, 염발음의 존재, 덩어리진 곳, 뭉친 곳, 아프거나 통증이 심한 곳이 있는지를 검사한다.

② 손가락 끝으로는 피부의 질감, 종창, 맥박촉지, 덩어리의 유무와 같은 미세한 촉각을 구별하며, 손가락과 엄지로 잡아보아 기관이나 덩어리의 위치, 모양, 일관성을 감지하고 피부가 얇아서 온도측정을 예민하게 할 수 있는 손등으로 온도를 측정한다. 그리고 손가락 가운데 마디 아래 관절 혹은 손바닥으로 진동하여 검사한다.

③ 촉진방법은 천천히 하면서 체계적이어야 하고 손을 비비거나 따뜻한 물에 넣어 손을 따뜻하게 한다. 압통이 있는 곳을 확인하고 그곳을 나중에 촉진한다. 표면의 특성을 알아내기 위해 가벼운 촉진으로 시작해서 대상자로 하여금 촉지되는 곳에 익숙하도록 한다.

④ 복부에서와 같이 심부 촉진이 요구되는 경우 한 번에 길게 지속적으로 압력을 주는 것보다 여러 번 압력을 주는 것이 좋다. 계속적인 촉진이나 심부 촉진으로 내부 손상이나 통증을 야기하는 상황은 피해야 한다.

⑤ 양손 촉진에서는 보다 정확한 경계를 측정하기 위해 신장, 자궁, 부속기관과 같은 신체 일부나 기관을 감싸거나 잡기 위해 양손을 사용하는 것이 필요하다.

(5) 타진(Percussion) 기출

① 타진은 기저의 구조를 사정하기 위해 대상자의 피부를 짧고 예리하게 두드리는 것을 의미하는 것으로 이것은 내부 기관의 위치, 크기, 밀도를 알려주는 특징적인 음과 촉진할 수 있는 진동을 나타낸다.

② 타진하는 방법은 먼저 잘 사용하지 않는 손의 중지(타진판으로 불리기도 한다)를 과도 신전시킨 후 말단지절을 대상자 피부 표면에 단단히 부착시킨다. 늑골이나 견갑골은 타진을 피하도록 하는데 뼈 위를 타진하면 항상 '둔탁한(dull)' 소리를 내므로 구별할 수 없기 때문이다. 고정된 손의 나머지 부분을 대상자의 피부 표면에서 뗀다. 그리고 우세한 손의 중지로 타진한다.

③ 중지를 고정된 손 조상(nail bed) 바로 뒤를 겨냥하여 가볍게 쳐서 튕기도록 한다. 손가락 끝이 닿도록 타진 손가락을 구부려서 고정된 손가락에 직각으로 직접 두드린다.

④ 이 위치에서 고르게 스타카토식으로 두 번 타진한다. 때리는 손가락은 빨리 때리고 올려서 고정된 손가락에 진동을 느끼도록 한다. 그리고 새로운 신체 위치로 옮겨서 이 방법이 고르게 유지되도록 하면서 이를 반복한다.

》 타진음의 특성

소리	질	높이	강도	부위
편평음(flatness)	가장 탁한 소리	높다	부드러움	대뇌, 흉골
둔탁음(dullness)	쿵하는 둔한 소리	보통	중간	간, 횡격막
공명음(resonance)	울리는 소리	낮다	강함	정상 폐
과도공명음(hyperesonance)	크게 울리는 소리	매우 낮다	매우 강함	폐기종
고장음(tympany)	북소리	높다	강함	공기가 찬 위

(6) 청진(Auscultation)

① 청진은 심장, 혈관, 폐, 복부와 같은 신체에 의해 만들어진 소리를 청진기를 통해 듣는 것이다. 청진기는 끝부분이 두 가지 형태로 납작한 원판형과 종형이 있다.

② 원판형은 편평한 가장자리를 가지며 호흡음, 장음, 정상 심음 등 고음의 소리를 듣는 데 적당하다. 대상자의 피부에 원판형을 닿도록 하고 나중에 약한 동그라미 자국이 남을 정도로 완전히 밀착시킨다.

③ 종형은 깊고 빈 공간이 있는 컵과 같은 모양이다. 이것은 정상 외의 심음, 잡음과 같은 부드러운 저음을 듣는 데 적합하다. 청진기를 대고 완전히 봉인이 될 수 있도록 대상자의 피부에 가볍게 부착하는데 너무 누르면 원판형과 같게 작동하게 되어 저음을 들을 수 없게 된다.

CHAPTER 3

건강기능 양상별 사정

01 건강지각-건강관리 양상

1 개요

(1) 사정의 초점

전통적으로 간호사는 병을 고치기보다 건강증진에 대한 책임감을 인식하고 있다. 따라서 질병상태에서 뿐만 아니라 건강한 상태에서도 대상자의 일상적인 건강생활을 유지하고 관리하는 책임이 있다. 건강증진은 사람들이 건강과 관련된 활동을 할 수 있는 자신의 능력을 어떻게 인식하느냐에 달려 있는데, 최적의 건강상태를 유지하는 것을 돕기 위해서는 그들의 건강지각과 건강실천, 그리고 예방적인 실천을 확인하는 것이 중요하다.

① **사정의 초점** : 대상자의 건강지각과 건강관리 능력의 사정은 전반적 시진, 건강습관과 자가검진 기술의 평가, 그리고 건강력 중 관련자료들을 포함한다. 또 대상자의 집이나 주변 환경에서 건강에 유해한 물질들이 있는지 확인해야 된다.

사정하기 위한 요인들은 다음과 같다.
- 건강에 대한 정의
- 건강에 대한 가치관
- 대상자의 현 건강수준과 가능한 최적의 건강수준
- 건강과 안전을 위협하는 위험요인들
- 건강관리를 위한 자가검진 기술의 수행능력

② **간호진단** : 건강지각 및 건강관리와 관련된 간호진단은 다음과 같다.
- 잠재성 기도 흡인
- 건강유지 불능
- 불이행(구체적)
- 잠재성 질식
- 잠재성 중독
- 잠재성 외상
- 건강추구 행위

건강지각과 건강관리의 기능부전은 다른 건강문제와 관련될 수도 있다. 이때의 간호진단에는 다음이 있다.

- 적응장애
- 성장발달 장애
- 방어기전 불능
- 비효율적 개인대처기전
- 자가간호 결핍(구체적)
- 비효율적 가족기능
- 가정의 건강관리 유지 불능
- 영적 갈등
- 지식 결핍(구체적)
- 변화된 사고과정

2 사정을 위한 기초지식

건강지각과 건강관리 사정은 자기책임감과 유착행위, 건강증진, 건강유지 그리고 질병 예방과 같은 개념을 이해하는 것을 기초로 한다.

(1) 건강유지

건강유지란 개인이 만족할 만한 건강수준을 유지하는 데 도움이 되는 처방된 약을 먹거나, 정규적으로 운동을 하거나, 스트레스를 조절하고 균형된 식사를 하는 등의 책임감 있는 행동을 포함하는 모든 활동들을 말한다. 책임감 있는 관리가 없으면 건강은 더 이상 유지될 수 없다.

(2) 건강증진

건강증진은 개인이 신체적·심리적·사회적 안녕을 유지하고 증진시킬 수 있도록 내·외적 자원을 개발하는 데 도움을 주는 활동이다. 그런 활동들은 대개 어떤 특별한 질병이나 상태와는 관련이 없다. 건강증진 활동의 예를 들면 규칙적인 에어로빅이나 조깅, 수영 등이 있다.

(3) 질병예방

건강관리는 전통적으로 이미 건강한 사람들을 탐색(screen)하여 질병을 예방하는 것이 주요 임무였다. 매년 신체검진을 한다는 개념은 1920년대 미국 의학협회에서 처음으로 제창되었다. 예방을 위한 건강탐색 활동은 세 부분으로 나눌 수 있다. 즉 1차 예방, 2차 예방, 3차 예방이 있다.

1차 예방은 상해와 질병을 예방하기 위해 면역, 안전벨트 점검, 적절한 구강위생 유지 등의 행위를 말한다. 개인의 생활 양상도 이 범주에 들어갈 수 있다. 예를 들어 사람들은 식이조절, 체중조절, 운동, 금연 등으로 고혈압을 예방한다. 1차 예방이 비용면에서 가장 효율적인 방법이다.

2차 예방은 가능한 건강문제들을 찾아내는 것이다. 고혈압, 척추측만증, 직장암, 자궁경부암, 인지문제, 당뇨, 고콜레스테롤 상태 등을 찾아내는 탐색법은 초기에 병적 상태를 찾아내는 데 도움을 주고 가능한 한 빨리 정상으로 회복하는 것을 목적으로 한다.

3차 예방은 질병 또는 장애가 발생된 후에 건강을 최대한 증진하는 활동을 말한다. 그러한 활동은 알코올중독자, 유방절제술 환자, 심장발작 후에 회복된 사람, 비만인들이 자조집단을 통해서 수행한다.

(4) 자기중심 행위

개인의 건강수준은 자신의 건강행위에 쏟아 넣는 에너지와 지식수준을 기초로 한다. 예를 들면 어떤 사람은 담배의 해로움을 알면서도 계속 담배를 피운다. 그러나 흡연자가 적절히 먹고, 정기적으로 운동하고, 흡연량을 제한한다면 그 사람의 건강은 다른 건강증진 행위들 때문에 증진될 수 있다.

(5) 이행 행위(adherence behavior)

사람들은 흔히 자신의 지식을 토대로 자신의 건강에 대한 결정을 한다. 오늘날 건강관리 비용이 강조됨에 따라 사람들은 자신의 건강유지에 대한 책임감을 더 많이 가져야 된다고 생각하고 있다. 따라서 건강관리에 대한 태도도 변화되어 소비자 권리, 호스피스 간호, 자가간호에 참여하고 있다.

다음 조건들 때문에 사람들은 처방된 건강계획에 더욱 집착하게 된다.
- 문제점 또는 위험요인에 대한 지식
- 이용 가능한 선택내용과 그 결과에 대한 지식
- 의사결정 과정의 참여
- 동기화
- 과거 건강계획에 이행하여 얻은 성공

건강관리 제공자와 함께 목표를 세우는 것은 대상자가 건강계획을 수행하는 데 도움을 준다. 장·단기 목표가 설정되고 그 목표를 얼마나 달성하였는가 하는 기준과 목표 달성일도 정해야 한다. 경험이 동기에 영향을 미치기 때문에 이전에 건강생활의 규제에 실패했던 사람들은 실패할 확률이 더 높고 반대로 성공했던 사람은 동기를 증가시킨다. 예를 들어 체중 감소와 금연에 실패했던 사람은 이전의 실패 때문에 새로운 프로그램 실천이 더 어렵다.

(6) 위험요인

사람의 건강 또는 삶을 위태롭게 하는 위험요인들을 확인하는 것은 건강유지에 필수적이다. 어떤 위험요인은 모든 사람에게 위험을 주는 반면에 어떤 것은 단지 어떤 인종이나, 직업 또는 가족에게만 위협을 준다.

위험요인은 유전, 연령, 생물학적 특징, 개인습관, 생활양식, 환경에 따라 분류할 수가 있다.

그런 범주와 관련해서 위험요인을 평가하는 것은 사전에 개인의 상해, 질병에 걸릴 가능성을 밝혀 줄 수 있고 위험요인들을 줄이기 위한 관리계획을 세울 수 있다.

- 유전적 요인
  - 겸상세포(sickle cell) 빈혈
  - 페닐케톤뇨증
  - 유전성 질병의 가족력
  - 무도병, 혈우병, 당뇨, 심장질환
- 연령과 관련된 요인
  - 노인의 만성질환
  - 노인의 감각결핍
  - 아이의 급성질환
  - 감각–운동 미성숙
- 개인습관
  - 알코올이나 약물 남용
  - 흡연

- 생활양식
  - 좌식 생활양식
  - 일광욕
  - 복잡한 성관계
- 환경적 요인
  - 독성물질에 노출
  - 위험한 작업조건
  - 소음
- 생물학적 요인
  - 고콜레스테롤
  - 고혈당 수준
  - 면역상태 변화

(7) 상해 잠재성

건강을 사정하고 간호계획을 세울 때는 대상자의 상해에 대한 잠재적 위험성을 고려해야 한다. 각각의 연령별 집단에서 발생하는 상해의 형태는 다르다. 잠재적 상해는 열창, 박피, 골절뿐 아니라 중독, 감염, 감정적 손상과 기능 상실까지 포함한다.

외부환경의 사정에는 가정과 일터, 학교 또는 놀이터 등에 존재할 수 있는 해로운 것들을 평가하는 것이 포함된다. 또한 오염된 물, 공기, 알레르기원, 독성 물질들과 같은 오염원의 확인도 포함된다. 내부환경이란 생물학적·유전적 개인의 특징 등을 말한다. 그러므로 내부환경을 사정하기 위해서는 상해에 노출되는 질병과 신체적 상태를 알아야만 한다.

어떤 질병과정은 상해를 예방할 수 있는 신체의 능력을 파괴한다. 예를 들어 골다공증 환자는 넘어지면 골절되기 쉽고, 당뇨병은 상처 치유가 늦어진다.

3. 환경사정

많은 사고와 질병은 방어적인 수단을 통해 잠정적으로 예방될 수 있다. 외부환경의 사정은 사고를 예방할 수 있는 해로운 것을 밝힐 수가 있다. 또한 환경오염을 최소화하는 것이 급성과 만성 질환을 예방하는 일차적 접근이다.

(1) 가정환경

비록 같은 환경에 있다 하더라도, 연령에 따라 위험한 상태가 될 수 있다. 또한 알레르기가 있는 사람은 꽃가루와 동물과 같은 외부환경에 더욱 민감하다.

가정이나 그 주변의 환경위험은 지저분한 집, 근처의 독성 물질, 쓰레기 처리장, 오염된 물, 과밀인구, 해충, 이, 놀이터의 부족, 빈약한 음식 저장시설, 거주자들의 면역 장애 등을 말한다. 가정을 사정할 때는, 해로운 것을 예견하는 점이 중요하다. 예를 들면 2세의 아이는 화학물질이 들어 있는 뚜껑을 열 수 없지만 7세의 아이는 할 수 있다. 건강증진과 상해 예방을 위한 가정환경의 사정은 다음에 초점을 맞춘다.

- 가정·위생상태
- 화재 경보기나 찬장의 안전장치 등의 안전설비
- 어린이 보호를 위한 안전장치(예 베란다 창)

(2) 환경사정을 위한 도구

환경을 사정하는 간호사나 전문가들이 자료를 수집할 수 있는 Caldwell(1976)이 개발한 어린이의 환경측정 도구의 내용은 다음과 같다.

- 부모의 감정이나 구술적인 책임감
- 제한의 폐지와 체벌
- 물리적·공간적 환경의 조직
- 아이들에 대한 부모의 관심
- 적절한 장난감 마련
- 매일 다양한 자극의 제공

(3) 건강관리 환경

간호사와 직원들은 환자에게 안전한 환경을 제공할 책임이 있다. 안전을 사정할 때는 사용하기 전에 모든 장비의 상태를 알아본다. 전기장비는 특히 누전이 되면 위험하다. 그러나 안전이란 안전한 장비 이상의 것을 의미한다. 즉 안전은 병원성 감염, 해롭거나 감염성의 쓰레기, 과도한 소음, 불필요한 방사선 노출, 개인공간의 침범, 온도변화, 불쾌한 광경이나 냄새 등을 방지하는 것도 포함된다.

안전사정은 연령과 개인의 요구도 고려해야 한다. 예를 들면 산소를 사용하는 환자는 불을 사용하거나 담배를 피워서는 안 된다. 또한 감염성 질환이 있는 환자들은 다른 사람과 격리시키고 의식이 혼미한 환자는 침대난간을 올려 주어야 한다.

4 건강력

면담을 통해서 건강지각과 건강관리와 관련된 자료를 수집할 수 있으며, 자료 수집은 다음 범주로 한다.

- 건강지각
- 건강관리와 유착행위에 영향을 주는 요인들에 대한 일반적 정보
- 위험요인
- 예방적 건강탐색 활동

이런 정보를 수집하기 위한 면담은 시간과 목적에 따라 간단하거나 광범위해질 수 있다. 장기적인 건강관리가 필요한 경우는 건강유지 행위의 포괄적인 사정이 필요하다. 이때는 개인의 건강유지 및 건강이해 능력뿐 아니라, 위험요인의 규명도 필수적이다. 자료 수집을 보다 쉽게 하기 위해서는 구조화된 면담을 이용할 수 있다.

(1) 건강지각

Pender(1978)는 건강행위와 관련된 의사결정에 영향을 주는 요인 중의 하나가 자신의 건강에 대한 정의라고 규명하였다. 건강에 대한 정의를 알아내기 위해 다음과 같이 질문할 수 있다.

예를 들면,

"당신은 지금 당신의 건강을 어떻게 기술하시겠습니까?"

"당신에게 건강하다는 것은 무엇을 의미합니까?"

"당신은 건강이 좋다는 것을 어떻게 기술하시겠습니까?"

(2) 건강관리와 이행에 영향을 미치는 요인

Pender가 건강관리에 영향을 미치는 것으로 규명한 요인은 다음과 같다.

- 좋은 건강에 대한 긍정적 태도(건강을 가치 있다고 생각하는 사람들은 일반적으로 자신의 건강관리에 더 적극적이다.)
- 지각된 조절(건강이 운명이라기보다 건강행위와 더 밀접한 관계가 있다고 믿는 사람은 건강관리에 적극적이다.)
- 유능하고 싶은 욕구
- 자아인식
- 자아존중
- 건강증진 행동에 대한 지각된 이점

건강지각과 건강관리에 영향을 미치는 다른 요인으로는 연령, 성, 문화적·교육적 배경, 수입, 경험, 상황적 요인, 건강관련 문제들에 대한 지식과 이해가 있다.

① **연령** : 연령은 개인의 건강지각과 관리에 중요한 영향을 끼친다. 예를 들면 고혈압이나 관절염이 있는 65세 노인은 그의 기능이 본래대로 남아 있다면 자신을 건강하다고 생각할 것이다. 그러나 같은 병을 가진 20세의 남자는 그렇게 생각하지 않는다.

② **성** : 일반적으로 여자들은 남자에 비해서 가정의 중요한 건강관리자 역할을 한다. 그러므로 여자들은 가족구성원의 건강관리 시기와 방법을 결정한다.

③ **문화적 배경** : 사회문화적 신념은 건강과 질병에 대한 개인적인 정의, 건강조절에 대한 지각, 건강행위의 기대에 영향을 미친다. 그러므로 대상자의 문화적 신념과 실천행위를 알면 보다 현실적인 건강관리 행위를 계획할 수 있다. 예를 들면 채식주의자들에게 빈혈을 예방하기 위해 간을 먹으라고 하는 것은 부적절하다.

④ **감정** : 당황, 공포, 부정과 같은 감정이 행동에 영향을 미친다. 예를 들면 유방암의 가족력이 있는 여자는 유방에 대한 자가검진을 거부할 정도로 그 병에 대해 공포감을 갖는다.

⑤ **상황적 요인** : 상황적 요인면에서 대상자의 건강지각과 관리를 평가하는 것도 매우 중요하다. 예를 들면 대상자가 매주 혈압 측정하는 것을 지키지 않으면 간호사는 불이행이라는 간호진단을 내릴 수 있다. 그러나 더 자세히 살펴보면 그 사람은 혼자 살고 있고 혈압기가 없으며 측정방법도 모른다.

⑥ **지식부족** : 제한된 지식은 개인의 동기나 수행에 영향을 준다. 또한 특정 질병과 처방된 약 또는 치료에 대한 지식 부족은 건강관리나 건강이행에도 영향을 준다.

⑦ **경제적 요인** : 수입이나 경제적 여건이 건강관리 행위에 영향을 줄 수 있다. 예를 들면 불충분한 수입을 가진 사람이나 어떤 보험에도 가입하지 않은 사람들은 부적절한 건강관리를 하게 된다. 또한 건강관리에 대해 부정적 경험을 가진 사람은 건강기관 이용을 거부한다.

(3) 위험요인

질병과 상해의 위험요인들이 규명되어야 적절한 1차, 2차 예방활동이 수행될 수 있다. 예를 들면, 체중과다이며 고혈압의 가족력이 있는 나이 많은 사람은 고혈압이 발생될 가능성이 있으므로 정기적으로 검진을 받아야 한다. 일반적으로 기능부전과 관련된 위험요인은 보기에서 볼 수 있다.

플러스 UP 위험요인 분류

- 죽상경화 같은 심장질환
  - 가족력
  - 고연령
  - 남자
  - 고혈압
  - 증가된 혈중 지방 농도
  - 흡연
  - 탄수화물 불내성
  - 고열량, 고지방, 고콜레스테롤, 정제설탕
  - 고염식이 섭취
  - 비만
  - A형 성격
- 고혈압
  - 가족력
  - 고연령
  - 임신
  - 경구 피임약 사용
  - 비만
  - 고염식이 섭취
  - 당뇨병
  - 불안정한 혈압
  - 흡연
  - 심한 알코올 섭취
- 유방암
  - 가족력(어머니나 자매)
  - 자전거나 오토바이용 헬멧 미착용
  - 40세 이상
  - 임신한 적이 없거나 33세 이후
  - 첫 분만
  - 12세 이전의 초경
  - 50세 이후의 폐경
  - 양성 유방질환

- 감염
  - 만성질환
  - 변화된 면역기능
  - 변화된 피부나 점막통합성
  - 스테로이드 면역억제제, 인슐린
  - 치료양식 : 수술, 방사선, 고열량, 투석
  - 병원 감염원에 접촉
  - 외상
  - 영양불량
  - 오랜 부동
  - 열로 인한 손상
  - 따뜻하고 어둡고 축축한 환경(드레싱 밑이나, 피부주름)
- 손상
  - 판단, 조정, 감각기능, 기동성, 의식수준에 영향을 주는 신체적 변화
  - 진정제, 혈압 저하를 일으키는 약물 복용 알코올 섭취
  - 자동차 안전벨트, 꽉끼고 단단한 모자
  - 불안전한 집안환경
  - 스트레스
  - 화재 위험
  - 부적절한 신발
- 강간이나 폭행
  - 위기상황
  - 가족관계의 기능부전(근친상간)
  - 약물이나 알코올 남용
  - 위협적인 자아존중감

그러므로 면담 중에 그런 위험요인을 고려하여 관찰하고 가까운 친척의 가족력도 알아야 한다. 대상자에게 그의 부모님이나 형제 자매의 건강상태나 사망원인을 쓰게 하는 것도 좋은 방법이다. 다른 가능한 위험요인을 밝히기 위해서는 개인의 습관이나 환경을 물어볼 수 있다.

(4) 예방적 건강탐색 활동

면담 중에 얼마나 예방적 건강검진을 받았는지를 알아본다. 그리고 검진빈도의 적절성을 평가한다. 정기적 건강검진은 그 사람의 나이, 확인된 위험요인에 따라서 다양하다. 일반적으로 다음의 질병들을 위한 건강검진이 제안되고 있다.

① **유방암** : 유방암의 조기 발견과 치료는 사망률에 매우 중요한 영향을 미친다. 그러므로 유방암 검진에 관한 지식과 방법을 정확히 알아야 한다.

    ㉠ 20세 이상의 여자는 유방 자가검진(BSE)을 한다. 40세 이상의 여자는 해마다, 20~40세의 여자는 3년에 한 번씩 전문인에게서 유방검진을 받는다.

    ㉡ 35~39세의 여자는 기본적으로 유방 X선 사진을 찍고, 기본 X선 사진 결과에 따라 40~49세 여자는 해마다 또는 2년마다, 50세 이상의 여자는 매년 유방 X선 사진을 찍는다.

② **고환암** : 고환암에 이환될 가장 위험한 나이는 15~30세이다. 미국 암협회에서 추천된 내용은 다음과 같다.

    ㉠ 15세 이상의 남자는 고환 자가검진(TSE)을 한다.

    ㉡ 20세 이상의 남자는 3년에 1번씩 전문인의 검진을 받는다.

③ **대장직장암** : 대장직장암은 남자, 여자 모두 걸릴 수 있으며, 그 빈도는 나이가 들어감에 따라 증가한다. 가장 위험한 사람은 대장직장 폴립이나 장 염증이 있는 사람, 가족력이 있는 경우, 또 고지방을 섭취하고 섬유질을 적게 섭취하는 사람도 해당된다. 다음의 진단 프로그램으로 사망률은 낮아질 수 있다.

    ㉠ 40세 이상은 해마다 전문인에게서 수지 직장 검진을 받는다.

    ㉡ 50세 이상은 해마다 대변에서 잠혈을 검사한다.

    ㉢ 50세 이상에서 두 가지 결과가 음성으로 나오면 3~5년마다 직장경 검사를 한다.

④ **자궁경부암** : 6개월~1년마다 pap smear를 하며 고위험군(부인과 질환 또는 자궁암의 가족력이 있는 자)은 좀 더 자주 검진을 받는다.

⑤ **심장질환** : 관상동맥 질환은 증세 없이 발전하므로 검진은 위험요인의 확인과 변화에 초점을 둔다.

    ㉠ **흡연** : 3년에서 6년마다 흡연행위 또는 금연하려는 욕구를 평가한다.

    ㉡ **고혈압** : 건강한 20~40대의 사람은 3년이나 5년마다. 40~60대는 2년마다, 60대 이상은 매년 검진한다. 고위험군, 비만, 고혈압의 가족력이 있는 자는 더 자주 검진한다.

    ㉢ **고콜레스테롤 혈증** : 20세에 기본 혈중 콜레스테롤을 측정한다. 그 후 6년마다 측정한다. 혈중 농도가 올라가는 사람이나 심장병의 가족력이 있는 사람들은 더 자주 측정한다.

    ④ 비만체중이 3년에서 4년 동안 이상적 체중보다 20% 이상 늘었는지를 평가한다.

5 **신체검진**

(1) 검사 초점과 개요

신체검진은 대상자의 건강지각과 건강관리 행위를 증명해 주는 가시적 자료를 제공한다. 신체검진과 면담에 의해 얻어진 자료 분석은 타당한 간호진단을 내리는 데 도움을 준다. 예를 들면, 피부 두께(인체계측법)와 체중 측정결과, 체중과다인 사람이 체중 감소를 원하지만 정해 준 식이를 따르지 않는 경우라면 적절한 간호진단은 '체중 감소의 불이행'이 적절할 것이다. 또한 신체검진 자료는 건강관리 실천과 안전에 있어서의 가능한 문제점들을 지적한다. 예를 들면 시력이 나쁜 사람은 약을 구분하기 어렵고 또는 주위의 해로운 것을 인식할 수도 없다. 마지막으로 신체검진 자료는 사정할 때 더 필요한 것들을 확인하는 데 사용된다. 유방 검사와 혈압 측정, pap smear를 포함한 골반 검사와 고환 검사는 예방적 건강검진을 수행하고 계획하는 데 대한 자료들을 제공해 준다.

(2) 전반적 시진

신체검진은 대상자와 처음 만날 때 전반적 시진과 함께 시작된다. 그리고 시진결과는 대상자가 어떤 건강문제 때문에 왔는지 단서를 제공해 준다.

① **전반적 외모** : 시진으로 전반적인 청결상태, 옷과 냄새 등을 포함한 위생상태를 알아낸다. 냄새는 건강문제와 관련이 있다. 즉 당뇨병은 숨을 내쉴 때 과일 냄새가 나고, 신부전증에 걸린 사람은 암모니아 냄새를 풍긴다. 대변악취는 장내가스나 실변 때문이며, 구취는 치아위생이 좋지 않음을 보여 준다. 옷은 그 사람의 나이와 환경에 적절해야 한다. 맞지 않는 옷은 최근의 체중 감소를 보여 준다.

충치와 결손 치아를 포함하여 피부, 손톱, 치아의 상태도 알아본다.

전반적 외모로 그 사람의 건강에 대한 가치, 건강행위를 할 수 있는 능력, 자존심을 통찰할 수 있다. 더러운 옷을 입고 있으며 암모니아 냄새가 나고 손톱이 더럽고 머리가 엉킨 사람은 건강관리를 잘못하고 있을 수 있다. 그러나 성급한 판단은 하지 말아야 한다. 심한 냄새와 더러운 옷은 직장에서 직접 왔기 때문이고, 실제로는 좋은 건강습관을 가진 경우도 있다.

② **정신상태** : 특히 판단장애가 있으면 정신상태는 건강행위에 직접 영향을 끼친다. 정신박약, 심한 우울증, 갑작스런 가족의 변화와 슬픔은 직접적으로 건강관리 행위에 영향을 미친다.

정신적 상태를 평가할 때는 그 사람이 논리적으로 정보를 제공하는지에 초점을 두고 면담을 시작한다. 그 사람이 제공하는 정보가 제한적이거나 비논리적이면 가족에게서 정보를 얻는다. 다음에 그 사람의 기분을 관찰하고 대상자와의 관계가 자연스럽고 쉽게 발전해 나가는지도 살펴본다. 어떠한 특이한 형태는 정신상태의 집중적인 평가가 필요할 수도 있다.

③ **신체구조** : 신체구조를 관찰할 때는 키에 대한 체중의 비율, 전체적인 기형상태, 지방의 분포 그리고 근육 긴장도와 기록된 활동과의 관계에 초점을 맞춘다. 예를 들면 매일 1km를 조깅하는 사람은 무기력한 근육을 갖고 있지 않다. 앉은 자세나 선 자세에서 양쪽이 대칭인지 관찰하고 걸음걸이, 조정, 동작이 비정상인지 관찰한다.

④ **불편한 증상** : 면담과 검사하는 도중에 짧은 호흡, 피부색의 변화, 통증, 불편감이나 불안으로 인한 얼굴표정, 잠깐 동안이라도 앉아 있기 어려움 등의 불편한 증상이 있는지 관찰한다.

전반적인 시진으로 얻은 자료는 대상자의 건강에 대한 전반적인 윤곽을 제공해야 한다. 그러면 다른 기능영역과 관련된 특수자료를 모을 수 있다. 건강력과 관련된 처음 시진은 앞으로의 사정을 위한 관련 영역을 규명할 수 있게 한다.

(3) 자가검진 기술의 평가

자기관리와 건강증진의 한 방법은 질병의 조기 발견을 위한 정기적인 자가검진이다. 자가검진기술에는 체온, 맥박, 혈압, 혈당, 요당의 측정과 유방, 고환, 구강 자가검진법들이 있다. 건강력에서는 대상자의 자가검진 기술에 대한 지식과 행동도 포함된다.

6 고환 자가검진

(1) 조기검진 추천

매월 실시하는 고환 자가검진은 조기 발견과 치료를 목적으로 한다.

(2) 고위험집단

고환암의 발생 위험은 18~34세의 남자에게 제일 높다. 그러나 부분적 또는 전체적으로 정류고환을 가진 사람은 어떤 나이든 간에 위험하다. 고환암은 청소년과 젊은 성인의 주요한 사망 원인이다. 그러나 초기에 치료하면 생존율은 거의 100%이다.

(3) 고환암의 특징

고환암은 불규칙적이고 단단하지 않은 고정된 덩어리로 촉진될 수 있다. 끌리는 느낌 또는 무거움이 느껴질 수도 있다. 음낭의 림프선은 복강 깊숙이 연결되어 있어서 림프선은 거의 없다.

(4) 검사지침 : 고환 자가검진

① 고환 자가검진은 3분 정도가 소요된다. 검사 전에 음낭의 피부가 이완되어 검진하기 쉽게 더운물로 목욕하거나 샤워한다.

② 엄지와 검지 사이에 피부를 잡고 수평상태에서 돌리면서 고환을 검사한다.

③ 위 과정을 반복하여 덩어리나 다른 이상이 수직의 상태에서 만져지는지 검사한다. 만약 만져지면 전문인의 검사를 받는다.

7 유방 자가검진

(1) 조기검진 추천

20세 이상의 여성은 매월 유방 자가검진을 하는 것이 좋다. 유방암의 약 90%는 자가검진에 의해 발견된다.

(2) 고위험 집단

유방암의 위험집단에 속하는 여성은 다음과 같다.
- 40세 이상의 여성
- 임신한 적이 없거나 33세 이후에 처음으로 임신한 여성
- 12세 전에 일찍 초경을 하거나 50세 이후 늦은 폐경을 한 여성
- 양성 유방질환의 과거력을 가진 여성
- 어머니나 자매 등 유방암의 가족력이 있는 여성

(3) 검사지침 : 유방 자가검진

① 피부가 젖어 있어 쉽게 유방조직을 검진할 수 있는 시기, 즉 목욕이나 샤워하는 동안 유방을 검진한다. 유방조직을 좀더 노출시키기 위하여 왼쪽 팔을 머리 위로 올리고 오른손은 왼쪽 가슴을 검진하는 데 사용한다.

② 유두가 함몰 또는 움푹 들어갔는지, 주름 같은 피부변화가 있는지, 비정상적인 윤곽인지를 발견하기 위해 거울 앞에서 유방을 검진한다. 옆구리에 팔을 붙이고, 머리 위로 팔을 올리고, 손은 둔부에 놓은 채 가슴근육을 수축하면서, 이와 같은 세 가지 다른 자세로 유방의 외양을 알아본다.

③ 누운 채 유방을 검진한다. 검진할 쪽의 어깨 아래 유방조직을 좀더 노출시키기 위해 작은 베개나 담요를 둔다. 왼쪽 유방을 검진하기 위해서는 오른손을 사용한다. 유방 중심에서 바깥쪽으로 원을 그리며 정밀하게 살피고, 겨드랑이로 이어지는 유방조직도 살핀다. 분비물이 있는지 유두를 짜 본다. 어떤 해로운 덩어리나 혈액성 유두 분비물 그리고 피부의 변화는 전문인의 검진을 받아야 한다.

02 영양과 대사 양상

1 개요

영양과 대사 양상에 대한 사정은 첫째, 대사요구에 따라 소모된 음식 및 수분, 둘째, 섭취된 음식물들의 신체 이용 정도에 초점을 둔다. 인체의 영양기능 수준을 평가할 때 전체적인 영양양상을 고려하는 것이 중요하다. 즉 상처가 있을 때는 평소보다 더 많은 칼로리를 필요로 하기 때문에 매일 섭취한 칼로리량(2,200kcal/일)은 개인의 대사요구와 관련하여 분석해야 한다. 영양양상과 대사기능을 사정하는 것은 섭취, 소화, 흡수, 운반, 대사와 관련된 잠재적 문제들에 대한 위험요소를 확인하는 데 도움이 된다. 각 영양과 대사과정은 수많은 기관, 조직, 세포의 통합된 기능을 필요로 한다. 예를 들어 외관상으로 단순한 연하활동은 신경계, 혀와 인두, 구인두 체계의 구조와 기능이 정상임을 알 수 있다. 따라서 위험요인을 나타내는 단서를 찾기 위해 신체검진 기술을 개발할 필요가 있다.

또한 간접적인 영양 및 대사 기능장애의 증상과 징후들을 고려하고 평가해야만 한다. 예를 들어 피부, 모발, 손톱, 발톱에 나타난 변화는 영양-대사 장애가 있을 때 발생하게 된다. 사정과정 동안 사정내용을 정확히 기록하는 것도 중요하다.

(1) 사정초점

영양과 대사에 관련된 자료들을 얻기 위해 면담, 인체계측법, 피부·구강·복부와 갑상선의 신체 검진, 여러 가지 검사결과 및 진단적 절차, 식이섭취 기록들이 이용된다. 피부, 모발, 손톱, 발톱의 검진은 감염과정과 같은 생리적 변화에 관련된 자료들을 제공한다. 포괄적인 검사를 하는 목적은 의사로부터 의뢰된 다양한 생리적 변화에 관한 자료들을 간호진단과 치료를 위한 기초를 제공하기 위함이다.

영양과 대사를 평가할 때 사정하는 요소들은 다음과 같다.
- 전반적인 외양
- 음식과 수분섭취 양상
- 균형잡힌 식이에 대한 이해
- 식생활에 영향을 미치는 문화적·사회심리적 요소들
- 대사상태
- 영양장애와 관련된 생리적 변화
- 영양불량의 신체적 징후

(2) 간호진단

다음은 영양-대사 기능과 관계있는 간호진단들이다.

- 잠재성 체온변화
- 체액 부족
- 성장발달 장애
- 잠재성 감염
- 구강점막 장애
- 연하장애
- 잠재성 체액 부족
- 고체온
- 영양 결핍
- 피부통합성 장애
- 비효율적 체온 조절
- 조직통합성 장애
- 체액 과량
- 저체온
- 잠재성 영양과다
- 잠재성 피부통합 장애

위에서 제시한 수분과 영양 변화들을 다루는 진단들은 영양 및 대사 기능과 명백한 관계가 있다. 체온과 관계된 간호진단은 체온과 대사와의 관계 때문에 이 기능적 영역에 포함된다. 잠재성 감염, 구강점막 장애, 피부통합성 장애와 같은 간호진단들은 영양장애의 소인이 있거나 영양장애의 결과로서 나타난 상태들이다.

① **잠재성 감염** : 신체는 피부와 구강점막과 같은 기계적 장벽, 염증의 생리적 과정과 면역반응에 의해 감염으로부터 스스로를 방어한다. 감염에 저항하는 모든 방어체계들은 영양에 의해 영향을 받는다. 단백질과 칼로리 부족인 사람은 감염의 빈도가 높다. 영양상태가 나쁘면 피부 손상이 쉽게 생기며 이는 병원균 침입을 용이하게 한다. 또한 면역체계는 단백질 결핍 때문에 약화된다. 특히 단백질 결핍이 있으면 림프구(lymphocyte)의 생산이 억제된다. 한번 감염되면 대사요구들이 증가되어 영양상태는 훨씬 더 나빠진다. 만일 오심, 구토, 설사를 동반하는 감염과정이면 신체의 영양소모가 더 많다.

② **구강점막의 변화** : 구강점막의 변화는 영양문제가 있을 때 2차적으로 나타난다. 비타민 B 결핍은 혀의 정상적인 주름과 조직이 상실되는 원인이 될 수 있다. 마찬가지로 비타민 C 결핍은 구강점막에 영향을 미칠 수 있고 심하면 잇몸 출혈이 있고 치아가 느슨해지는 원인이 될 수 있다.

구강점막은 영양이 아닌 문제로 인해 변화될 수 있지만 실제로 영양문제를 야기시킬 수 있다. 예를 들어 항암요법으로 인한 심한 구내염은 통증이 심해 씹고 삼키지 못하여 음식 섭취를 감소시킨다. 이러한 변화된 구강점막은 섭취와 소화 같은 영양과정들을 방해하게 된다.

③ **피부통합성 장애** : 피부통합성 장애라는 간호진단은 피부상태와 영양공급 간에 직접·간접적인 관계를 가지기 때문에 영양과 대사기능과 관련이 있다. 비록 손상된 피부통합성은 장기간의 압력 때문에 발생되기도 하는데, 이런 진단은 욕창 뿐 아니라 상처와 발진 등 광범위한 피부 변화에 적용된다. 많은 피부변화가 영양적인 원인 때문에 나타난다. 즉 욕창은 산소 부족으로 인해 생기지만 결국 영양 결핍에 기인된다. 수분 섭취가 부족하면 탈수 때문에 피부 손상이 일어나게 된다. 직접적인 영양의 원인으로 인한 피부변화로서 비타민 B 결핍 때문에 2차적으로 나타나는 피부염이 있다.

④ **관련된 간호진단들** : 영양-대사 장애로 부수적인 문제가 나타나게 된다. 예를 들면 영양문제 중 비만으로 인해 자존감이나 신체상에 나쁜 영향을 미칠 수 있다. 변비와 같은 배설문제는 섬유질과 수분이 적은 식이를 섭취하는 것과 관련되어 있다.

영양과 대사기능을 사정할 때 다음의 간호진단 중 어떤 것에 해당되는지 알아본다.

- 신체상 장애
- 변비
- 설사
- 불이행
- **자가간호 결핍** : 식사
- 자존감 저하

2 사정을 위한 기초지식

영양과 대사 기능을 사정하는 것은 건강한 신체기능을 유지하는 데에 있어서 영양소들의 역할과 영양-대사 과정의 요소를 이해하는 것에 기초한다.

(1) 대사

대사는 체세포 내에서 에너지를 생산하고 이용하는 과정들로 이루어진다. 세포에서 일어나는 에너지 생산과 이용은 세포가 영양소에 의해 연료를 얻을 때 시작하는 복잡한 과정이다. 그러나 궁극적으로 최적의 건강을 유지하기 위해서는 에너지의 생산과 이용이 조화를 이루어야만 한다.

인체 내에서 에너지는 대개 두 가지 방법으로 사용된다. 즉 호흡, 신경계 기능, 혈액순환과 같은 필수적인 생명과정과 달리고, 일하며, 생각하고 스트레스에 대처하는 것과 같은 활동을 지지하기 위해 사용된다.

생명과정에 필수적으로 필요한 에너지 양을 기초대사 또는 기초대사율(Basal metabolic rate : BMR)이라고 한다. 기초대사율은 신체가 신체적·대사적·정서적으로 휴식상태에 있을 때 측정되며 보통 kcal/시간으로 표현된다. 놀랍게도 많은 칼로리가 기초대사 활동을 유지하는 데 필요하다. 예를 들어 하루의 에너지 요구량이 2,000kcal인 경우, 사람은 기초대사를 위해 하루에 1,400kcal 정도를 이용하게 된다.

(2) 동화작용과 이화작용

대사과정은 동화과정 또는 이화과정으로 구성된다.

동화작용은 섭취된 음식물이 세포를 형성하는 물질로 전환되는 생산적인 대사상태이다. 예를 들어 음식물에서 섭취된 아미노산들로부터 조직단백질을 구성하고 동화작용에 필수적인 역할을 하는 많은 조효소도 만들어 화학반응을 촉매시키기 위해 필요한 효소를 활성화한다. 조효소들은 DNA, RNA, 지방조직을 구성하고 아미노산에서 단백질을 만드는 데 필수적이다. 섭취된 영양소 양이 필요한 양보다 초과하면 초과된 영양소는 지방조직에 단순히 저장되거나 에너지 요구가 충족되지 않을 때 연료로 이용된다. 그러나 지방조직이 과다하면 영양이나 대사장애가 체중과다 형태로 나타나게 된다. 이런 문제를 가진 환자에게 영양과다라는 진단을 붙일 수 있다.

이화작용은 열이나 에너지를 생산하기 위해 조직이나 글리코겐과 같은 물질이 파괴되는 대사과정이다. 이화작용이 지나치면 신체는 영양소 섭취보다 에너지 생산을 위해 많은 물질들이 파괴된다. 첫번째로 지방조직이 파괴되고 그 과정은 체중 감소로 나타난다. 결국 이화작용이 지나치면 단백질이 파괴되어 근육단백질에 영향을 미치게 된다. 영양소 섭취가 부족하여 근육 소모가 나타나는 경우에 영양 결핍이라는 간호진단을 붙일 수 있다.

① **동화작용과 이화작용에 영향을 미치는 요소** : 동화작용과 이화작용이 균형을 이룰 때 대사기능은 최적의 상태가 된다. 여기에는 섭취한 영양소보다는 다른 요인들이 균형에 영향을 미치게 되므로 영양–대사 상태를 사정할 때 고려해야 한다. 즉 활동수준, 호르몬의 불균형, 환경온도, 스트레스, 질환 등은 대사상태에 영향을 미칠 수 있는 요소들이다. 에너지 요구량이 적은 좌식생활을 하면서 영양소를 지나치게 섭취했을 때 동화작용이 증가한다. 결국 과다하게 섭취된 에너지는 지방으로 축적된다. 안드로겐, 인슐린, 성장 호르몬, 갑상선 호르몬 등은 동화과정을 증가시킨다. 사춘기 동안 남자 아이들에게서 정상적으로 안드로겐 호르몬이 생산되어 근육 성장을 촉진시키고 동화과정을 용이하게 한다. 근육발달을 촉진시키기 위하여 운동선수들에게 안드로겐을 사용하는 것은 암을 유발시킬 수 있으므로 매우 위험하다. 인슐린과 성장 호르몬 및 갑상선 호르몬은 장에서 탄수화물의 흡수를 자극하여 동화작용을 한다.

이화작용을 촉진하는 또 다른 요인으로 정상적인 생리적 변화는 스트레스, 성장과 임신 상황 등이며 생리적 장애로 수술, 화상, 열, 감염, 공복에 의해서도 이차적으로 발생한다. 이때에도 신체 에너지 요구들이 증가된다. 많은 호르몬들이 스트레스 동안 분비가 증가되고 이화작용을 자극시킨다.

(3) 영양소

영양소는 성장, 유지, 치유에 필요한 요소들을 신체에 공급하는 섭취된 물질들이다. 탄수화물, 단백질, 지방, 알코올과 같은 영양소는 에너지를 제공하고 대사과정을 돕는다. 대사과정에 필수적인 영양소는 수분, 전해질, 무기질, 비타민이다. 또한 영양소는 조직 구성을 위해,

여러 생리적 과정을 유지하기 위해 필요하다. 예를 들어 섬유소와 같은 잔유물이 많은 영양소는 소화관의 연동운동을 유지하기 위해 필요하다.

균형 잡힌 식사는 성장, 유지, 회복을 위해 필요한 영양소가 적절하게 조화를 이루게 하고 이화와 동화과정 사이에 평형상태를 증진시킨다. 효과적인 영양상태의 사정을 통해 균형 잡힌 식사의 구성물을 이해하는 것이 필요하다.

(4) 영양과정

영양상태는 영양소의 섭취와 사용을 포함한 모든 과정, 즉 섭취, 소화, 흡수, 운반, 대사에 의해 영향을 받는다.

섭취는 위장관으로 영양소를 받아들이는 과정이다. 정상상태에서 이 과정은 음식을 먹는 모든 활동이다. 습관, 문화, 사회경제적 상태, 음식 준비 능력, 포만 등이 섭취에 중요한 영향을 미친다.

소화는 섭취한 음식이 위장관에서 흡수될 수 있는 형태로 잘게 부서지는 것을 말한다. 소화는 수많은 기계적 작용과 화학적 반응으로 이루어진다. 소화는 구강 내에서 저작하는 기계적 작용과 타액에 있는 효소작용으로 전분이 분해되면서 시작된다. 그 다음 음식은 식도로 가고 연동운동에 의해 위로 들어간다. 위근육이 움직이면서 음식물을 압축시키고 동시에 수많은 화학반응을 통해 음식물을 흡수할 수 있도록 작은 덩어리로 분해된다. 음식물이 소장으로 들어가면 장벽뿐만 아니라 췌장, 간과 담낭에서 분비물이 분비되어 소화과정이 완료된 후 소장 벽을 통해 흡수된다.

흡수는 위장관에서 소화된 음식물이 혈액이나 림프순환으로 들어가고 간에서 대사과정이 일어나는 과정이다.

운반은 세포막을 통과해 가는 영양소들의 운동을 말한다. 운반에 관한 문제들은 주로 임상검사에 의해 발견된다. 예를 들어 당뇨병이 있을 때 포도당이 세포 내로 들어가는 것이 장애를 받으면 혈당량이 높아지게 된다. 대사는 영양의 마지막 과정이다.

(5) 대사에 관한 임상검사 사정

대사를 사정하기 위해 질소균형을 측정하는 것도 한 방법이 된다. 단백질은 질소를 포함하고 있기 때문에 단백질의 동화와 이화작용은 신체의 질소량에 의해 평가될 수 있다. 질소균형은 주어진 시간 안에 소모된 질소량(질소섭취량)과 배설된 질소량(질소 배출량)을 비교하는 것으로 정상인은 질소 평형상태에 있다.

3 건강력

영양–대사기능을 알기 위한 면담의 구성요소는 다음과 같다.
- 음식과 수분 소모에 대한 일반적인 정보
- 음식과 수분 섭취 자료

- 활동수준
- 칼로리 소모에 미치는 심리적·사회적·문화적·개인적 영향
- 영양에 대한 개인적 지식
- 지속적인 생리적 변화

이 정보를 얻기 위해 이용된 방법들은 구조적 접근법을 이용하는 것이 좋으며 면담환경과 환자의 요구에 따라 변화할 수 있다.

탐색면담은 영양-대사 문제들이 분명하지 않을 때, 즉 개인의 체중이 키와 비례하며 피부, 모발, 손톱, 발톱이 건강한 상태를 보이는 경우에 적당하다. 탐색면담은 보통 식사와 간식의 횟수, 수분 섭취량, 일상활동 정도, 지난 6개월 이내의 체중변화 또는 오심, 구토, 연하곤란과 같은 섭취 및 소화와 관련된 불편감을 반영하여 음식과 수분 섭취에 관한 질문을 하게 된다. 탐색면담 결과 잠재적·실제적 영양문제가 파악되거나, 전반적인 시진을 통해 분명히 문제가 나타난다면 포괄적인 면담을 할 수 있다.

물론 대상자가 영양문제를 보이지 않을지라도 포괄적인 면담을 시작할 수 있다. 대상자가 건강한 삶의 증진을 위해 좋은 영양습관에 가치를 두고 있다면 상세한 면담과 식사의 회상법에 의해 식이상태를 평가할 수 있다.

(1) 전반적인 정보

일반적 정보는 대상자의 영양상태의 지각과 영양습관에 초점을 둔다. 사정은 대상자의 영양상태와 습관을 파악하는 것이며 간호계획을 편리하게 세울 수 있게 한다.

사람들은 보통 체중과 식욕으로 자신의 영양상태를 지각한다. 체중에 대한 지각이 현실에서 벗어난 것처럼 보일지라도 체중에 대한 지각은 중요하게 고려할 점이다. 예를 들어 anorexia nervosa가 있는 사람은 심한 저체중임에도 불구하고 먹는 것을 거부할 것이다. 그 사람을 위해 단순히 균형 잡힌 식사를 제공하는 것은 문제해결 방법은 아니며 그 사람 자신의 지각을 바꿀 때 비로소 문제가 해결되는 것이다. 식욕 감퇴 또는 식욕 상실은 다른 환경으로부터 기인될 수 있다. 예를 들어 암 환자는 종종 치료의 부작용에 의해 2차적으로 식욕 상실을 경험한다. 더군다나 종양 환자는 뇌에 있는 시상하부의 포만중추에 신호하는 물질들이 분비되어 배고픈 감각이 감소된다. 이들은 영양상태가 잘못 되었음을 인식할지라도 식욕을 증가시키는 것은 불가능하며, 아무리 잘 계획된 식사라도 영양상태에 거의 효과를 가져오지 못하게 된다.

적합한 간호진단이나 임상적 문제 진술을 하기 위해 손상된 영양소 섭취의 세심한 사정이 필요하다. 대상자가 섭취능력이 없는 경우는 영양 결핍이라는 간호진단은 관련 간호중재들이 비효율적이 될 것이기 때문에 적용하지 않는다. 그러한 환자들은 보통 의학적 중재인 비경구식이로 치료받는다. 그러나 섭취가 제한되어 있다면 간호사가 중재할 수 있기 때문에 간호진단이 적용된다. 예를 들어 구내염이 있는 환자는 구강의 불편감 때문에 먹지 않을 수 있다. 이때 구강점막의 피부통합성을 증진시키고 불편감을 감소시키기 위해 구강위생을 시

행하며 구강조직들을 자극하지 않는 식사를 제공할 수 있다.

개인의 체중변화에 대한 지각은 보다 심한 문제들을 발견하는 데 도움이 될 수 있다. 환자의 옷들이 꼭 맞는가라는 최근 변화들에 대한 질문에 설명할 수 없는 체중 감소는 암과 같은 질병의 증상일 수 있다.

또한 대상자가 특별식이를 따르는가, 식사에 대한 원리를 잘 이해하는가, 실제로 그것이 건강에 도움이 되며 적당한가를 확인해야 한다. 예를 들어 당뇨병이 있는 사람이 처방된 당뇨식이를 실시하고 있다면 최적의 식이 처방을 따르는 것이다. 반대로 탄수화물, 지방, 단백질의 균형이 맞지 않는 식이를 섭취하는 사람은 잠재적으로 위험한 습관을 가지게 되는 것이다. 비타민 섭취도 마찬가지인데, 특히 지용성 비타민만을 많이 복용하는 것은 위험하다.

(2) 음식과 수분 섭취

음식과 수분 섭취를 사정하는 것은 영양기능의 평가에 필수적인 부분이다. 필수 영양소가 적절히 균형을 이루는 식사인지와 기초대사에 필요한 칼로리를 충분히 제공할 수 있는지를 파악하는 것뿐 아니라 활동수준을 파악하는 것 또한 필요하다.

사정자는 대체로 네 가지 기초식품군, 유제품, 야채와 과일, 고기, 밥 등에 관한 식이를 평가하는 것으로 시작한다. 균형 잡힌 식사는 이들 각 군을 대신하는 음식들을 포함해야 하고 에너지 요구들과 일일 에너지 권장량을 만족시켜야 한다.

식사를 정확히 회상하게 하는 것은 음식과 수분 섭취를 포괄적으로 사정하는 방법이다. 식이 회상은 1~3일 동안 섭취한 모든 음식을 기록하는 것이다. 정확성을 기하기 위하여 환자가 섭취한 양들을 정확히 계산하도록 도와야 한다. 예를 들어 요구르트 한 개는 80㎖, 우유 한 개는 200㎖이며 가정에서 공통적으로 사용할 수 있는 측정방법으로 컵, 스푼과 같은 기구를 이용하여 음식섭취량을 기록한다.

한 가지 양식으로 매일 측정하며 대상자는 이 양식을 모두 기록하도록 한다. 이 양식에는 시간뿐 아니라 섭취한 음식의 형태와 양, 섭취시의 상황을 기록하기 위한 공란이 있다. 이러한 정보는 잠재적으로 기능장애가 있는 식사유형을 밝히기 위해 유용하다. 예를 들어 과체중인 사람은 자신이 TV를 시청하는 동안 살찌는 음식을 늘 먹는다는 것을 깨닫게 되면 먹는 행동을 수정하게 된다. 먹는 습관과 그 영향을 규명하는 것은 행동을 수정하기 위해 필수적이다.

기록된 각 음식이나 수분의 영양가를 분석하기 위해 식품영양소표를 이용할 수 있다. 적당한 식사인지 알기 위해 평균 kcal의 섭취와 단백질, 지방, 탄수화물, 무기질, 비타민과 같은 필수영양소를 매일 파악하여 평가한다. kcal 섭취는 대사 평형을 위한 수용할 수 있는 표준으로 평가하고 영양소는 일일 권장량표와 비교하여 평가한다.

(3) 활동수준

활동수준을 사정하는 것은 활동수준이 영양요구들에 영향을 미치기 때문에 중요하다. Kcal

소모에 대한 표준표들은 키, 체중, 연령, 성별 및 활동수준에 근거한 것들이다. 직업은 사람의 활동 등에 영향을 미치므로 고려되어야 한다. 예를 들어 건축 노동자는 사무직 노동자보다 훨씬 활동수준이 크다. 면담 동안 대상자의 개별적인 운동유형들의 종목, 빈도, 운동기간을 묻고 기록한다.

(4) 심리적 · 문화적 · 개인적 영향

개인의 기호는 식사유형에 영향을 미치는 많은 요소들 중 한 가지다. 싫어하는 음식과 심리적 상태도 식습관에 영향을 미친다. 어떤 사람들은 고독하거나 우울할 때 주로 음식에서 안위를 찾고자 하기도 한다.

또한 경제적 요인도 식사에 결정적인 역할을 한다. 수입이 낮은 사람들은 고기나 신선한 과일과 야채들을 살 여유가 없기 때문에 음식을 선택하는 데 제약을 받게 된다. 또한 냉장고가 없기 때문에 음식을 저장할 수단이 없다. 그러므로 영양에 대한 상담시 경제상태가 평가되어야 한다.

또한 민족적 배경이 음식기호에 영향을 미치므로 식사와 식이를 계획할 때 고려되어야 한다. 종교적 신앙도 마찬가지이다. 종교적 신앙은 돼지고기나 갑각류 같은 음식이나 육류의 섭취를 금한다. 채식주의자들과 같은 경우처럼 비종교적 신념들이 식습관에 영향을 미치기도 한다.

(5) 영양에 대한 지식

영양불량은 음식의 영양가에 대한 인식 부족과 관련되기 때문에 영양에 대한 개인의 기초적인 지식과 영양습관을 사정하는 것이 도움이 된다. 지식이 부족한 사람들은 특별한 학습요구들을 가지게 되며, 이때는 기록된 기준치들을 제시하는 것보다 균형 잡힌 식사들을 그림으로 보여 주는 것이 도움이 된다.

(6) 지속적인 생리적 변화

여러 가지 생리적 변화들이 영양상태에 좋지 않은 변화를 초래한다. 오랜 금식상태를 필요로 하는 진단적 검사들을 할 때도 마찬가지이다. 입원으로 인한 영양불량은 식욕이 억제되거나 단순히 병원음식을 싫어하기 때문에 생길 수 있다.

많은 질병들이 섭취, 소화, 흡수, 운반과 대사의 기본적 영양과정을 방해한다. 이들 과정의 손상과 관련된 증상과 증후들은 면담하는 동안 주목되어야 한다. 예를 들어 오심이 있으면 섭취가 제한되고 설사가 심하면 흡수문제가 나타난다. 피부문제들과 감염과정들은 통증 있는 징후와 함께 충분히 평가되어야 한다. 대상자가 복통을 호소하면 통증의 질(찌르는 감각, 둔한 감각 등)과 지속시간, 부위, 악화요소나 경감요소를 기록해야 한다. 비정상적 증상 및 징후가 동반된 어떤 질환과 손상된 영양과정은 면담양식에 기록한다.

약물은 영양과 대사상태를 변화시킬 수 있다. 항생제와 항암제와 같은 화학요법제는 오심과 구토를 유발할 수 있고 구강 궤양과 미각의 변화로 인해 식욕이 저하되어 영양과정을 더 손상시킬 수 있다. 스테로이드제와 면역 억제제를 포함한 대사항진 약물은 이화과정을 자극하고 신체의 에너지 요구량을 증가시킨다. 항경련제, 경구 피임제, 코티코스테로이드 제재는 비타민의 대사를 방해한다. 술은 비타민 B의 대사를 방해하며 오용되면 단백질-칼로리 영양장애와 간질환이 발생하게 된다.

4 신체검진 : 전반적인 영양 사정

(1) 검진초점과 개요

영양과 대사와 관련한 신체검진의 일차적인 목표들은 ① 섭취, 소화, 흡수, 운반, 대사와 같은 영양과정 상태를 파악하는 것과, ② 영양장애의 증상을 확인하는 것이다. 이 자료는 간호진단을 세우기 위해 분석되며 검진중 발견되는 장폐색과 같은 생리적 변화를 확인하거나 관찰하기 위해 분석된다.

영양과 대사기능을 사정하는 데는 다음 내용이 포함된다.

- 전반적 시진
- 인체계측 사정
- 피부, 모발, 손발톱의 검진
- 구강검진
- 복부검진
- 갑상선검진
- 체온사정

(2) 전반적인 시진

대상자의 전반적인 영양상태는 전신적인 외양에 반영된다. 시진은 체중, 근육상태와 피부 외형을 볼 수 있다. 전반적인 시진에 나타나는 영양문제들은 보통 초기단계보다는 오래된 상태에서 나타난다. 예를 들어 5kg의 체중 감소는 시진으로 발견될 수 없다. 그러나 비만한 사람에게 20kg의 체중 감소가 있을 때 여윈 모습이 분명히 보일 것이고 훨씬 더 많은 영양문제들이 확인된다. 마찬가지로 비타민 결핍과 관련하여 피부 외양의 변화 시작은 전반적 시진 시에 잘 나타나지 않지만 리보플라빈 결핍과 같은 심하고 지속된 영양소 결핍은 입 주변 피부들의 건조와 탈락을 시각적으로 알 수 있게 한다. 영양사정을 위한 전반적 시진 후 다음의 신체적 형태를 평가하는 방향으로 한다.

- 피하지방 분포
- 골격근 크기
- 피부통합성

① **피하지방 분포** : 지방은 몸 전체에 분포된 지방조직이다. 대개 피부 밑, 근육과 간 그리고 신장 주변에 차 있다. 어느 정도의 지방은 건강을 위해 필수적이다. 지방은 에너지원이고

극심한 온도변화로부터 신체를 보호할 뿐 아니라 상해들로부터 장기들을 보호한다. 그러나 단순히 시진으로 장기 주변의 지방을 평가하는 것은 불가능하다.

피부 밑에 축적된 피하지방은 시진으로 볼 수 있다. 특히 허리, 대퇴부, 삼두박근 주변은 지방분포를 평가하기 위해 육안으로 조사된다. 보다 정확한 피하지방의 평가방법은 인체계측법이다.

피하지방 분포의 차이는 성장과 발달 단계에 따라 다르고 영양대사 장애가 있는 상태에 따라 달라진다. 일반적으로 남성과 여성들은 체지방량이 다르다. 건강한 남성은 체중의 15~16%가, 여성은 체중의 19~20%가 지방으로 이루어져 있다.

- **연령** : 일생을 통해 지방분포는 변화한다. 건강한 영아는 피하지방의 축적 때문에 포동포동한 뺨, 팔, 다리, 약간 튀어나온 배가 특징적이다. 영아가 성장할 때 허리가 날씬해지고 피하지방이 근육으로 대치되기 시작한다. 노년기에 근육이 위축될 때 피하조직에 지방이 재축적되는 경향이 있고 종종 육안으로도 볼 수 있다.

- **영양불량** : 지나친 음식물과 수분 섭취는 지방조직에 지방을 축적하게 하여 비만이 된다. 여성에게서 지방은 둔부에 축적되는 경향이 있다. 세심한 관찰에서 신체 일부 부위에만 지방이 축적되었다면 다른 원인들이 있음을 알 수 있다. 예를 들어 쿠싱증후군은 글루코코르티코이드를 지나치게 분비하여 지방축적이 신체의 몸통 부위에 나타나고 반면에 팔과 다리는 상대적으로 가늘게 보이는 내분비계 질병이다.

  심한 단백질 결핍들은 복부와 피하에 수액축적을 가져올 수 있다. 기아 상태에서 신체 내에 수분이동 때문에 복수와 사지의 부종이 2차적으로 발생한다. 단백질은 혈행으로 수분을 끌어당기는 교질삼투압(oncotic pressure)을 가하는 중요한 역할을 한다. 단백질 결핍에서 교질삼투압 저하는 수분이 혈관을 떠나 복강과 피하조직 같은 보다 교질삼투압이 높은 신체 부위로 이동하는 원인이 된다.

② **골격근 크기** : 신체의 단백질 상태는 골격근이나 운동에 일차적으로 이용되는 수의근들을 조사함으로써 평가된다. 또한 골격근들은 기초대사 과정들을 위한 에너지 저장원을 보여준다. 음식 섭취를 제한하거나 중지하면 신체는 에너지를 위해 지방을 분해한다. 급성 기아상태에서는 지방보다 단백질을 분해하게 되거나 근육단백질이 체지방이 소모된 후에 에너지를 위해 분해되어 근육이 줄어든다.

골격근의 외형과 크기는 얼굴, 가슴, 복부, 등, 손, 팔, 다리와 발가락을 시진하고 인체계측으로 측정한다.

- **활동수준** : 골격근의 크기는 활동이나 근육 이용이 증가될 때 근육세포의 수보다는 근육세포의 크기가 증가되기 때문에 2차적으로 나타난다. 무거운 것들을 들어올리는 사람은 흉근과 팔의 근육이 커지며 규칙적으로 오랫동안 걷는 사람은 종아리 근육들이 발달한다. 비후된 근육은 부위와 모양으로 보아 지방축적과 구별된다.

  반대로 사용하지 않는 근육은 크기가 감소하게 되는데 이를 위축이라고 한다. 장기간 침상에 누워 있는 사람은 근육 위축이 나타난다.

- 영양상태 : 기아상태는 근육단백질이 에너지로 이용되어 골격근을 고갈시킨다. 영양불량에 의한 근육 소모와 불용성 근육 위축에 의한 근육 쇠약을 구별하는 것이 중요하다. 측두부, 손등, 척추의 근육 소모는 보통 영양 결핍이나 단백질 고갈을 나타낸다. 노인에서 골격근 크기는 전반적 영양상태의 지표로서 의미가 없다. 노인은 손등과 다른 부위에 있는 근육들이 영양상태가 좋은 경우에도 위축이 일어난다.

③ **피부통합성** : 심한 영양 – 대사 문제들이 있는 환자에게서 피부의 모양이 변화된다.

(3) 관련 신체변화

영양 과잉이나 영양 결핍과 같은 영양불량은 심맥관계, 호흡계, 신경계뿐 아니라 위장관과 근골격계를 포함하는 많은 신체기관들에 영향을 미친다. 이 장에 있는 신체검진 방법은 위장관계를 평가하기 위한 기술들이다. 인체계측법은 근골격계를 평가하기 위한 부분적인 지침을 제공한다.

① **심맥관계** : 비만은 심맥관계에 영향을 미치며 관상동맥 질환의 일차적인 위험요인이 될 수 있다. 그러나 비만과 관련된 심맥관계의 증상은 사람에 따라 매우 다양하다. 게다가 비만한 사람에게서 나타난 높은 이완기압과 정맥류 같은 심맥관계의 변화들은 비만이 아닌 사람에서도 나타난다. 과체중인 사람에서 이완기압이 높아지는 것은 비만을 동반하는 고지방 식이섭취에 대한 2차적 증상이다.

정맥류는 다리 근육에 지방이 축적되어 하지혈액의 심장 귀환을 위해 효과적으로 수축하지 못하는 경우에 생긴다.

장기간에 걸친 칼로리 결핍은 전체적인 심장 크기의 감소와 이에 따른 낮은 심박출과 같이 심맥관계에 영향을 미치게 된다. 영양 결핍이 있는 사람은 신체검진상 비정상적인 저혈압, 낮은 에너지 수준, 허약함이 나타난다. 티아민 결핍은 심장 크기를 증가시키고 심박동을 증가시킬 수도 있다.

간호사는 따뜻한 사지, 맥압 증가와 같은 증가된 심박출이 있는 심부전증 증상을 조사해야 한다.

② **호흡계** : 비만한 사람에서 흉부와 흉부 주위의 지방축적은 흉부운동을 제한하고 폐기능을 손상시킨다. 심한 비만과 함께 2차적으로 동반되는 호흡기계 손상인 Pickwickian Syndrome은 졸림과 저환기가 특징적으로 나타난다.

호흡기계에 영향을 미치는 또 다른 영양문제는 과도한 수액량이다. 환자에게 과량의 수액이 혈관 내로 투입되면 폐청진시 수포음이 청취될 수 있다.

③ **신경계** : 비타민 B 결핍이 있을 때에는 다음과 같은 비정상적인 신경계의 증상이 나타난다.

임상소견	결핍요소
작화증, 지남력 상실	티아민
진동각 감소, 운동실조증	티아민, 비타민 B_{12}
건반사의 감소	티아민
안근마비	티아민
쇠약, 이상감각, 촉각 저하	티아민, 피리독신, 비타민 B_{12}

(4) 인체계측 사정

삼두박근 피부두께(mm)	
절차	임상적 의미
a. 플라스틱이나 정확한 금속 caliper를 사용하여 우세하지 않은 팔에서 측정한다. b. 중상박 둘레 측정을 위해 기술했던 방법을 사용하여 팔의 중간 부위를 찾는다. c. 팔을 측면에 느슨하게 내리고 팔의 후면 중간 부위에서 피부의 주름을 잡는다. Caliper로 잡고 3초 동안 기다린 후 눈금을 읽는다. 이 절차를 3번 반복한다. d. 삼두박근 피부 두께를 해석한다. 지방 저장은 장기간의 영양불량으로 감소하며 이어서 체중감량이 나타난다. 비만은 지방저장이 증가한 것으로 표준치는 임상적 판단을 하는 데 이용된다.	• 체지방의 최소한 반 정도가 피부 바로 밑에 있기 때문에 이 측정은 전체 체지방을 나타낸다. • 금속 caliper로 눈금이 있어 측정할 때 훨씬 정확하다. • 삼두박근 피부 두께 측정법은 연습이 필요하다. 흔한 실수는 지방뿐만 아니라 근육까지 측정하는 것이다. 이를 피하기 위해 피부의 주름을 집고 대상자에게 팔을 구부리도록 요청한다. 만일 수축감을 느끼면 근육이 포함된 것이다. 이 경우에 피부를 놓고 다시 측정한다. • 남성 표준치 : 12.5 • 여성 표준치 : 16.5

5 피부검진

(1) 피부, 모발, 손톱, 발톱의 신체검진

① **일반적 접근법** : 시진과 촉진에 의해 피부, 모발, 손톱, 발톱을 사정한다. 면담을 통해 발견된 비정상들을 좀더 자세히 사정하고 비정상들이 얼마나 오래되었는지, 통증과 어떤 연관성이 있는지, 불편감이 있는지, 악화요소나 경감요소는 무엇인지 또는 다른 병인이나 질병이 있는지를 질문한다. 비정상적인 외형이 발견되면 항상 신체의 좌우측을 비교한다.

② **준비물** : 표피 병소들을 측정하기 위한 금속자, 체액으로 인한 감염을 방지하기 위한 장갑

③ **노출과 조명** : 욕창이 발생되기 쉬운 압력을 받는 부위나 표피의 갈라진 틈을 노출시킨다. 금기가 아니면 치유과정을 사정하기 위해 상처들을 덮지 않으며 배액이 심하면 세심하게

관찰한다. 피부색 변화는 눈에 잘 띄지 않기 때문에 피부색을 정확히 사정하기 위해 좋은 조명 아래서 시진하는 것이 중요하다.

④ 완전성 : 피부와 모발을 머리에서 발끝까지 완전히 검사하고 잠재적인 문제가 있는 부위들을 평가한다. 예를 들어 부동 환자의 욕창을 검사한다면 위험이 높은 부위로 지나치게 압박을 받는 부위의 피부를 검사하는 데 중점을 둔다. 후두, 견갑골, 미골, 대전자, 발꿈치 같은 뼈의 돌출 부위뿐만 아니라 튜브와 접촉되는 피부로 코(nasogastric tube), 입술(endotracheal tube) 또는 귀(oxygen cannula tabing) 등을 포함하여 압박부위를 조사한다. 또한 수분이 축적되고 피부에 해로운 세균이 성장하기 쉬운 테이프 밑, 억제대, 피부주름, 유방 밑을 검사한다.

⑤ 검사와 기록 초점
- 피부 : 색깔과 착색, 습기, 온도, 조직과 두께, 긴장도의 운동성, 위생상태, 병소들
- 모발 : 색과 착색, 양, 조직, 분포, 위생상태
- 손톱, 발톱 : 모양과 윤곽, 색, 병소들

(2) 피부사정과 관련된 간호진단

① 피부통합성 장애 : 이 진단은 피부 표면의 상실, 피부층의 파괴, 체조직의 침윤과 같은 피부통합성에 장애가 있을 때 내린다. 여기서의 피부검진 지침은 피부통합성 장애를 규명한 변화를 자세히 평가하기 위해 기술하였다. 피부변화의 증상을 밝히는 데 건강사정은 환경에 대한 반응, 기능적 능력의 상실, 기존 질병과정을 포함하여 피부장애에 영향을 미치는 요소를 밝힌다(간호진단잠재적 피부통합성 손상).

  ㉠ 대사 및 내분비 병변으로 인한 2차적인 피부통합성 장애

    ⓐ 당뇨병 : 당뇨병 환자들은 만성적 피부감염과 피부궤양이 오기 쉽다. 특히 당뇨병이 조절되지 않으면 면역과 말초순환이 변화되어 감염이 발생된다. 칸디다(candida)의 감염이 유방 밑, 손가락과 발가락 사이, 액와, 여성의 생식기에 나타나며 홍반, 부종, 통증, 소양증을 나타낸다.

    궤양과 감염은 주로 순환장애가 있는 발에 나타난다. 간호사는 발의 붉은 부분, 부종과 통증을 주의하여 관찰하고 의사에게 알려야 한다. 피부의 반점(갈색이며 둥글고 무통성 위축병변)은 당뇨 환자의 경골 부위에서 관찰할 수 있다.

    당뇨를 잘 조절하지 못한 사람은 다리 아래나 발목에 나타나는 약간 융기된 부드러운 반점 같은 작고 둥근 병변인 황색종(xanthomas)이 나타난다.

    ⓑ 간질환 : 여러 유형의 병리적 과정이 간에 영향을 미칠 수 있으며 피부변화는 특이한 병리에 따라 다양하다. 황달은 간질환에 주로 나타난다. 간의 단백질 대사와 수액 역동성이 손상되어 부종도 나타난다.

    지나친 알코올 섭취는 간질환의 흔한 원인이다. 이런 문제가 있는 환자는 피부검진시 손바닥 홍반증, 상흉부의 spider nevi, 비타민 결핍과 관계된 피부변화를 볼

수 있다. 간질환은 에스트로겐 대사를 방해한다. 고에스트로겐 혈중은 유방조직에 지방의 축적이 증가된 여성형 유방과 흉곽의 모발 상실을 포함하는 피부변화들을 초래할 수 있다.

ⓒ 신질환 : 신부전으로 인한 피부변화는 신기능 이상으로 인한 혈액학적 변화들이 2차적으로 나타난 것이다. 창백함은 빈혈로 인해 2차적으로 나타나며 혈소판의 이상으로 인한 자반증은 피부출혈이 있기 때문이다. 이 출혈은 어두운 자주색 또는 노란 갈색으로 나타난다. 피부가 노랗게 변색되는 것은 색소정체로 인해 2차적으로 나타나며 황달과 다르다. 공막에 나타나는 색소정체와 황달을 혼동하지 말아야 한다. 대사장애로 인해 피부에 요결정체들이 나타난다. 전신적인 부종은 단백질 대사장애와 수분정체로 인해 2차적으로 나타난다.

ⓓ 암 : 병변에 따라 피부암의 유형이 다르다. 피부가 아닌 신체에 발생하는 암들은 피부의 유형을 변화시킨다. 검진자가 피부를 사정하는 동안 암성 병변들을 발견한다면 의사에게 의뢰한다.

Actinic Keratosis는 태양에 노출된 신체 부위에서 발견되는 전암성(premalignant)의 피부병변이다. 병변은 작고 인설이 있는 구진 밑에 홍반증이 있다. 병변을 문질러 깨끗이 하면 인설이 다시 나타난다. 대부분 병변의 경계가 명확하지만 악성 전이가 나타나면 구분하기 어렵다. 병변들은 흰 피부, 밝은색 모발을 가진 사람에게 주로 나타난다. 기저세포 암(basal cell carcinoma)은 악성 피부병변으로 오랜 시간 햇빛에 노출되어 온 백인에게 잘 나타난다. 작은 구진성 병변은 매우 천천히 성장하여 1년 후 1~2cm 지름에 이르게 된다. 병변 경계들은 보통 반투명하고 창백하게 되고 말초혈관 확장시 수포가 나타날 수 있으며 암은 궤양화되고 조직 밑으로 침윤된다.

편평세포암은 actinic keratoses로부터 발달된다. 병변은 작고, 단단하고, 급속히 성장하고 주변조직들을 침입하는 원추형 결절로 나타난다. 병소의 궤양들은 불규칙한 경계를 보이며 성장이 빠르다.

ⓔ 악성 흑색종 : 가장 치명적인 피부암으로 흑질세포에 악성 변이로 발생하며 암이 되기 전 상태에서는 돌출되어 있고 쉽게 출혈되는 경향이 있는 모반으로써 존재한다. 병변 경계들은 불규칙하고 병소는 푸른색, 자주색, 붉은색 또는 검은색을 띤다.

여러 피부변화들이 피부에서 기원하지 않는 암에서 발생한다. 즉 폐암 환자는 폐조직이 손상되어 청색증이 생긴다. 한편 간암이 있는 사람은 황달이 있게 된다. AIDS는 면역체계에 영향을 미치기 때문에 카포시 육종과 같은 피부감염을 일으킨다. 암 환자는 비타민, 무기질과 칼로리 고갈과 관련된 피부변화가 있게 된다. 또한 암 치료는 피부통합성을 변화시킨다. 예를 들어 방사선 치료는 모발 상실, 홍반증, 건조증, 피부 표면에 수포를 생기게 할 수 있다. 또한 항암제 치료시에 피부염, 피부색 변화, 손톱의 색소침착과 구강점막 손상뿐 아니라 모발 소실이 나타날 수 있다.

  ⓛ 영양장애와 관련된 피부통합성 장애

    ⓐ 단백질-칼로리 영양불량 : 모발변화는 단백질-칼로리 결핍으로 나타난다. 두부에서 머리카락이 잘 빠지면 그 사람은 단백질 결핍이 있는 것이다. 얼룩얼룩한 모발의 변화는 단백질 또는 구리 결핍이 있을 때 나타난다. 일반적으로 단백질-칼로리 영양불량이 있으면 활기 없고, 건조하며 숱이 적은 모발이 된다. 단백질-칼로리 불량으로 인한 손톱은 윤기 없고 손톱에 수평의 줄이 생긴다. Kwashiorkor같이 단백질 결핍이 있으면 피부 건조가 나타나고 밝은 페인트처럼 피부가 조각조각 벗겨진다. 단백질 장애가 심하지 않은 사람에서 피부박리는 코 주위에서 볼 수 있다.

    ⓑ 비타민-무기질 결핍 : 심한 니아신 결핍이 있는 사람의 피부는 벗겨진다. 비타민 B_6과 리보플라빈 결핍은 구강의 양옆에 발적과 터짐이 나타나는 구각염(cheilosis)의 원인이 된다. 혈관성 병변들은 비타민 C 결핍으로 나타난다. 각질증식증(hyperkeratosis)은 비타민 A의 결핍으로 나타난다. 이 경우 모낭이 각질로 채워지며 거친 피부의 원인이 된다. 철분 결핍으로 손톱이 수저모양으로 되고, 구리와 아연 결핍은 모발을 가늘게 하고 색소변화를 일으킨다.

  ⓒ 수분불균형과 관계된 피부통합성 장애 : 수분의 불균형은 피부의 탄력성이나 움직임에 영향을 미치고 순환장애와 구조적 장애로 인해 피부 손상에 영향을 미친다.

    ⓐ 수분과잉 : 수분과잉으로 인해 피부에 부종이 있다면 피부통합성의 장애가 나타난다.

    ⓑ 수분 결핍 : 탈수가 되면 피부탄력성이 상실되고 피부온도의 증가, 홍조, 건조함, 움푹 패인 눈 등이 나타난다. 심한 탈수상태에서는 피부가 쭈글쭈글하게 된다.

  ⓔ 산소장애와 관련된 피부통합성 장애 : 산소장애는 심폐계의 질환과 같은 전신질환과 욕창성 궤양이나 말초혈관 질환에서 나타나는 국소적 산소운반 문제로 인해 2차적으로 나타나는 저산소상태 등이 있다.

    ⓐ 심폐질환 : 창백, 청색증, 얼굴과 사지의 홍조와 부종 등이 나타나며 적혈구 감소로 인해 순환장애, 빈혈이 나타난다. 청색증은 폐기능 이상 때문에, 홍조는 만성 폐색성 질환 때문에 나타난다. 만성적 저산소증에 대한 반응으로 적혈구 생산이 증가하며 이로 인해 홍조가 나타난다. 지나친 모세혈관 정수압은 부종의 원인이 된다. 쇼크상태에는 차고 축축하며 창백한 피부로 변화되고 입술은 청색증이 나타난다. 모세혈관 충전시간이 3초 이상 걸린다.

    ⓑ 말초혈관 질환 : 말초혈관계의 질환은 정맥이나 동맥에 나타나며 만성적 또는 급성적으로 진행되며 피부에 영향을 미친다. 급성 동맥폐색이 있을 피부는 차고 얼룩덜룩 반점이 생기거나 창백하게 된다. 피부변화는 수포 형성, 피부괴사, 청색증과 괴저뿐만 아니라 말초맥박의 상실 등이 나타난다.

    동맥경화증에서 나타나는 만성 동맥폐색은 피부가 위축되고 이환된 하지에 모발 손상이 있으며 피부가 얇아진다. 하지를 몸보다 낮추면 적색으로 되고 하지를 몸보다 높이면 백색증이 나타난다. 이환된 사지는 촉진시 차갑다.

만성 정맥부전은 주로 하지에 많고 발목부종이 있다. 정체성 궤양들은 표면 모세혈관의 정수압 때문에 생긴다. 치료된 정체성 궤양은 반흔이 남는데 피부 표면은 얇고, 빛나며 위축되어 있다.

ⓜ **감염에 따른 2차적인 피부통합성 장애** : 피부감염은 병변의 특징과 분포에 따라 확인된다. 간호진단을 내리는 데 도움이 될 징후들과 병변의 발생 원인에 관해 환자에게 묻는 것이 중요하다.

ⓐ 세균성 피부감염 : 세균감염에 의한 담마진은 포도상구균이나 연쇄상구균에 의해 생긴다. 박테리아는 접촉에 의해 전파되고 얼굴이나 노출된 다른 신체 부위에 주로 감염된다. 병소는 피진, 소수포, 가피나 파열되는 농포들이 나타난다. 벗겨진 병소 밑은 붉다. 환자에게 소양감이 있는지 질문해야 한다.

ⓑ 모낭염 : 모낭염은 포도상구균에 의해 생기는 모낭의 염증이다. 농포는 대부분 면도한 피부, 둔부, 모낭이 있는 부위에 나타난다.
  절종(furuncle), 독종(carbuncle), 종기는 모낭의 심부에 포도상구균이 감염된 것으로 주로 목과 둔부에 나타나며 농이 형성되어 원추형으로 튀어 나오고 결국 터지며 괴사성 조직과 농을 방출한다.

ⓒ 바이러스성 피부감염 : 가장 흔한 바이러스 감염은 헤르페스이다. 두 가지 단순포진 바이러스가 있는데, HSV-1은 구강점막, 음순, 눈과 감각신경 위에 있는 피부를 감염시킨다. HSV-2는 성행위로 전파되며 생식기, 항문과 구강점막을 감염시킨다. 병소는 파열되거나 가피를 형성하는 작은 수포가 나타나며, 홍반증과 가려움증은 소수포 형성 전에 나타난다.

ⓓ 진균 피부감염 : 모닐리아(monillia) 또는 칸디다(Candida) 감염은 곰팡이에 의해 나타난다. 곰팡이는 정상 피부세균총의 부분으로 정상 균총이 병인이 되는 가장 흔한 부위는 생식기, 항문, 유방 밑과 손가락과 발가락 사이이다. 병변들은 밝은 적색, 침식된 조각들이 나타난다. 희게 응고된 우유와 같은 분비물이 침범된 부위, 특히 구강이나 질점막에서 관찰되며 그 부위에 심한 가려움증을 호소한다.

ⓔ 백선 : 주로 서혜부, 머리, 발이나 흉곽에 나타나는 곰팡이 감염이다. 병소의 모양이 부위에 따라 약간 다르다. 두부백선은 둥글고, 머리카락을 파괴하여 탈모가 되게 하는 회색의 인설조각들이 나타난다. 체백선은 원 모양의 병변으로 병변 안에는 중심부에 깨끗한 인설들이 나타나고 주변에는 작은 수포들이 있다. 서혜부백선은 날카로운 경계와 함께 홍반성 피진이 나타난다. 피진의 중심은 깨끗하나 경계는 수포가 나타난다. 족부백선은 발가락 사이와 발가락에 나타난다. 급성 단계에서는 붉고, 틈이 갈라지고 조직이 쇠약해진다.

ⓕ 흔한 기생충의 만연 : 옴은 Sarcoptes scabiei나 itch mite에 의해 생기는 피부의 기생적 만연이다. 보통 손, 손목, 액와, 회음부와 대퇴의 안쪽면에 영향을 미친다. 머리와 목의 피부는 거의 영향을 받지 않는다. 병변들은 작은 구진, 수포와 성충이

피부에 알을 낳기 위해 들어간 굴들이 나타난다. 굴은 짧고 날카로운 연필로 만든 것처럼 불규칙한 마크들이 나타난다. 이는 머리, 몸, 치모에 영향을 미친다. 서캐는 작고 하얀 조각으로 보인다.

ⓗ 비감염성 염증과정에 2차적인 피부통합성 장애 : 습진형태인 접촉성 피부염은 염증이 있는 피부상태로 외부요인(1차적으로 자극성 피부염)에 민감한 사람들에서 특별한 알레르겐에 노출되어 생긴다(알레르기성 접촉성 피부염). 원인은 식물성 기름, 꽃가루, 비누, 청정제, 공업화합물과 고무 등이 있다. 병소는 수포와 가피들을 형성하는 홍반성 반점으로 나타난다. 병변들은 쉽게 감염되고 농이 배액된다. 병소의 분포는 원인물과 접촉하는 피부 부위에 따라 다르다. 예를 들어 화장품이 원인이면 얼굴에 영향을 미친다.

6 구강검진

(1) 턱과 구강의 신체사정

① **무의식 또는 반의식 상태 환자의 구강검사** : 구강검진은 환자가 의식이 있고 협조적일 때 시행하기 쉽다. 의식이 저하된 사람은 구강점막 변화에 높은 위험성이 있으므로 구강검사를 자주한다. 때로 반의식과 무의식 환자는 입술이나 구강점막을 만지면 입을 꽉 다물고 벌리지 않는다. 턱을 억지로 열려고 힘을 주면 환자에게 해롭다.

가장 좋은 접근은 환자가 자연스럽게 턱을 벌릴 때까지 기다리거나 열려진 구강 내로 pen light를 비추어 구강점막을 시진하는 것이다. 만일 자연스럽게 턱을 벌리지 않는다면 폐쇄된 기도를 열 때처럼 턱을 들어 올릴 수도 있다. 시진을 하기 위해서, 위아래 치아 사이에 나무 압설자를 이용하며 환자의 입 속에 손가락을 넣지 않는다.

(2) 구강병소

① **입술수포**(lip vesicles)
- 작은 병소
- 한 개 또는 집단으로 나타남.
- 액체가 들어 있는 덩어리

  예 Herpes simplex

② **점액낭종**(mucocele)
- 작고, 푸른 빛을 띤, 점액으로 채워진 낭종으로 양성이다.

③ **입술궤양**(lip ulcers)
- 입술조직의 괴사성 손상이다. 연성하감(chancre)은 매독의 초기 병소로 중앙의 궤양과 각질의 잔여물이 남는다. 장기간 튜브의 접촉으로 인한 압박성 궤양도 있다.

④ 순염(cheilitis)
- 염증과 각질 형성이 있는 만성 병소이다. 가끔 아랫입술에 생기며 원인은 불명이다.

⑤ 편평세포암(squamous cell carcinoma)
- 둥근 반점, 구진, 궤양이 나타나고 치료되지 않는다. 입술 위나 혀의 아랫쪽에 나타나는 흔한 구강암의 일종이다. 만일 병소가 2~3주 내에 치료되지 않으면 악성 여부를 확인해야 한다.

⑥ 경구개의 원형융기(torus palatinus)
- 경구개 중앙선에 결절상의 덩어리이며 양성이다. 성인까지 진전되지는 않는다.

⑦ 설염(glossitis)
- 혀는 벌겋게 되고, 부종이 있고, 유두는 상실된다. 구내염, 영양불량, 만성질병시 나타난다.

⑧ 털 모양 혀(hairy tongue)
- 유두 연장선에 유두가 진한 갈색으로 털 모양이 된다. 양성이며 항생제 치료와 관련된다.

⑨ 백반증(leukoplakia)
- 구강점막의 부드럽고 흰 얼룩으로 악성 종양으로 되기 쉽다. 흡연과 관련된다.

⑩ 녹농균 감염(pseudomonas infection)
- 괴사성 궤양으로 진한 갈색 중심부의 부스럼과 홍반성 환(ring)이 둘려져 있다.

⑪ 구내염(stomatitis)
- 구강의 염증으로 붉고, 건조하고, 부종성 점막으로 궤양이 생기기 쉽다.
- 화학요법제, 탈수, 감염 요인, 방사선 요법과 관련된다.

⑫ 연쇄상구균으로 인한 인두염(streptococcal pharyngitis)
- 인두 뒷쪽이 연한 붉은색으로 편도선, 목젖은 붓고 희거나 노란 삼출액으로 덮힌다.

⑬ 칸디다증(candida albicans, yeast, thrush, moniliasis)
- 구강점막은 엉긴 우유 같은 흰 반점으로 덮인다. 만성 질병, 항생제 요법시 나타날 수 있다.

⑭ 바이러스성 인두염(viral pharyngitis)
- 인두 뒷쪽은 붉거나 정상적인 색깔로 편도선과 목젖은 약간 부종이 있다.

(3) 구강검진에 따른 간호진단

① 구강점막 장애 : 구강점막 장애는 구강에 상처가 있는 환자에게 내려지는 간호진단이다. 특수한 사정지침을 사용하면 변화를 알게 되고 그 원인을 찾을 수 있다.

  ㉠ 불량한 구강위생에 따른 구강점막 장애 : 구강위생법은 사람에 따라 다르며, 개인적인 선택, 사회·문화적 요인, 건강상태에 영향을 받는다. 좋은 구강위생은 음식 찌꺼기가 없고 치석이 없는 상태이다. 구취는 구강위생이 불량할 때뿐 아니라 전신적 질환이 있을 때에도 나타날 수 있다. 구강위생이 불량하면 치석과 치아 주위 질병을 일으킨다. 치아 주위 질병(pyorrhea, 농루)은 잇몸과 치아 사이(dental pocket)에 플라그

축적과 관련된다. 잇몸이 붓고 벌겋게 되는 염증 반응이 있는지 정기적인 검진이 필요하다.

ⓛ 대사와 내분비질환으로 인한 구강점막 장애
- 당뇨병 : 당뇨병 환자의 구강점막은 순환장애와 약해진 면역성 때문에 감염과 궤양이 잘 발생한다. 10~15년 후 구강점막에 두꺼워진 혈관이 나타나며 저하된 혈액순환으로 인해 입 안에 국소빈혈 형성과 궤양이 나타난다. 그러한 병소는 치료가 잘 되지 않고 2차적인 감염이 잘 생긴다.
- 신장질환 : 신체에 암모니아의 정체를 가져오는 심한 신장질환은 구강점막 손상을 일으킬 수 있다. 침샘을 통해 구강으로 분비된 암모니아는 부식작용을 하며 잇몸에 출혈을 초래하고 구강점막 궤양의 원인이 된다. 입은 건조하게 되고 구강점막은 손상된다. 호흡은 암모니아 냄새가 나고, 환자는 금속성 냄새가 난다고 할 것이다.
- 암 : 구강종양은 구강점막을 파열시킨다. 특히 백혈병은 구강에 큰 영향을 미친다. 외과적 수술, 방사선 요법, 화학적 요법을 포함한 암 치료는 구강점막을 파열시킨다. 암 수술은 자기간호능력이나 영양상태 또는 신체적인 외상에 의해 환자의 구강점막을 파열시킬 수 있다. 방사선 요법은 상피세포의 분열을 상실케 하여 치료가 시작된 후 1~2주 내에 구강점막 감염이나 타액 생산 감소, 미각저하 등이 나타난다.

ⓒ 영양장애와 관련된 구강점막 장애 : 비타민 B와 C의 심한 결핍 때문에 입술과 구강점막 변화가 나타날 수 있다. 비타민 B 결핍시에는 구강에 갈라진 금이 생기고 벌겋게 짓무른다. 수직으로 갈라진 열구가 입술 표면 전체에 나타난다. 혀는 부종이 생기고 붉게 되고 통증이 생긴다. 혀의 유두는 위축되고, 통증성 궤양(설염)이 나타난다. 심한 비타민 C 결핍으로 잇몸은 스펀지처럼 되고 쉽게 출혈이 있고 쑥 들어간다. 치아는 헐렁하고 사이가 틀어진다.

ⓔ 수분 불균형으로 인한 구강점막 장애 : 구강점막을 변화시키는 수분 불균형의 흔한 유형은 탈수이다. 체액 부족은 전신적 요인이나 국소적으로 손상된 건조한 구강점막을 초래한다. 구강점막 탈수의 요인으로는 부적당한 수액요법과 항콜린제제나 항히스타민제의 약물작용 등이 있다. 구강호흡은 혈관 내 압력을 감소시켜 혈액순환을 감소시키고 구강점막을 건조하게 한다. 빠른 호흡도 탈수를 초래하고 산소 공급도 구강건조를 일으킬 수 있다.

ⓜ 기계적 손상으로 인한 구강점막 장애 : 잘 맞지 않는 의치, 비위관, 구강 수술 등에 의해 기계적 손상이 초래된다. 부적당한 구강위생, 흡인도 구강점막 손상을 일으킬 수 있다.

ⓗ 약물로 인한 2차적인 구강점막 장애 : 항콜린제제와 항히스타민제제는 구강점막의 탈수를 초래하고 항생제는 구강의 정상 세균총을 없앤다. 암 치료를 위한 항암제는 구강점막에 손상을 주어 구내염, 구강염증을 일으킨다.

② **연하장애** : 연하는 구강, 인두, 식도에서 나타나는 복합적·생리적 운동이다. 구강에서 혀로 음식을 경구개로 보내면 후두가 올라가고 인두근육 수축으로 음식이 식도로 넘어가는 과정을 사정한다. 이러한 정상적 기능은 최토반사로 나타난다. 연하장애의 증상은 숨이 막히거나 기침이 나오고 음식이 구강 내에 그대로 있게 되므로 원인을 파악하기 위하여 신경근육계, 기계적 폐쇄, 의식 감퇴, 쇠약 등이 사정되어야 한다.

7 복부검진

(1) 복부의 신체검진

① **전반적인 접근법** : 복부는 시진, 청진, 타진, 가벼운 촉진, 깊은 촉진으로 사정한다. 시진으로 사정을 시작한다. 왜냐하면 타진과 촉진은 장음의 특징을 변화시킬 수 있기 때문이다. 고음인 장음 청진은 청진기의 납작한 원판을 이용하고 파열음, 정맥의 윙윙소리, 마찰음과 같은 저음인 혈관음의 청진은 종 모양을 사용한다. 깊은 촉진을 하기 전에 가벼운 촉진을 한다. 타진과 촉진은 함께 시행된다. 예를 들면 간은 타진한 다음 촉진한다.

② **기구** : 청진기, 테이프 자

③ **체위, 준비, 노출** : 복부 근육을 이완하기 위해 무릎을 가볍게 구부린 상태에서 앙와위를 취하도록 요청한다. 완전히 이완시키기 위해 머리와 무릎 밑에 베개를 놓는다. 팔이 머리 위에 있다면, 복부는 팽팽하여 사정하기 어렵다. 환자의 방광은 비워야 한다. 대개 간을 포함해서 다른 오른쪽 측면 구조를 사정해야 하기 때문에 환자의 오른쪽에 검진자가 선다. 환자들은 사정에 대해 두려워하기 때문에 방법을 설명하고 가슴과 회음부를 덮어 주어 불필요한 노출을 피한다. 어떤 부위가 특히 과민하거나 통증이 있는지를 사정하기 전에 묻는다. 통증 부위는 최종적으로 사정한다. 복부의 긴장을 피하기 위해 사정하는 동안 환자를 따뜻하게 해준다. 사정하는 장소, 손, 청진기도 따뜻해야 한다.

④ **측정법** : 자를 사용하여 복부의 피부병소나 복부팽만을 측정한다. 배꼽이나 가장 높이 올라간 부위에 복부 둘레를 측정할 테이프를 두른다. 그 후 정확한 측정을 위해 피부에 놓인 테이프 자를 정확한 곳에 붙인다. 이는 임신 중 복부팽만 측정에 유효하다.

⑤ **주의점** : 사정하는 동안 환자의 얼굴표정과 신체 표현을 관찰한다.

⑥ **검진과 기록초점**
- **시진** : 윤곽, 대칭, 덩어리, 박동, 연동운동, 피부 손상, 호흡운동
- **청진** : 장음, 혈관음
- **타진** : 음조

(2) 복부 검진에 관련된 간호진단

① 배설의 변화 : 변화된 장배설은 변비, 설사, 소변정체 등과 같은 많은 간호진단을 포함하므로 복부검진상 이를 구분하는 것이 중요하다.

    ⊙ 변비 : 일반적으로 복부의 가스로 인한 팽만의 원인이다. 가스 축적과 장벽의 당김으로 고장음이 청진된다. 외형은 팽만 때문에 더 둥글게 된다. 대상자는 포만감과 복부 경련을 느낄 수 있다. 연동운동은 변비로 감소될 수 있으며 장음은 저하될 수 있다.

    ⓒ 설사 : 설사가 있을 때 연동운동은 증가한다. 복부검진을 하는 동안 대상자는 경련성 통증과 복통을 호소할 것이고 장음은 항상 더 강하고 자주 나타난다.

    ⓒ 소변정체 : 방광의 소변정체는 정상적인 복부 외형을 변화시킨다. 치골결합 윗부분이 팽만될 수 있다. 촉진에서 방광 윤곽은 확실하고 환자는 긴장감을 호소한다. 팽만된 방광의 타진은 고장음보다 탁음을 나타낸다.

(3) 복부검진과 관련된 임상적 문제들

① 염증과정 : 복부사정 결과 염증이 의심되어도 확실한 진단은 항상 내시경 검사, 방사성 검진, 임상검사에서 얻은 정보에 의존한다.

    ⊙ 위장 : 위의 염증은 위염과 위궤양으로 나타난다. 상복부 압통은 얕고 깊은 촉진으로 알 수 있다. 환자는 가끔 팽만감과 압박감을 호소한다. 위궤양과 관련된 상복부 통증은 공복시에 더 자주 나타나며 음식과 제산제로 완화된다. 위궤양 통증은 환자의 왼쪽 늑골하부로 방사될 수 있다.

    상복부 통증은 십이지장 궤양시 촉진상 나타날 수 있다. 통증은 음식 소화 후 45~60분간 또는 밤에 강하며 등에서 늑골 가장자리 밑으로 방사된다. 때로 복직근의 일측성 경련은 오른쪽 상부 사분원 십이지장 부분 위에서 촉진될 수 있다. 위궤양의 천공은 생명을 위협하는 경우이다. 처음에 환자는 오심, 구토 등과 갑작스런 복통을 경험할 수 있다. 몇 시간 후 복부강직은 복부근육이 경련될 때 나타날 수 있다. 복막염시 반발통이 나타나며 장운동을 억제하기 때문에 장음은 없어진다.

    ⓒ 담낭 : 담낭염시 다량의 지방성 음식을 먹은 후 상복부나 우측 상부 사분원에 통증이 나타나며 오심, 구토가 동반된다. 반발통과 '황달'이 나타날 수 있다. 호기시 증가된 날카로운 통증을 보이는 Murphy 징후 양성은 급성 담낭염을 의심할 수 있다.

    ⓒ 충수돌기 : 급성 충수돌기염은 우측 하부 사분원에서의 통증과 압통의 원인이 될 수 있고, 이는 활동과 기침이 있을 때 악화된다. 환자는 심한 압통 부위를 지적할 수 있다. 복막 자극 징후와 근육강직, 압통, 저하된 장음을 알게 된다. Psoas sign과 obturator sign이 양성이다. Psoas sign은 장요근(iliopsoas muscle)의 접촉자극과 관련된다. 대상자에게 앙와위를 취하게 하고 고관절에서 오른쪽 다리를 들어올리고 대퇴에 압력을 준다. 이 방법으로 우측 하복통이 나타나면 psoas sign이 양성이다. 폐쇄근(obturator muscle)은 급성 충수돌기염에 의해서 자극될 수 있다. Obturator sign은 하위 사분원 통증이 다음 방법으로 나타나면 양성이다. 환자에게 고관절과 무릎에서 우측 다리를 굴곡시키도록 한다. 그 후 환자의 발목에서 다리를 안으로, 밖으로 회전시킨다.

　　ⓐ 게실(diverticulum) : 급성 게실염은 복부의 하위 좌측 사분원에서 압통의 원인이 될 수 있다. 환자는 이 부위에 경련성 통증을 호소하고, 가끔 장배설에 의해서 제거된다.

② 장폐색

　　㉠ 기질적(organic) : 장폐색은 탈장, 수술 후 유착, 신생물, 이물질, 중첩에 의해 나타난다. 장폐색은 산통을 일으키는 복통과 관련되고, 압통은 폐색이 진행될 때 더 강렬해지고 복부는 팽만된다. 장폐색 초기에 연동운동은 복부팽만에 반작용에서 장수축 근육 때문에 증가된다. 검진자는 고장음을 청진할 수 있으며, 복부 표면에서 강한 연동운동을 관찰하게 된다. 조금 지나면 장음은 중단되고 복부는 조용하고 구토, 변비, 쇼크 같은 상태가 나타난다.

　　㉡ 기능적(functional) : 마비성 장폐색이라고 불리는 기능적 폐색은 연동운동의 신경인성(neurogenic) 손상이다. 장의 외과적 수술, 복벽 자극 또는 급성 질환에 의해서 유발될 수 있다.

　　기능적 폐색은 산통을 일으키는 동통보다 더 지속된다. 복부는 항상 최소의 복부긴장으로도 팽만된다. 장음은 저활동성이거나 없으며, 대개 구토가 있다.

03 배설양상

1 개요

신체의 노폐물 배설은 인체의 중요한 기능이다. 따라서 이 중요한 기능을 사정하는 것은 단순히 소변이나 대변을 분석하는 것뿐만 아니라 배설에 관계된 문제에 대한 인간의 반응과 신체적 안녕, 자존감에 영향을 주는 신체적·심리적 문제를 확인하는 것이다.

(1) 사정초점

배설에는 장배설과 방광배설이 있다. 배설과 관련된 자료는 면담, 신체검진, 소변이나 대변 검사 결과의 평가, 배설기능과 관련된 간호진단, 검사실 검사 등으로 얻는다.
다음과 같은 내용을 중점적으로 사정한다.
- 장과 방광배설 양상(횟수와 양 포함)
- 자가간호 수행, 배설에 대한 지식과 인식

- 배설장애와 관련된 상태와 위험요소
- 배설문제에 대한 생리적·행동적·정신적 반응
- 장이나 방광배설물의 특성
- 배설기능에 관한 진단검사 결과
- 장과 방광 훈련에 관한 효과

(2) 간호진단

배설기능과 관련된 간호진단은 다음과 같이 내릴 수 있다.

① 배변장애
- 변실금(bowel incontinence)
- 대장성 변비(colonic incontinence)
- 지각된 변비(perceived constipation)
- 직장성 변비(rectal constipation)
- 설사(diarrhea)

② 배뇨장애
- 기능적 요실금(functional incontinence)
- 반사적 요실금(reflex incontinence)
- 스트레스성 요실금(stress incontinence)
- 중추성 요실금(total incontinence)
- 긴박성 요실금(urge incontinence)
- 요정체(urinary retention)

③ 장, 방광문제와 관련된 기타 간호진단
- 신체상의 장애(body image disturbance)
- 체액 부족(fluid volume deficit)
- 잠재성 체액, 부족(potential fluid volume deficit)
- 절망감(hopelessness)
- 비효율적인 대처(ineffective coping)
- 자가간호 결핍(self care deficit; specify type)
- 자아개념 장애(self concept alteration)
- 자존감 저하(self-esteem disturbance)
- 성적 양상의 변화(altered sexuality patterns)
- 피부통합성 장애(impaired skin integrity)
- 잠재성 피부통합성 장애(potential impaired skin integrity)

2 사정을 위한 기초지식

(1) 장배설의 생리

대변의 양은 섭취한 음식의 양, 그리고 성분과 관련이 있으나 섭취한 영양분은 장운동을 일으키는 데 필수적인 것은 아니다. 대변은 장관벽으로부터 나온 섬유질, 장내 분비물, 세균, 혈액과 다른 물질로 형성된다. 정상적인 경우 회맹판을 통과한 유미즙(chyme)이 전체적인 대변의 양이 된다. 이때 대부분의 영양분은 흡수되고 음식 덩어리가 딱딱한 변이 되어 직장을 통해 배설된다.

대변을 형성하고 배출하는 것은 정상적인 대장기능인 수분과 전해질의 흡수, 장의 연동운동, 배변을 통해 이루어진다.

① **흡수** : 수분과 전해질의 흡수, 즉 유미즙이 대변으로 바뀌는 과정은 상행결장과 횡행결장의 점막표면에서 일어난다. 정상적으로 대장은 수분의 90%를 흡수할 수 있다. 흡수는 수동적으로 일어나며 하루에 약 6리터 정도이고 대장의 분절이 수축할 때 증가한다. 대장에 있는 윤주근(circular muscles)은 수축하여 분절로 이루고 유미즙을 흡수 표면과 닿게 한다. 만약 유미즙이 오랫동안 대장의 점막표면에 있으면 너무 많은 수분이 흡수되어 대변은 단단해진다. 반대로 근육의 긴장도가 저하되어 분절 수축이 일어나지 않으면 수분 흡수가 적게 되어 물과 같은 변이 된다. 대장에는 섬유소를 작게 분해하는 효소가 없기 때문에 대장에 그대로 있게 되고 물을 흡수하는 데 효과적이다. 섬유소를 많이 섭취하면 대변은 부드럽게 되고 수분정체가 증가된다.

② **연동운동** : 대변은 연동운동으로 S상 결장과 직장으로 오게 된다. 소장에서 일어나는 빈번한 연동운동과 달리 대장의 집단운동은 하루에 2~3번 정도 크게 일어난다. 대장의 집단운동은 음식이 위에 들어갈 때 일어나며(위장반사), 장내의 섬유소, 직장 안에 대변이 있을 때 일어날 수 있다.

음식의 부피가 크면 대장 지름이 확장되고 따라서 대장을 통해 대변을 옮기는 장운동이 증가한다. 주로 부교감신경계가 대장에 있는 연동운동을 자극하는 반면, 교감신경계의 자극은 연동운동을 억제한다. 지속되는 스트레스는 자율신경계에 영향을 주고 변비와 설사가 교대되는 장배설의 문제를 일으킨다.

③ **배변** : 배변은 장 밖으로 변을 배설하는 것이다. 배변반사는 대변이 직장으로 들어갈 때 시작된다. 배변반사가 일어나면 항문내외 괄약근반사가 일어나 대변이 밖으로 나오게 된다. 배변반사는 의도적으로 항문괄약근을 수축시켜 억제할 수 있다. 배변반사를 억제하는 것은 장조절에 기본적이나 지속적인 억제는 배변반사를 약화시키고, 직장의 운동 긴도를 마비시켜 결과적으로 변비를 초래하는 부작용을 일으킨다.

(2) 방광배설의 생리

방광배설은 소변이 방광에서 배설될 때 일어난다. 소변은 신장의 신원(nephron)에서 생성되며, 방광을 비우는 과정을 배뇨라고 한다. 어린이는 2~4세에 수의적인 조절을 배운다. 성인인 경우 방광에 소변이 약 200cc 정도 차면 배뇨하고 싶은 충동을 느낀다. 방광에 소변이 약 350~400cc 정도 차면 방광벽에 분포되어 있는 신경말단인 신전감수체(stretch receptor)를 자극한다. 자극을 받은 신전감수체는 S2-S4의 척수분절에 있는 반사궁(reflex arc)을 자극하고, 그 결과 방광벽이 수축하고 배설충동이 강하게 느껴진다. 의식적인 조절 없이 소변은 요도로 들어가고 외괄약근이 이완되고 소변이 배설된다. 의도적인 조절하에 소변은 약 700cc까지 방광에 있을 수 있다.

① **배뇨의 신경기전** : 방광에 소변이 가득 차면 메시지가 대뇌피질과 천골의 척수분절 사이에 있는 신경전도로를 따라 보내진다. 만약 배뇨하기에 적합하지 않는 환경조건이면 대뇌에서 반사궁을 억제하는 메시지를 보내 외괄약근의 수의적인 수축이 일어난다. 그러나 배뇨하기에 적합한 환경이면 대뇌에서 외괄약근을 이완시키도록 메시지를 보내서 배뇨가 일어난다. 이와 같이 대뇌의 메시지는 소변이 박판에서 배설될 때까지 방광으로 직접 전달된다.

② **신경전도로 손상** : 배뇨와 관련된 중추신경 전도로를 따라 일어날 수 있다. 만일 전두엽 피질에서 뇌교-중뇌망상계(pontine-mesencephalic reticular formation)까지 손상을 받으면(예 뇌종양, 기질적 뇌징후장애, 뇌졸중, 두부외상 등) 수의적인 배뇨가 어렵다. 따라서 방광벽의 불수의적인 반사수축과 요도 괄약근의 불수의적인 이완으로 방광을 비우게 되고 배뇨는 혼돈된 뇌 메시지로 인해 부적절한 때에 일어난다. 이러한 상태를 상위운동 신경원성 방광 또는 반사성 방광이라고 한다. 뇌교-중뇌양상계에서 S2-S4에 있는 부교감신경핵까지 신경전도로의 손상은 배뇨조절 장애에 영향을 준다. 정상적으로 방광벽은 요도 괄약근이 이완됨으로써 수축된다. 이러한 행동이 조절되지 않으면 방광은 불수의적으로 조절되고 수축된 괄약근으로 인해 흐름이 부분적으로 막힌다. 실금은 방광 내 소변정체를 일으킨다. 피질척수로는 뇌와 외음부핵 간의 신경학적 연결을 해주는데, 이 전도로에 손상을 입으면 소변 흐름을 수의적으로 멈추는 능력에 영향을 준다. 척수에서 나와 방광에 분포된 골반신경의 손상은 방광벽을 수축하지 못하는 상태를 초래한다. 따라서 소변은 방광에 정체되는데 이러한 상태를 하위운동 신경원성 방광 또는 이완성 방광, 무긴장성 방광(atonic bladder)이라고 한다. 하복신경과 외음부 신경은 외괄약근 수축을 자극한다. 이 신경이 손상을 받으면 스트레스성 실금이 일어나고 괄약근의 긴장도가 저하된다.

면담은 배설양상에 영향을 주는 요인에 관한 중요한 정보를 제공한다. 장과 방광배설 양상에 개인의 지각은 매우 중요하므로 이것에 대해 기꺼이 이야기하는지를 확인해야 한다. 정직하고 비판적이 아닌 태도로 면담하는 것이 대상자가 정보를 감추거나 당황하는 것을 적게 할 수 있다.

다음과 같은 것을 평가하기 위해 체계적으로 면담한다.

- 요배설
  - 평상시 배뇨양상
  - 배뇨장애의 증상
  - 자가간호 행위
  - 환경적 영향
  - 적절한 심리적·생리적 변화
  - 요로전환과 같은 특별한 상황에 대한 반응

- 변배설
  - 평상시 배변양상
  - 자가간호 행위
  - 배변장애의 증상
  - 적절한 심리적·생리적 변화
  - 결장 개구술과 같은 특별한 상황에 대한 반응

(1) 방광배설에 관한 면담

① **평상시 소변양상** : 평상시 소변양상에 관해 질문하는 것은 앞으로의 상황과 비교할 수 있는 기본자료가 된다. 하루에 소변을 몇 번 봅니까, 밤에는 몇 번 봅니까 등으로 질문한다. 소변배설 양상의 일반적인 문제는 빈뇨, 긴박뇨(urgency), 야뇨증(nocturia), 유뇨증(enuresis), 배뇨곤란(dysuria), 배뇨지연(hesitancy), 적하(dribbling) 등이다. 만일 대상자가 방광배설장애 증상을 호소한다면 소변의 변화(색깔, 냄새)를 관찰했는지 묻는다.

ㄱ 빈뇨 : 정상보다 더 자주 배뇨하는 것을 말한다. 약물, 알코올, 카페인을 섭취하거나 당뇨가 조절되지 않을 때 일어난다. 빈뇨의 원인이 무엇인지를 알아보기 위해 최근의 식이 변화가 있었는지에 관해 질문한다. 배뇨시 통증이 있는 경우에는 비뇨기감염의 증상일 수 있으며 스트레스와 불안이 있을 때 오기도 한다. 대상자가 소변배설 양상에 관한 정보를 제공할 수 없으면 소변 보는 횟수를 관찰하여 비교한다.

ㄴ 긴박뇨 : 갑자기 요의를 강하게 느끼는 것으로써 방광이나 비뇨기계 감염으로 온다. 화장실 가는 것이 어려운 사람에게는 실금의 원인이 되기도 한다.

ㄷ 야뇨증 : 밤 동안의 지나친 배뇨를 야뇨증이라고 한다. 울혈성 심부전증 환자에게 올

수 있는데, 그 이유는 낮 동안에 축적된 수분이 밤에 쉬는 동안에 신장으로 더욱 쉽게 가서 소변의 생성이 증가하고 밤 동안에 배설되기 때문이고 또한 이뇨제를 사용하기 때문이다.

ㄹ) **유뇨증** : 수면 중에 불수의적인 배뇨를 유뇨증이라고 한다. 3세 이하의 어린이에 있어서는 정상이나, 나이든 어린이에서는 이상 행동양상을 나타내는 것이고, 비뇨기계의 폐색 또는 감염과 관련이 있다.

ㅁ) **배뇨곤란** : 배뇨와 관련된 동통을 배뇨곤란이라고 하는데, 비뇨기감염, 요도협착, 전립선 질환, 자궁탈출증, 자궁경부암의 증상이기도 하다. 방광염이거나 방광팽만인 경우 통증은 방광 부위 위에서 느껴진다. 옆구리 동통(flank pain)은 상기도 감염, 신석과 관련된다. 통증의 위치, 특성, 지속기간, 방사, 악화요인과 완화요인에 관해 질문하고 분석한다.

ㅂ) **배뇨지연** : 배뇨 시작이 어려운 것을 말한다. 신경학적 기능부전이나 하부 비뇨기 폐색을 의미한다. 항히스타민제와 같은 약물은 방광 괄약근의 긴장도를 증가시켜 배뇨지연의 원인이 될 수 있다.

ㅅ) **적하** : 소변의 불수의적인 통과로써 이것은 괄약근의 긴장도가 약화되거나 이완성 방광, 방광용적의 감소, 방광을 지지하는 부속 구조물의 늘어짐을 의미한다.

② **자가간호 행위** : 비뇨기 문제를 가진 사람은 흔히 수분 섭취 변경, 활동과 운동에 관한 문제들을 어떻게 다루는지에 관해 특별한 관심을 갖고 있다. 따라서 자가간호 행위를 사정하는 것은 비뇨기 기능을 평가하고 위험스런 행위를 밝히며 학습욕구를 결정한다.

㉠ **수분 섭취** : 대부분의 사람들은 방광배설을 조절하는 한 방법으로써 수분 섭취를 조절한다. 저녁에 수분 섭취를 제한함으로써 수면 중에 일어나는 배뇨충동을 감소시킨다. 실금이 있는 사람은 전체적으로 요배설을 조절하기 위해 수분 섭취를 감소시키는데, 이것은 오히려 소변을 농축시켜 문제를 악화시킬 수 있으며, 방광을 자극하여 감염의 원인이 되게 하고 긴박뇨를 증가시킬 수 있다.

㉡ **활동과 운동** : 대상자가 방광배설을 조절하기 위해 특별한 운동을 하는지 확인한다. 방광근육 수축은 요배설을 시작하고 멈추는 데 중요하다. 임신은 배뇨와 관련된 근육을 약화시키며 방광괄약근이 약화되면 스트레스성 실금을 초래할 수 있다. 임부들은 흔히 방광근육의 긴도를 강화시키는 Kegel 운동을 배운다.

㉢ **요로감염 예방** : 비뇨기 감염에 자주 걸릴 경우 감염을 예방하는 방법에 관해 질문한다. 요로감염을 예방하기 위한 적절한 자가간호 행위는 다음과 같다.

- 수분 섭취를 증가한다 : 소변을 희석시키고 세균의 성장을 막는다.
- cranberry juice를 마셔서 소변을 산성화한다 : 세균 성장을 막는다.
- 좋은 위생습관을 유지한다(특히 여성의 경우) : 성교 후 배뇨, 배변 후 회음부를 앞에서 뒤로 닦는 것, 통목욕보다 샤워를 하는 것 등은 세균이 요도로 들어가는 것을 막는다.

ⓔ **요정체에 대한 자가치료** : 요정체 문제를 가졌다면 이러한 문제를 어떻게 다루는지를 묻는다. 예를 들면 "소변을 보기 위해 어떻게 합니까?"라고 질문한다. 요정체에 대한 적절한 자가간호 행위는 다음과 같다.

소변을 보도록 자극한다. 방법은 대퇴부 안쪽이나 복부를 가볍게 치는 것, 음모를 잡아당기는 것, 천골을 마사지하는 것, 항문 괄약근을 손으로 벌리는 것 등 사람마다 다르다. Crade 방법은 치골 상부위를 손으로 압박하여 소변을 배출하는 방법인데 소변을 보도록 자극하여도 방광이 비워지지 않을 때 사용한다.

ⓜ **요실금** : 요실금과 관련된 자가간호 행위를 평가하기 위해 "조절할 수 없는 배뇨를 예방하기 위해 어떻게 하십니까?"라고 질문한다.

요실금과 관련된 자가간호 행위는 다음과 같다.

- 수분 섭취를 제한한다.
- 화장실 출입 계획을 세운다.
- 기저귀나 체외 수뇨기구를 사용한다.
- 간헐적 자가도뇨를 한다. 이것은 신경성 병변으로 방광을 충분히 비울 수 없기 때문이다.
- 회음부를 강화시키기 위한 운동을 한다. 예를 들면 Kegel 운동을 하루에 몇 번씩 하거나 배뇨 중 소변을 의도적으로 멈춘다. 이것은 스트레스성 실금에 도움이 된다.

③ **환경적 영향** : 화장실 사용이 어렵거나, 프라이버시가 없는 환경은 배뇨를 억제한다. 앙와위에서 변기 사용도 배뇨를 억제한다. 보통 남자는 서 있는 자세, 여자는 앉은 자세에서 배뇨하기를 편안해 한다. 다른 사람의 태도가 배뇨행위에 영향을 줄 수 있다. 예를 들면 의료진이 불가피한 요실금으로 생각한다든지, 기저귀를 사용하는 것은 실금을 더욱 가중시킨다. 시설노인은 화장실 가는 것이 어려워서 실금이 더 많이 일어날 수 있다. 구체적인 질문과 행동관찰이 환경적 영향을 평가하는 중요한 방법이다. 입원 환자에게 가장 직접적인 접근은 입원 후 방광배설 양상이 어떻게 변화되었는지를 묻는 것이다.

④ **적절한 심리적·생리적 변화** : 심리상태와 생리적 변화는 요배설 문제의 원인이 될 수 있다. 방광배설 양상이 비정상적이면 다음의 요인이 있는지를 확인한다.

㉠ **스트레스** : 대상자의 스트레스나 심리적 증상과 관련된 것들을 관찰한다. 빈뇨는 스트레스의 영향을 받으며 요실금도 심리적 원인으로 올 수 있다.

㉡ **카테터 삽입** : 오랫동안 카테터를 사용하면 방광의 외괄약근과 배뇨근이 약화된다. 정체 도뇨관 제거 후에 오는 요실금은 방광근육의 손상과 관련이 있다.

㉢ **약물** : 자율신경계에 영향을 주는 약물은 방광배설에 영향을 줄 수 있다. 요정체를 일으키는 약물은 항우울제, 항히스타민제, 항파킨슨제 등이다. 안정제는 배뇨의 충동에도 잠을 자게 하므로 실금을 일으킬 수 있다. 요정체는 복부 수술 후 bethanechol chloride(urecholine)와 같은 약물로 치료될 수 있다.

ⓔ 병리적 상태 : 비뇨기계 감염은 점막조직에 염증을 일으킬 수 있고 방광이 정상적으로 팽창되는 것을 막으며 긴박뇨, 빈뇨, 배뇨곤란의 원인이 된다. 분변매복, 외과적으로 생긴 부종, 덩어리, 신석, 전립선 비대는 비뇨기 폐쇄나 정체의 원인이 된다. 중추신경과 자율신경계의 병변 또한 요배설에 영향을 준다.

⑤ **특별한 상황 : 요로전환**

요로전환은 소변이 방광을 우회하는 비뇨기계의 외과적 변화를 뜻한다. 가장 흔한 종류로는 장도관(ileal conduit), 요관 S상 결장루(ureterosigmoidostomy), 경피요관루(cutaneous ureterostomy), 신루(nephrostomy) 등이다.

요로전환술을 한 사람에게 있어서 요배설양상을 사정하는 것은 기능부전을 발견하고 치료하며 학습욕구를 확인하는 데 기초가 된다. 배뇨양상을 사정하기 위해서 다음과 같이 질문한다.

- 주머니를 하루에 몇 번 비우나?
- 개구부 주변의 피부에는 어떤 문제가 발생하는가?
- 요로전환으로 인한 자신이나 가족 또는 일에 대한 기분이 어떤가를 묻는다.

(2) 배변에 관한 면담

① **평상시 배변양상** : 배변양상은 사람마다 다양하므로 각 사람마다의 습관을 사정하여야 한다. 면담하는 동안에 기본적인 질문은 "보통 대변을 얼마나 자주 봅니까?", "하루 중 대변 보는 시간은 언제쯤입니까?"라고 묻는다. 장기능 변화의 가장 흔한 종류는 변비와 설사이기 때문에 정상적으로 장 습관과 관련해서 변비나 설사에 관해 묻는 것이 도움이 된다. 일주일에 2~3회 배변이 모두 변비를 의미하지 않고, 하루에 3회 배변이라고 해서 설사를 의미하지 않는다. 또한 대변의 일반적인 양상에 관해서도 질문한다. 최근에 있었던 배변 상태의 변화는 충분히 사정해야 한다. 노화는 배변에 변화를 주지 않는데 위장계는 노화로 인해 퇴화되지 않기 때문이며 노인의 배변변화는 부동이나 식이변화가 원인이 될 수 있다.

② **자가간호 행위**

ⓐ 식이와 수분 섭취 : 적절한 수분 섭취는 대변을 부드럽게 한다. 탈수는 유미즙으로부터 과도한 수분 흡수로 변을 딱딱하게 하고 변비를 일으킨다. 수분 섭취는 적어도 하루에 1,800cc 정도 하도록 권하는데 커피, 홍차, 자몽 주스는 이뇨제 작용을 하여 대변 내 수분을 감소시키기 때문에 포함시키지 않는 것이 좋다. 매일 2~4gm의 섬유질 섭취는 변비 예방에 도움이 되므로 치질도 예방한다. 저섬유성 식이는 장질환인 게실, 자극성 장 증후군, 충수염, 대장암과 관련이 있고 지나친 섬유성 식이는 설사를 일으킨다. 장 기능과 관련된 포괄적인 식이사정을 위해 24시간 먹은 음식을 기록하도록 한다. 어떤 음식물은 배변에 변화를 준다. 즉 어떤 음식과 양념은 위장계를 자극하고 이러한 음식 을 소화하는 데 필요한 효소가 부족한 사람에게는 설사를 일으킨다. 예를 들면 락타아 제(lactase)가 부족한 사람이 우유를 마시면 복부경련, 동통, 설사를 일으킨다.

ⓛ **활동과 운동** : 배변시에 사용되는 복부근육과 골반근육의 긴도가 좋으면 장배설은 용이해진다. 근육 긴장도가 전체적으로 좋다면 연동운동을 담당하는 근육도 강화되지만 부동은 근육 쇠약의 원인이 되고 배변에 필요한 대장의 연동운동을 방해한다.

ⓒ **하제** : 대변 완화제의 사용은 바람직하지 못하며 특히 노인들에게 더욱 그렇다. 대상자가 완화제를 사용한다면 완화제의 종류와 사용 빈도에 관해 질문한다. 자극제는 대장에 있는 신경말단에 작용하여 장운동을 증가시키고 장기간 사용하면 대장의 내부 신경세포를 방해하여 변비를 일으킨다.

③ **환경적 영향** : 최근에 일어나는 일상적인 생활과 환경의 변화는 장배설에 영향을 줄 수 있다. 이러한 문화는 수의적 또는 불수의적으로 배변반사를 억압시켜 장배설 습관을 방해한다. 또한 변기 사용시 앙와위 같은 부자연스런 체위는 장배설을 억제한다.

④ **배변장애의 증상** : 설사나 변비 이외에도 동통, 쇠약, 직장 팽만감, 출혈 등이 있다. "배변시 동통이 있습니까?"라고 질문한다.

ⓒ **통증** : 하복통은 대장에 가스나 수분 축적으로 인해 발생되며 결과적으로 산통 시 나타나며 변비나 설사 시에 나타난다. 직장 등은 주로 회음부에 국한된 것으로 직장에 변이 차서 발생한다. 이급후증(tenesmus)은 배변충동과 관련된 직장동통이며 배변 후에도 직장이 완전히 빈 것 같지 않은 느낌이다. 원인으로는 대변정체, 직장종양, 대장염 등이다. 치질 또한 직장동통과 가려움의 원인이 되며 배변시에 이러한 증상이 증가한다.

ⓛ **기타 증상** : 설사 때 흔히 나타나는 증상은 급변, 쇠약, 잦은 배변 등이고 변비 때 나타나는 증상은 배변시 힘주는 것, 직장 팽만감 등이다. 대변의 경도나 색깔의 변화를 충분히 평가하여야 한다.

⑤ **적절한 심리적·생리적 변화** : 궤양성 대장염, 국부적 장염(Crohn's disease), 게실, 경련성 대장, 플립, 치질, 항문열상, 척수 또는 두부 손상, 뇌출혈, 다발성 경화증은 배변과 관련된 문제의 원인이 될 수 있다. 또한 스트레스와 우울은 배변양상에 변화를 일으킨다.

ⓒ **병리상태** : 신경학적 결함은 장배설에 불리한 영향을 줄 수 있다. 뇌질환이나 뇌손상은 배변요구를 전달할 수 없어서 변실금을 초래할 수 있으며, 척수의 상부 손상은 배변반사 조절능력에 영향을 줄 수 있다. 척수의 천골분절 손상은 반사작용 상실을 초래한다. 위장질환도 영향을 주는데 장폐색인 경우 폐색의 위치와 정도에 따라 증상이 다르게 나타나며, 위장염일 경우 설사를 일으킨다. 대사성 질환도 영향을 주는데 갑상선 기능 저하, 저칼륨 혈증, 저칼슘 혈증 같은 질환은 변비를 일으키며, 갑상선 기능 항진, 당뇨, 부신 기능부전, 고칼슘 혈증은 만성 설사를 일으킨다.

ⓛ **심리적 요인** : 지루함, 무용감, 위축, 슬픔, 우울은 장운동을 감소시켜 변비를 일으키고 스트레스는 교감신경을 자극하여 변비 또는 설사, 변비와 설사가 교대되는 양상을 일으킨다.

ⓒ 투약 : 파킨슨 치료제와 같은 항콜린성 약물, 항히스타민제, 진정제는 대장의 평활근 긴장도를 저하시켜 변비를 일으킨다. 또한 codeine, morphine, demerol과 같은 마약성 진통제는 대장운동을 감소시킨다. 지나친 하제 사용, 광범위 항생제 사용, 마그네슘이 들어 있는 제산제는 설사를 일으킨다.

⑥ 특별한 상황

㉠ 회장루술 : 배변조절이 되지 않으므로 항상 배액 주머니를 착용한다. 식사 추후가 장운동이 가장 활발한 때이다. 보통 하루에 700~800cc 배설되므로 4~5번 회장루 배액관을 비우게 된다.

㉡ 결장루술 : 주로 상행 또는 하행으로 형성되며 상행결장은 배변조절을 할 수 없으나 하행결장은 조절이 가능하다. 특별한 상황을 가진 대상자에게는 "하루에 얼마나 자주 주머니를 비웁니까?", "대변의 경도에 대해서 말해 주세요. 항상 그렇습니까?", "당신에게 문제되는 음식이나 음료는 어떤 것입니까?", "피부/개구부/기구를 다루는 데 어떤 문제가 있습니까?"라고 질문하여 사정한다.

4 배설기능 사정

(1) 검진의 초점과 개요

신체검진 기술은 배설기능에 관한 중요한 정보를 제공한다. 신체검진의 목표는 장과 방광 기능을 결정하며 배설문제에 대한 병태생리적 원인과 기능을 탐색하고 배설문제로 인한 불리한 영향을 확인하는 것이다. 신체검진을 통해 얻은 자료는 면담으로 얻은 자료와 함께 간호진단을 내리거나 다른 의료진과 협력하여 중재가 필요한 문제를 확인하는 데 기초를 제공한다.

배설과 관련된 진단을 내리는 데 도움이 되는 신체검진 방법은 다음과 같다.

- 전반적 시진
- 복부검진
- 항문, 항문관, 직장 검사
- 비뇨생식기 구조 검사

(2) 전반적 시진

전반적 시진은 실금, 자가간호 능력, 수분과 전해질에 관한 단서를 제공할 수 있다.

① 실금 : 변실금과 요실금은 대상자의 피부나 옷에서 나는 냄새로 쉽게 알 수 있고 기저귀나 체외 수료장치의 착용으로 알 수 있다. 대상자들은 이러한 문제를 감추기 위해 노력하는 데 강한 향수나 방향제가 도움이 된다. 방광팽만이 있는 대상자들은 땀, 불안정, 복부 불편감 등을 말이나 체위로 나타내기 때문에, 소변정체나 실금이 있는 사람에게서 이러한 증상을 관찰한다.

② **자가간호 능력** : 손과 발을 사용하는 능력은 정상적인 배설양상을 유지하는 데 중요하다. 손과 발의 손상은 시진을 통해 알 수 있으며 배설상태는 정신상태의 영향을 받는다. 예를 들면 의식수준 저하나 혼돈상태는 배설문제의 위험상태를 나타낸다. 또한 심한 우울과 스트레스도 위험요인이고 이런 상태는 어느 정도 외모로 나타난다.

③ **수분과 전해질 상태** : 수분과 전해질의 심한 불균형은 여러 가지 배설문제와 관련되어 나타난다. 심한 설사는 특히 어린이와 노인에게서는 수분과 염분 상실을 초래한다. 쑥 들어간 눈, 피부긴장도 상실, 무기력 등이 쉽게 나타난다. 칼륨의 상실은 무기력, 쇠약, 무감각을 일으킨다.

(3) 관련된 신체변화

- **위장계** : 복부검진은 배설문제를 간접적으로 나타낼 수 있다. 예를 들어 복부팽만은 변비 또는 소변정체일 수 있다. 장음은 설사시에 증가하고 변비시에 감소된다. 저하된 장운동은 저산소증으로 올 수 있으므로 심맥관계나 호흡기계를 사정할 필요가 있다.
- **신경계, 근골격계** : 척수 손상, 뇌혈관 사고, 신경계 질환 등 감각과 운동질환은 배변과 배뇨기능에 장애를 주므로 배설을 평가하는 데 있어서 중요하다.

5 장기능 검진

(1) 항문과 직장의 신체검진

① **일반적 접근** : 항문과 직장검진에 주로 사용하는 방법은 시진과 촉진이다. 둔근피부(gluteal skin), 항문관과 직장, 남성은 전립선, 여성은 자궁과 자궁경부도 검진한다. 대변 축적이 있는지, 있다면 그 특성을 기록한다.

대상자가 불편하지 않도록 손톱을 짧게 깎고 반지를 끼지 않는다. 촉진시 심한 동통을 느끼는 것은 항문치열이나 치질과 관련이 있다. 동통이 지속되면 검진시 힘을 주지 않는다. 의사에게 의뢰한다.

② **준비물**
- 장갑(부소독된 것)
- 수용성 윤활제

③ **불안 최소화** : 직장 검사는 불편하고 당황감을 느끼게 한다. 그러므로 시트로 덮어 주고, 절차나 검진시 느낌(항문이나 직장하부를 촉진할 때 배변 충동을 느끼며 전립선을 촉진할 때 뇨의를 느낌)을 간단히 설명함으로써 편안한 분위기를 만들 수 있다.

④ **위생법** : 검진시 장갑을 끼고 검진 후 반드시 손을 씻는다. 검진시 배변할 가능성이 있는 사람에게는 기저귀를 깔아 둔다. 검진 후 대상자의 피부는 깨끗이 닦아야 한다.

⑤ **체위** : 검진의 목적과 가동성에 따라 체위를 선택한다.
- **심스위** : 직장 하부에 있는 덩어리를 쉽게 촉진할 수 있다.

- 슬흉위 : 회음부 관찰과 전립선 촉진에 적합하다.
- 서 있는 자세 : 전립선 촉진시 사용한다.
- 쪼그리고 앉은 자세 : 이런 자세를 취할 경우 직장 돌출을 잘 관찰할 수 있다. 직장의 많은 부위를 촉진할 수 있고 골반저(pelvic floor)에 있는 직장, S상 결장의 병소를 관찰할 수 있다.
- 쇄석위 : 여성의 골반과 직장 검사시에 사용된다.

⑥ 검진과 기록
- 회음부와 둔부피부 : 색깔, 색소침착, 분비물, 병소
- 항문관과 직장 : 근육 긴장도, 전립선 또는 자궁경부와 자궁, 대변 축적, 압통, 병소, 덩어리

(2) 장배설 사정과 관련된 간호진단

① 변비
- 정의 : 배변 횟수가 감소하거나 변이 단단하고 건조한 변을 배변하는 상태를 말한다.
- 환자의 특성/주요특성 : 활동 감소, 보통 때보다 배변 횟수가 감소함, 단단하고 형태가 있는 변을 봄, 복부에서 덩어리가 촉진됨, 직장압을 느낌, 직장 충만감을 호소함, 배변시 힘줌.
- 환자의 특성/경미한 특성 : 복통, 식욕 감퇴, 요통, 두통, 일상생활 활동장애, 하제 사용
- 관련/기여요인 : 생활양식의 변화, 부동, 배변시 동통

㉠ 생활양식 변화와 관련된 변비
- 기왕력 : 생활양식의 변화는 정상적인 배변반사에 손상을 줄 수 있다. 중요한 생활양식의 변화는 여행, 일정표의 변경, 대장운동을 감소시키는 약물 또는 하제 사용과 같이 평상시 배변 습관을 방해하는 상황을 말한다. 활동 부족도 변비를 일으키며 질병은 생활양식과 장기능을 변경할 수 있다. 주 호소는 생활양식의 변화보다는 배변 횟수가 감소된 것일 수 있으므로 철저히 간호력을 작성하여야 한다.
- 신체검진 : 직장검진시 분변매복을 촉진할 수 있다. 복부팽만이 심하고 불안정함.
- 대변 : 단단하고 건조하며 형태를 이루고 있으며 크기는 다양하다.

㉡ 부동과 관련된 변비
- 기왕력 : 활동 감소는 장운동 저하와 근력 상실과 관련이 있고 변비의 원인이 된다. 입원은 침상안정, 치료기구나 정맥주사관 등으로 활동이 제한된다. 단단한 변을 보며 배변 횟수가 적다.
- 신체검진과 대변 : 생활양식 변화와 관련된 변비와 같다.

㉢ 배변시 통증과 관련된 변비
- 기왕력 : 배변시 통증은 배변반사를 무시하므로 올 수 있다. 통증의 원인은 주로 치질이며 심한 복부경련일 수도 있다. 대상자는 변을 자주 보지 못하고, 직장 소양

감, 배변시 힘주는 것을 보고한다.
- 신체검진 : 항문과 직장검진으로 통증의 원인을 찾을 수 있다. 치열이나 치질은 육안으로 볼 수 있거나 항문관 촉진시 매우 심한 통증을 호소한다. 전립선 비대, 농양, 대변이 꽉 차는 것도 원인이 될 수 있다.
- 대변 : 단단하고 건조하다. 치질이 있다면 선홍색 피가 섞여 나오고 직장에 덩어리가 있거나 대장기능 부전이라면 대변의 굵기가 가늘어진다. 대변은 잠혈을 평가해야만 한다.

② 설사
- 정의 : 배변의 횟수가 증가하고 묽거나 굳지 않은 변을 배변하는 상태를 말한다.
- **환자의 특성** : 복통, 복부경련, 배변 횟수의 증가, 장음의 증가, 묽고 액체 같은 변, 긴급변의
- **관련/기여요인** : 위장계에 영향을 주는 감염, 영양과 흡수부전 질환, 생활양식 변화, 약물 부작용, 장 수술
- **기왕력** : 설사는 소장과 대장운동이 지나치게 증가한 결과이다. 원인을 조사하기 위해 감염상태, 폐색성 종양, 궤양성 대장염, Crohn's disease, 흡수부전 증상과 관련된 요인을 찾는다. 보통 하루에 세 번 이상 액체와 같은 변을 본다. 배변시 복통이나 복부경련이 있다. 수분과 전해질의 상실로 쇠약을 호소한다.
- **신체검진** : 피부긴장도 저하, 체온 상승, 저혈압, 체중 감소가 있다. 직장검진시 압통, 분변매복이나 종양으로 인한 덩어리를 촉진할 수 있다. 장음의 현저한 증가
- 대변 : 액체와 같다. 색깔, 냄새, 구성성분으로 원인을 알 수 있다.

③ 변실금
- 정의 : 대변이 불수의적으로 나오는 상태를 말한다.
- **관련/기여요인** : 대장, 직장, 항문괄약근의 신경근육 기능의 손상, 인지나 지각 손상
- **기왕력** : 의식 있는 사람은 변실금을 보고하지 않을 수 있으므로 간호사는 면담시에 이에 관련된 정보를 얻어야 한다. 변실금의 횟수, 원인 등을 확인한다. 변실금의 가장 흔한 원인 중 하나가 분변매복이므로 변비에 관해서도 질문한다.
- **신체검진** : 근육 긴장도와 괄약근 긴장도를 조사하기 위해 직장검진을 한다. 분변매복 시에는 덩어리가 만져진다. 항문탈출이나 직장에 덩어리가 있는 것은 변실금을 일으킬 수 있다. 전체적인 근력을 평가한다. 항문과 둔부 주위에 피부가 벗겨졌는지를 관찰한다.
- 대변 : 경도는 모양이 형성되는 것에서부터 액체 같은 것까지 다양하다. 대변의 양상은 변실금의 원인을 찾는 데 도움이 될 수 있다.

6 방광기능 검진

요는 신장의 네프론에서 복잡한 과정에 의해 만들어지며, 요 형성은 호르몬 및 수분과 전해질 상태의 영향을 받는다.

(1) 요사정

① 일반적 접근 : 요의 특성을 관찰하고 배뇨량과 잔뇨량을 측정하며 검사실에서 수행된 검사 결과를 분석하여 평가한다. 그중 소변량 측정은 특히 배뇨양상을 사정하는데 적절하며, 분석 검사는 요비중, 산도, 구성성분에 관한 정보를 준다. 또한 검사실에서의 배양은 감염원을 밝혀 준다.

② 요 수집 : 분석 검사를 할 요는 깨끗한 중간 요이어야 한다. 그러므로 요도구 주위를 비누와 물 또는 깨끗한 솜으로 닦은 후 처음 배설되는 소변은 버리고 배뇨 중간에 검사물 용기에 소변을 받도록 교육한다.

배양을 위해서는 무균적 요 검사물을 수집해야 하기 때문에 도뇨하여 멸균된 용기에 소변을 수집한다. 요 분석을 위해서는 새벽에 첫 소변을 받는 것이 요가 농축되어 있기 때문에 바람직하다.

그러나 요당 검사를 위해서는 두 번째 소변이 필요하다. 요당 검사는 흔히 혈당 검사 대신에 하는데, 이는 혈당 검사보다 더 정확하고 가정에서도 쉽게 할 수 있다. 요 검사는 또한 잠혈과 단백여부도 본다. 요 검사물은 검사실로 보내져 냉장고에 보관되는데 1시간 이내에 분석되어야 한다.

③ 검사와 기록의 초점
- 색깔
- 투명도
- 냄새
- 양
- 비중
- 산도
- 세포, 원주체(cast)와 결정체(crystal)
- 전해질

(2) 요배설 사정과 관련된 간호진단

① 요 정체 : 요 정체는 방광을 비울 능력이 없는 것을 말하며, 다음 상황에서 발생될 수 있다.
- ㉠ 이완성 방광
  - ⓐ 천수 2~4번째 운동신경의 손상(예 소아마비, Guillain-Barr 증후군, 외상, 종양)
  - ⓑ 천수 2~4번째 감각신경의 손상(예 당뇨병)

ⓛ 괄약근의 강한 긴장도, 항히스타민제 복용시

ⓒ 요도협착 : 전립선 비대, 외과적 종양, 분변 매복, 질 또는 직장의 팩(pack)

- 사정 : 소변이 방광에 남아 있으면 치골결합 부위 위에 있는 하복부가 팽만된다. 소변 배설량은 현저하게 감소하거나 없어진다. 방광용량만큼 소변이 가득 차면 유출성 요정체가 발생될 수 있다. 만일 천수의 감각섬유가 완벽하면 방광이 가득찬 느낌을 경험할 수 있으며 방광을 비워야 한다는 긴장감을 느낄 수도 있다. 결국 방광용량은 증가되고 잔뇨량이 높으며 요정체 때문에 감염의 위험도 증가될 수 있다. 요분석에서는 백혈구와 박테리아가 많이 있음을 볼 수 있다.

② **중추성 요실금** : 중추성 요실금은 예측할 수 없거나 지속적인 요의 배출을 말하며 원인은 다음과 같다.

ⓐ 수의적인 조절기전 상실(예 뇌혈관 손상, 종양, 기질적인 뇌증후군과 같은 대뇌병변)

ⓛ 배뇨반사궁 밑에 있는 운동 감각신경원의 파괴로 인해 방광으로 가는 통로에 있는 신경조절 상실(예 수술)

ⓒ 천공(fistula) 형성

- 사정 : 요의 흐름이 계속되면 전체성 실금이 될 수 있다. 배설양상의 특징은 빈뇨, 긴박감, 유뇨증으로 나타나며 소변이 피부에 닿아 욕창이 생기기 쉽다. 방광용량은 흔히 감소된다.

③ **긴박성 요실금** : 긴박성 요실금은 요의를 느끼는 즉시 화장실에 도착하기 전에 배뇨하는 것이다.

ⓐ 감염, 농축뇨 등으로 인한 방광신장 수용기 자극

ⓛ **방광용량의 심각한 감소** : 심각한 골반염증이나 장기적인 유치도뇨 삽입, 임신기간 자궁의 압박으로 방광용량이 감소될 수 있다.

ⓒ 이뇨제 사용으로 인한 소변생성 증가

- 사정 : 요배설 양상의 특징이 긴박성이다. 만일 감염이 원인이면 배뇨시 배뇨 곤란을 동반할 수 있다. 요 분석과 배양에서는 세균 성장을 볼 수 있다.

④ **스트레스성 요실금** : 스트레스성 요실금은 복부내압의 증가 때문에 나타나는 불수의적인 배뇨를 말한다. 관련요인은 다음과 같다.

ⓐ 정상적인 요도방광각(urethrovesical angle)이나 근육의 지지구조 상실(다산, 임신, 골반 종양, 비만)

ⓛ 출산, 장기적인 **도뇨로** 인한 괄약근 긴장도의 허약

- 사정 : 스트레스성 실금은 폐경기 후 여자에게 흔하며, 기침, 재채기, 무거운 물건을 들거나 계단을 오르는 활동과 연관된다. 실금 경험이 있는 자의 실금하는 양을 보면 몇 방울에서 많은 양까지 다양하다. 골반 검사로 방광류(cystocele)나 자궁 후굴을 발견할 수 있다.

⑤ 반사적 요실금 : 반사적 요실금은 영구적인 신경 손상과 관련된 실금을 말하며 다음 상태에서 나타날 수 있다.

　㉠ 척수반사궁과 뇌 사이의 메시지가 두절될 때(척수 손상, 다발성 경화증)

　㉡ 척수반사가 부적절하게 억제되거나 억제되지 않을 때(뇌혈관 손상, 종양, 기질적인 뇌군의 대뇌병변)

　　• 사정 : 예측 가능한 배뇨양상을 볼 수 있다. 즉 배뇨는 치골 접합부위 복부 또는 대퇴 안쪽을 두드리거나, 음경 또는 치모를 잡아당겨 반사궁을 자극하여 배뇨를 시도할 수 있다. 잔뇨량은 많을 수 있다.

⑥ **기능적 요실금** : 기능적 요실금은 불수의적이고 예측할 수 없는 실금을 말한다. 긴박감과 같은 경고 증상도 없다. 이 상태는 대상자가 화장실에 도착하기 전에 배뇨하는 것을 말한다. 익숙하지 못한 환경에 있는 사람과 인지 운동장애가 있는 사람이 가장 위험한 상태이다.

(3) 방광훈련을 하고 있는 환자의 사정

방광훈련은 요배설의 조절능력을 회복하도록 환자를 도와주는 간호중재이다. 배뇨능력을 회복하는 것은 환자의 자존감과 독립성을 증가시킬 뿐만 아니라 경제적인 면도 도움이 된다. 요실금은 장기 입원의 요인이 될 수 있고, 감염, 욕창, 신결석 등의 합병증을 초래할 수도 있기 때문이다.

방광훈련의 성공률은 약 75%인데 이는 대상자의 동기와 방광훈련 프로그램을 수행하는 능력에 달려 있다. 적절한 방광훈련 프로그램을 위해서는 우선 배뇨양상을 정확하고 철저히 사정해야 한다.

다음의 사정지침은 방광훈련 프로그램을 개발하고 수행하는 데 도움이 된다.

① 실금의 원인이 무엇이고 어떤 방법으로 치료해야 하는지 사정한다.

만일 요로감염이 있으면 방광훈련을 시작하기 전에 먼저 치료하고, 해부학적으로 발생되는 실금은 수술해야 한다. 예를 들면 방광류(cystocele)와 요도류(urethrocele) 수술은 스트레스성 실금을 없애 준다. 스트레스성이나 유출성 요정체는 방광훈련보다 다른 간호중재가 요구된다. 예를 들면 골반저부근육을 강화시키는 운동(Kegel exercise)이나 간헐적인 자가도뇨가 더 효과적이다.

② 배뇨조절 능력의 상실에 대한 대상자의 반응을 사정한다.

사람들은 배뇨문제를 부정하고 싶어한다. 그러므로 방광훈련을 수행하기 전에 환자가 대처전략을 개발하도록 도와야 한다. 그렇지 않으면 방광훈련 참여를 거절하게 된다. 따라서 환자가 무력감, 좌절감, 수치감이나 당황함을 느끼는지 확인할 필요가 있다. 자존감을 기르는 것이 방광훈련을 성공적으로 수행하는 데 필수적이므로 환자가 스스로 옷을 입고 자가간호 활동을 하며 사회에 참여하도록 격려해야 한다.

③ 수분 섭취에 관련된 배뇨양상을 관찰한다.

환자의 실금양상에 관한 기초자료를 얻기 위해서는 방광훈련을 수행하기 전에 3일간 섭취량을 기록한다. 정상배뇨나 실금의 빈도를 기록하여 수분섭취 자료도 기록한다. 시간이 많이 필요하더라도 이러한 사정기술은 두 가지 이유 때문에 성공적인 방광훈련의 중요한 내용이 된다. 첫째 실금시간, 특히 정신적으로 신체적으로 쉬는 밤 시간에도 방광훈련을 위하여 화장실에 가야만 하기 때문이다. 둘째 수분은 배뇨반사를 자극하는 데 필요하므로 수분 섭취량은 중요하다. 성공적인 방광훈련을 위해서는 매일 2,500cc의 수분 섭취가 추천된다. 수분섭취 제한은 요로감염, 변비, 분면매복, 비효과적인 방광 수축을 초래할 수 있다. 그러나 울혈성 심부전증 환자는 수분을 제한해야만 한다.

④ 수기를 이용한 배뇨자극에 대한 환자의 반응을 관찰한다.

대퇴 안쪽을 두드리거나, 복부를 누르거나, 치모를 잡아당기는 등 수기를 이용하면 방광수축과 배뇨를 자극하게 된다. 그러므로 이용한 수기가 그 환자에게 적절한지 반응을 관찰해야 한다.

⑤ 방광훈련 프로그램을 진행하면서 환자의 경과를 재사정한다.

만일 훈련하는 동안 진전이 없으면 불충분한 수분 섭취인지 또는 무엇인지 원인에 대해 재사정한다. 또한 지속적인 재사정은 중재가 필요한 상황을 확인하기 위해서도 필수적이다.

04 활동 - 운동 양상

1 개요

일상활동은 자유롭게 움직일 수 있는 능력과 에너지의 소모가 필요하다. 일상활동을 할 수 없는 사람은 목욕, 음식 섭취, 옷 입기 등에 대한 간호를 필요로 한다. 활동내구성의 사정목표는 대상자의 활동과 운동문제를 확인하며 건강수준의 증진을 위해 운동을 하는 사람들의 지구력과 강도의 향상을 확인하는 것이다. 활동에 대한 심폐기능, 정서적 반응 등이 건강할 때나 질병상태 모두에서 탐지되어야 한다. 활동과 활동내구성, 운동의 사정은 운동과 여가활동을 포함한 일상활동에 초점을 둔다. 즉 활동에 참여하는 능력, 운동을 위한 정신적·신체적 반응, 운동의 저항력을 감소시키는 위험요인들에 주목해야 한다.

(1) 사정초점

활동과 운동에 대한 판단은 면담, 임상검사와 진단적 검사, 생리적 검사결과에 근거를 두고 있다. 의사에게 의뢰할 것인지, 의사와 함께 치료할 수 있는지를 결정하기 위해 포괄적인 검진이 필요하다. 예를 들면 심혈관계 검진을 하면서 동맥폐색의 징후를 발견하여 의사에게 이러한 징후를 보고할 수 있다.
- 일상활동을 포함하여 특징적인 활동양상에 대한 윤곽을 알고
- 자기간호 요구의 충족을 위해 활동이 충분한지를 사정하고
- 건강 유지를 위한 운동습관과 여가활동을 평가하고
- 활동내구성 장애와 관련된 상태 또는 위험요인을 확인하고
- 변화된 활동양상에 대한 생리적·행동적·정신적 반응을 관찰한다.

(2) 간호진단

간호진단은 자기간호 부족, 손상된 운동성뿐 아니라 호흡기계나 심혈관계에 문제를 가진 대상자의 활동과 운동에 관련된다.
활동과 운동을 사정할 때 다음 간호진단을 고려해 볼 수 있다.
- 활동내구성 장애
- 잠재적 활동내구성 장애
- 비효율적 기도청결
- 비효율적 호흡양상
- 심박출량 감소
- 잠재성 불용증후군
- 전환활동 결핍
- 가스교환 장애
- 기동성 장애
- 가정관리 유지 장애
- 자기간호 결핍 : 목욕/위생, 옷입기/몸단장, 식사, 화장
- 조직관류 장애 : 신장, 뇌, 심폐혈관, 위장, 말초

활동과 운동기능과 관련된 간호진단들은 일부 심폐 및 근골격계 기능을 포함한다.
'전환활동 부족'은 오락이나 여가활동이 부족하여 활동수준에 전반적인 저하를 가져오며 불용현상은 활동을 하지 않을 때 일어나는 신체적 퇴화를 의미한다. 따라서 활동과 운동을 사정할 때는 전환활동을 사정해야만 한다.
또한 '가정관리 유지의 장애'에서는 가정생활에 필요한 활동들을 수행할 수 있느냐는 자기간호능력이 결정하기 때문이다. 자기간호 활동들은 인지상태뿐 아니라 활동장애에 영향을 받는다.

(3) 생리적 간호진단

활동과 운동기능과 관련된 일부 간호진단은 의사가 처방한 의료중재를 받는 심각한 신체적 질환을 의미한다. 비록 간호사들이 협력적인 중재를 하기는 하나, 많은 권위자들은 심박출량 감소나 조직관류의 변화와 같은 간호진단을 내리는 것에 대해 그 적합성을 의문시하고 있다.

김(1984) 등은 심박출량 감소라는 간호진단이 의학진단과 같은 뜻이 아니라 오히려 건강문제에 대한 신체적 반응을 의미하는 것이라고 주장했다. 만일 간호사가 인간을 전인적으로 다룬다면 생리적 반응처럼 심리적 반응에도 관심을 두어야 한다. 간호사는 생리적 기능을 평가하는 사정기술을 잘 익혀야 한다.

2 사정을 위한 기초지식

(1) 활동과 운동에 대한 생리적 반응

활동과 운동을 하기 위해서는 근육 수축과 에너지의 공급이 필요하다. 에너지를 얻는 가장 효과적인 방법은 끊임없는 산소 공급을 필요로 하는 생리적 산소의 대사과정을 통해서이다. 활동과 운동에 대한 생리적 반응은 심혈관과 호흡기계 반응을 포함하는 산소요구량을 충족시키려는 신체의 시도이다. 근골격계 기능은 활동 능력을 결정하는 중요 요소이다.

① **산소 공급** : 근육조직에 공급되는 산소는 폐를 통해 혈액에 전달되는 산소와 헤모글로빈에 의해 운반되는 산소에 의존한다. 산소는 폐포모세혈관의 얇은 막을 거쳐 확산에 의해 몸으로 들어간다. 대부분 이 과정은 폐기능 장애(기체 확산을 방해하는 과도한 폐 분비물, 부종, 폐환기 변화, 폐질환 등)가 없다면 신체활동을 방해할 정도는 아니다.

② **심박출량** : 심박출량은 심장이 한 번 수축할 때 좌심실에서 분출되는 혈액의 양이다. 휴식 중의 심박출량은 사람에 따라 크게 다르지 않다. 그러나 최대 심박출량은 규칙적인 운동으로 증가될 수 있고, 이로 인해 활동내구성을 증진시킬 수 있다. 운동은 1회 심박출량을 증가시킴으로써 심박출량을 개선시킨다. 신체검사를 통한 활동내구성 사정은 심박출량의 신체적 징후를 기초로 이루어진다. 보통 박동률은 활동이 많아짐에 따라 심박출량이 증가하고 조직에 전달되는 산소가 증가함에 따라 증가한다.

운동에 따른 최대 박동률은 자전거 타기 같은 지속적인 유산소 운동 후에 10~15분간 맥박을 측정하여 계산된다. 신체적으로 가장 적절한 최대 심박동률은 연령별 표준치의 60~80%이거나 그에 해당하는 최대 박동률의 60~80%이다. 정상치보다 낮은 최대 박동률은 심박출량이 규칙적인 신체활동에 대한 긍정적 순응인 박동률보다는 오히려 1회 박출량에 의해 증가되고 있다는 것을 나타낸다.

활동내구성의 지표로서 심박동률의 이용은 수축성이나 좌심실 순응과 같은 심장기능이 정상일 때는 믿을 만하다. 활동시 박동률이 증가하지 않거나, 활동이나 운동이 끝난 후 5분까지 안정시 수준으로 돌아오지 않는 것은 정상이 아니다. 또한 지속적으로 높은 박동률은 심장의 산소요구량을 증대시키고 만일 충족되지 못하면 이것이 심근에 부담을 줄 수 있다.

③ **유산소 능력** : 폐활량은 산소가 이용될 수 있는 최대치이며, 최대 산소소모량은 운동 테스트시에 측정된다. 최대 산소소비율이나 폐활량은 신체의 적합성을 평가하는 기준으로 흔히 사용된다.

폐활량은 규칙적인 유산소 운동을 할 때 20% 정도 증가될 수 있다.
- 종류 : 달리기, 자전거 타기, 계단 오르기, 수영, 에어로빅 같은 지속적 운동
- 빈도 : 주당 3~5일
- 강도 : 운동기간 동안 유지되고 획득되는 연령별 최대 심박동률의 60~80%
- 시간 : 운동 강도에 따라 15~60분

폐질환, 심혈관질환 또는 근골조직이 폐활량을 제한할 수 있다. 그러한 경우 산소 부족이 쉽게 일어날 수 있으며, 보충이 더욱 어려워져서 피로 또는 심부정맥, 흉통, 호흡곤란과 같은 심한 심폐기능 장애가 발생할 수 있다. 그러나 그러한 문제를 지닌 사람은 개인적으로 처방받은 활동과 운동 프로그램을 통하여 폐활량을 증대시킬 수 있다.

(2) 활동에 따른 대사 등가

최대 산소소비율이라는 견지에서 활동 및 운동능력 평가가 언제나 실제적인 것은 아니다. 그러한 경우 다양한 활동에 있어서의 산소요구량을 추정하기 위해 대사균형이 이용될 수 있다. 1Met는 조용히 안정을 하여 누워 있을 때 소모되는 산소량으로 체중 1kg당 분당 약 3.5㎖이다. 조용히 안정을 하며 누워 있을 때 소모되는 산소량으로 좌식 생활을 하는 사람은 역효과 없이 최소한 10Mets를 수행할 수 있어야 한다.

이러한 대사균형은 활동 및 운동 능력을 평가하기 위해 이용될 수 있다. Mets는 활동능력 평가보다는 오히려 운동을 처방하는 데 흔히 이용된다. Mets를 기초로 운동을 처방할 때의 문제는 개인차를 설명할 수 없다는 것이다. 예를 들면 수술 후 처음으로 앉기 시작한 비만인은 마른 사람과 다른 양의 산소를 소모할 수 있다. 마찬가지로 높은 스트레스를 받는 사람은 어떤 특별한 활동 중에 대사균형의 기준치보다 더 많은 산소를 소모할 수도 있다.

※ 1Met는 휴식시 평균 산소소비량, 3.5㎖/kg/분이다. 실제 산소요구량은 신체 크기(즉 비만), 신체적 상태, 온도와 습도, 정서 그리고 운동 강도에 매우 많이 의존한다.

(3) 자가간호 능력

자기간호는 생명, 건강, 안녕을 유지하기 위한 활동들이 포함된다. 이러한 활동들은 공기, 음식, 수분, 배설, 개인과 사회적 상호작용, 활동과 안정, 외상으로부터 보호, 자존에 대한 요구를 충족시킨다. 사람들의 활동 요구와 능력 사이의 불일치는 자기간호 결핍이라 불린다. 다음 요소들은 자기간호능력에 영향을 미치므로 사정할 때 고려되어야 한다.
- 연령과 발달 상태
- 문화적 가치와 신념
- 사회경제적 상태
- 인지 능력과 지식
- 동기
- 건강상태 (병리적 상태를 포함)

- 건강관리 상황(부가된 활동제한을 포함)

자기간호 부족에 대한 간호진단은 손상된 운동신경이나 먹고, 목욕하고, 옷을 입고, 도움 없이 화장실을 사용할 수 있는 사람의 능력을 제한하는 인지능력, 즉 일상생활을 수행할 수 없는 능력으로 정의된다. 일상활동의 수행은 적절한 에너지와 운동신경 기능을 포함하고 있기 때문에 심폐계와 근골격계를 사정해야만 한다. 또한 인지기능이 자기간호 능력에 영향을 미칠 수 있기 때문에 인지기능을 사정해야 한다.

(4) 재활 잠재성

자기간호는 재활이라는 개념과 밀접하게 연결되는데 재활과정에는 독립적으로 일상활동을 수행할 수 있는 능력 배양이 포함된다. 재활은 보통 입원시부터 시작되어 퇴원 후에도 계속된다. 재활프로그램에 참여하는 사람은 대개 심근경색, 뇌졸중, 척수 손상과 같은 생명을 위협하는 사건을 겪은 사람들이다. 재활 프로그램은 보통 신체적 기능뿐 아니라 사회적·직업적 기능까지 되찾도록 도와준다.

프로그램 목표에는 다음 사항들이 포함된다.

- 급성기에서 신체적 합병증 예방
- 적정수준으로의 자기간호
- 장애자에 대한 교육
- 현 상태에서 제한 예방
- 변화된 기능에 대처하는 사람에 대한 보조

활동은 치료의 가장 중요한 것이기 때문에 어떤 활동을 수행할 수 있는지 사정해야 하고, 그런 활동을 규칙적으로 잘 수행하고 있는지도 평가해야 한다. 비록 운동능력 및 일상활동 수행능력에 제한이 있다 해도 각 사람은 수행할 수 있는 최적 수준의 기능을 가지고 있다.

3 건강력

면담은 활동의 역효과뿐 아니라 활동에 방해가 되는 요인을 밝히는 데 도움이 된다. 가장 긴급한 요구를 결정하기 위해 가능한 한 빨리 이러한 기능과 요소를 사정해야 한다. 예를 들면 호흡곤란이나 흉통과 같은 활동내구성을 제한하는 문제를 알아내야 한다.

(1) 흉통

- 흉통을 경험한 적이 있는가?
- **통증 서술** : 타는 듯한, 눌러 찌르는 듯한, 꽉 쥐는 듯한, 압력을 주는 듯한, 당기는 듯한 둔한, 가슴앓이, 칼로 찌르는 듯한, 예리한, 쥐어뜯는 듯한, 울렁거리는 듯한 통증인가?
- **위치** : 흉골하, 복부, 상복부, 어깨, 목, 턱, 팔, 손, 등 부위인가?
- **통증 시작시기** : 통증을 처음 인지한 때는 언제인가? 통증이 갑자기 또는 서서히 진행되었는가? 얼마나 오랫동안 지속되었는가?

- **유발요인** : 통증이 나타났을 때 당신은 무엇을 하고 있었는가?
- **악화요인** : 통증을 악화시키는 요인은? 심호흡, 기침, 운동, 다른 요인은?
- **강도** : 가장 심한 통증을 10등급으로 나누고 1~10까지 중 몇 등급에 해당하는가?
- **완화요인** : 통증을 경감시키는 것은 무엇인가? 약물, 안정, 똑바로 앉기, 앞으로 기대기 등등
- **흉통과 관련된 기타 증상** : 오심, 발한, 심계항진, 현기증, 호흡곤란 등등

(2) 호흡곤란

- 어떤 호흡곤란을 경험했는가?
- **호흡곤란의 시작시기** : 호흡곤란이 처음으로 있었던 때는 언제인가?
- **악화요인** : 호흡곤란을 악화시키는 것은?
- **완화요인** : 호흡곤란을 완화시키는 데 도움이 되는 것은 무엇인가? 똑바로 앉기, 안정, 산소 등등

활동이 힘든 사람은 면담과정에서 쉽게 피로해지는 경향을 보인다. 예를 들면 만성 폐색성 폐질환이 있는 사람은 말하는 것뿐 아니라 호흡도 어려울 수 있다. 환자의 명확한 징후에 초점을 맞추고 다른 건강관리 제공자들과 정보를 교환함으로써 적정한 자료를 얻을 수 있다.

면담시 얻어내야 하는 활동과 운동에 관한 정보는 여러 가지 요소가 있다.
- 일상활동
- 자기간호 활동에 참여할 능력
- 활동 및 운동과 관련 있는 징후
- 적절한 신체적 변화들

(3) 일상활동

환자에게 운동과 여가활동을 포함하여 전형적인 하루 활동을 설명해 주도록 부탁한다. 활동일기를 쓰는 것은 사정에 도움이 될 수 있다. 이 정보는 환자의 현재 활동능력과 그 이전의 활동수준을 비교할 기회를 제공한다. 또한 재활목표를 설정하는 데 토대를 제공한다. 예를 들면 가구 운반과 같은 육체노동을 많이 하는 직업을 가진 사람이 복부 수술을 받은 경우 일을 다시 시작할 때 전에 점진적으로 활동을 재개하는 것이 권고된다. 반면에 사무를 보는 사람들은 훨씬 빨리 일에 복귀할 수 있다. 일상활동에 대한 평가는 또한 특별한 운동처방에 대한 기준을 제공한다. 심혈관 기능 개선을 목적으로 하는 운동처방은 과부하 원리를 기초로 하는데, 이는 얻고자 하는 유익한 결과를 가져오려면 운동처방이 약간 높아야 한다는 것을 의미한다. 좌식 생활을 하는 사람을 위해서는 처음의 운동처방시 심혈관 상태를 개선하기 위해 최소한의 노력을 요하는 유산소(신체의 산소소비량을 증대하는) 활동을 포함해야 한다. 지나친 유산소성 운동은 심혈관계에 과도한 산소량을 요구할 수 있다.

포괄적인 면담에서는 대상자가 참여하고 있는 활동유형에 대해 특별한 정보로 활동에 소비하는 시간, 노력, 활동속도, 사용하는 근육, 요구되는(근운동의) 공동작업, 활동이 수행되는 장소 등을 알 수 있다. 또한 운동 패턴, 유형, 횟수, 기간, 강도를 물어야 한다. 낮은 강도의 운동은 분당 120회의 최대 심박동수, 즉 안정수준의 20회 이상 정도의 심박동수에 이르게 할 수 있을 뿐이다. 또한 준비기와 정리기의 심박동수를 고려해야 한다.

- **운동의 형태** : 걷기, 자전기 타기, 수영, 조깅과 같은 지속적인 유산소 운동은 최소 15분 동안 계속되면서 다양한 근육군의 움직임을 필요로 한다. 횟수, 강도, 기간에 대한 기준을 충족시키는 운동의 결과로 심혈관 기능이 강화된다. 무거운 것 들어올리기와 같은 근력강화 유산소 운동은 특별한 근육집단의 움직임을 위해 처방된다. 전형적인 근력강화 프로그램은 10~15가지 운동을 각기 8~12회 반복 수행하는 것을 포함한다.

등척성 운동(움직이지 않는 것들을 세게 밀거나 당김으로써 근육을 강화시키는 운동)은 근육 단축이나 기계적 행위가 없는 근육 수축을 일으킨다. 심혈관 반응으로는 운동 중에는 수축기와 이완기 혈압이 급격히 높아지고 장기간 계속되면 심장이 강화된다. 역기들기와 같은 등장성 운동시 근육의 수축과 단축이 수반된다. 등장성 운동은 지속적인 것이 아니므로 심혈관 적응은 대개 일어나지 않는다. 그러나 움직이는 근육이나 관절은 상당히 강화될 수 있다. 면담시 여가활동에 대한 대상자의 능력과 선호를 알아내기 위해 여가활동을 사정해야 한다. 여가활동은 신체적·사회적·경제적 요인들에 의해 영향을 받을 수가 있다. 만일 여가활동이 거의 없으면 시간이나 동기의 결여와 같은 원인을 찾아야 한다.

(4) 자기간호 활동

대상자의 일상활동 보고는 식사, 옷 입기, 화장실 가기, 목욕 등에 대한 독립 정도를 반영해준다. 면접시 적절한 독립성을 보이고 가정이나 직장일을 하고 있다면 자기간호에 대해 더 이상의 질문을 해서는 안 된다. 그러나 충분한 자료가 없는 경우에는 질문을 해야 한다. 즉 당뇨 환자가 정상수준의 활동을 보고할 수는 있으나 심도 있는 질문으로 가끔 목욕에 문제가 있다는 것을 알아낼 수 있다. 그것은 당뇨 환자가 물의 온도를 구별하는 데는 어려움이 있기 때문이다. 먹고, 목욕하고, 화장실 가고, 혼자서 옷을 입고, 가정을 꾸려나가는 능력들에 대한 특정한 질문을 한다.

대상자가 어떤 문제점을 보고하면, 문제의 본질을 알아내기 위해 대상자에게 특정한 활동을 수행하도록 요구하는 것이 도움이 될 것이다. 대상자가 활동을 수행하기 위해 지팡이, 보행기나 특별한 도구 같은 보조장치를 사용하고 있는지 묻는다. 일관성 있는 관리를 위해 그의 능력에 대한 정보를 모든 관리제공자들에게 알려야 한다. 수용 가능한 활동수준을 권장하고 다른 건강관리 제공자들이 환자의 능력에 대해 같은 인식을 갖도록 하기 위해 자기간호 능력 또는 능력 부족의 정도를 나타내는 등급표를 사용해야 한다.

① **수준 0** : 환자의 힘으로 모든 자기간호 활동을 수행할 수 있다.

② 수준 1 : 스스로 자기관리 활동을 수행하기 위해 설비나 보조장치가 필요하다.
> 예 뇌졸중으로 우측 편마비가 있는 68세의 여성이 식사를 준비하고 먹기 위해 특별한 도구를 사용한다.

③ 수준 2 : 다른 사람의 보조와 감독을 요구한다.
> 예 심근경색 치료를 위해 CCU에 입원 중인 49세의 남성은 침상 목욕에 간호사의 도움을 요구한다. 이는 정맥주사, 폐동맥 라인, 처방된 활동제한 사항들에 의해 움직임이 제한되어 있기 때문이다.

④ 수준 3 : 다른 사람의 조력과 감독을 요하고 설비나 보조장치를 사용해야 한다.
> 예 심한 골관절염을 앓고 있는 73세의 여성은 다른 사람의 도움을 받아서 휠체어에서 좌변기로 이동할 수 있다.

⑤ 수준 4 : 자기간호면에서 다른 사람에게 완전히 의존적이고 자기간호에 참여할 수 없다.

(5) 활동 및 운동과 관련된 증상

대상자가 정상적으로 참여하는 활동수준을 기록하는 것에 덧붙여 활동이나 운동에 대한 불편함이나 역반응을 기재해야 한다. 운동 중이나 운동 후에 일어나는 흉통, 호흡곤란, 다리경련, 근골격통, 기침, 피로, 쇠약과 같은 증상들을 사정해야 한다.

① **심인성 흉통** : 심인성 흉통은 협심증, 심낭염, 대동맥 동맥류가 있을 때 발생한다. 협심증은 심근 내 산소 부족으로 일어나며 활동에 의해 촉진될 수 있다. 통증은 흔히 쥐어짜고, 압박하고, 팽팽하게 당기는 듯하나 날카로운 것은 거의 없다. 통증은 또한 스트레스, 저혈당 및 과도한 음식물 섭취에 의해 촉진되기도 한다. 심낭염 통증은 가슴, 팔, 턱에 나타나고, 꼭 집어 말하기가 어려울 수도 있다.
협심통과는 달리 심낭염은 지속적이고 예리하며 대개 심호흡에 의해 악화된다. 대동맥 동맥류는 대개 등, 가슴, 앞가슴, 배에 나타나는 일정하고, 강하고, 마비시키는 듯한 통증을 야기시킨다. 이것은 즉각적인 의료처치를 요한다.

② **폐인성 흉통** : 폐인성 흉통은 그 통증이 폐와 흉부 뼈대 안쪽을 구분해 주는 늑막표면 염증으로 일어나는 2차적인 것이기 때문에 흔히 늑막흉통이라 한다. 염증은 감염, 종양, 외상, 기흉이 원인이 될 수 있다. 호흡은 늑막통증을 악화시키며 통증은 대개 예리하다. 불편감을 피하거나 감소시키기 위해 환자는 얕은 호흡을 하거나 가슴에 부목을 대기도 한다. 늑막통이 있는 사람은 폐의 환기 부족과 가스교환 부족 때문에 대개 숨이 차는 느낌을 갖는다. 호흡양상의 변화로 극히 제한된 활동만을 견디어 낼 수 있다.

③ **파행** : 간헐적인 절룩거림은 활동이나 운동에 대한 반응으로 다리에 생기는 예리하고, 경련이 일며, 쥐어짜는 듯한 통증이다. 통증은 국소빈혈이나 산소 부족이 원인으로 일어날 수도 있고 다리에 공급하는 주요 동맥이 동맥경화증이 있을 때 대개 일어난다. 보통 안정으로 가라앉는 그 통증이 안정 후에도 10분 이상 지속되면, 관절염 같은 다른 원인일 수도 있다. 간헐적인 절룩거림은 보통 장딴지 근육에 일어나며 보행으로 발생한다. 통증을

유발시키는 많은 양의 걸음걸이는 심각한 동맥폐쇄로 이어지기도 한다. 그러므로 통증을 유발하는 걸음걸이 양이나 통증이 지속되는 시간의 길이에 대한 특정한 질문을 해야 한다.

④ **근골격통** : 근골격통은 흔히 움직임과 관련이 있다. 통증이 관절 내의 변화 때문인지 아니면 근육, 건, 뼈 같은 주변 구조물 내의 변화 때문인지를 판별하는 것이 중요하다. 근골격통이 의심되면 근골격계 신체검진을 한다. 흔히 근골격통은 퇴행성 관절질환의 경우처럼 국소적 통증이 일게 한다. 만일 직접 촉진에 의해 통증이 재생되면 국소빈혈은 원인에서 제외될 수 있다. 특정한 움직임 또한 통증을 다시 생기게 할 수 있다. 관절통은 감염된 관절이 경직되거나 부종과 관련이 있다.

⑤ **피로와 허약** : 피로는 정력이나 원기 부족으로 표현될 수 있다. 피로가 신체적 요인에 의한 것인지 아니면 우울이나 지루함과 같은 심리적 요인에 의한 것인지를 상세히 조사해야 한다. 피로의 지속시간 또한 중요한 요소이다. 비교적 최근에 생긴 급속한 피로나 육체노동과 관련이 없는 피로는 감염, 수분균형 장애, 빈혈, 심장 및 말초순환계의 합병증 증상일 수 있다. 그런 경우에는 약간의 운동도 피로를 몰고 올 수 있다. 만성피로, 특히 심리적 고통에 의해 수반되는 피로는 우울이나 걱정의 부산물일 수 있다. 이 경우 피로가 처음으로 인지되었을 때 일어났던 사건에 대해 환자에게 질문한다. 흔히 피로와 혼동되는 쇠약은 저하된 근력과 관련이 있는 징후이다. 드물게는 심리적 요인으로 생기기도 하는 쇠약은 근육이나 신경장애로 생길 수 있으며 보다 정교한 진단 테스트가 필요하다.

⑥ **호흡곤란** : 숨이 차는 것이나 호흡곤란은 심장, 폐동맥 또는 심인성 문제를 반영할 수 있다. 과도하게 축적된 탄소가 배출될 때 일어나는 호흡항진은 운동 중이나 다른 대사성 산독증 상태에서 일어날 수 있으며 호흡곤란과 혼동되어서는 안 된다. 환자에게 누워 있을 때 호흡곤란이 있는지 질문한다. 호흡곤란은 심각한 울혈성 심부전증, 천식, 폐동맥 부종, 만성 폐쇄성 폐질환, 기흉, 폐렴증상일 수 있다. 기좌호흡을 하는 사람에게 있어서 호흡곤란은 앉아 있거나 서 있는 자세, 둘 중 하나에서만 완화될 수 있다. 노력성 호흡곤란은 환기장애로 제한성이거나 폐쇄성 폐질환, 확산장애, 또는 비효율적 호흡양상에서 나타난다. 안정시 호흡곤란은 만성 폐질환보다는 중증의 심질환일 때 주로 일어나지만 천식, 기흉, 폐렴과 같은 중증의 폐동맥 질환과 관련이 있기도 하다.

⑦ **기침** : 기침은 폐나 심질환 증상일 수 있으므로 상세히 사정한다. 기침이 심하면 객담의 양, 농도, 색을 조사하고 혈액이 섞여 있는지 기록한다.

4 심혈관계의 검진

(1) 심장과 전흉부(precodium) 검진

① **일반적 접근** : 심장의 신체검진은 심장과 대혈관이 있는 전흉부의 시진, 촉진, 청진을 포함한다. 타진은 흉골과 늑골로 인해 검진에 장애가 있으므로 잘 사용하지 않지만 종종 좌심실의 경계를 평가하여 심장 크기를 알아낼 때 사용한다. 청진 전에 시진과 촉진을

실시하며, 특히 병변이 있을 때는 동시에 사용하는 것이 좋다. 예를 들면 비정상 맥박이 시진과 촉진에서 나타나면 청진으로 비정상 맥박이나 경정맥 팽만을 심장주기와 관련하여 평가하도록 한다. 심음에서는 조기, 중기, 말기 수축기 잡음이나 이완기 잡음 또는 간헐적인지, 지속적인지를 기록해야 한다. 또한 호흡양상의 변화도 기술한다.

② **준비물** : 한 청진기에 종형과 원판 모양이 달린 것

③ **방 준비** : 청진을 정확히 하기 위해 방을 조용하게 하고 검사시에 불필요한 부위는 노출시키지 않도록 한다. 검사는 눕거나 앉는 등 여러 체위에서 실시한다. 조명은 은은하게 하여 흉부에 그림자가 생기지 않아야 하므로 거위목 모양의 램프가 있으면 좋다. 옷 위로 청진하는 것은 신뢰도가 떨어지므로 금하도록 한다.

④ **체위** : 검진자는 대상자의 오른쪽에 선다. 가능하다면 심장이 흉벽에 가깝게 접근하도록 체위를 변경한다. 대부분의 검사는 앙와위에서 시행한다. 누워서 양팔을 가볍게 옆에 놓고 상체를 30°정도 올린다. 좌위에서 앞으로 몸체를 구부리면 심장저부가 흉벽에 접근하므로 드릴과 심잡음을 평가하는 데 좋다. 좌측위는 심장첨부가 흉벽에 가까이 접근하므로 승모판 잡음을 알아내는 데 좋다.

⑤ **전흉부 위치 표시**(precordial landmarks) : 심장과 대혈관들은 눈에 보이지 않으므로 전흉부의 위치는 검진을 안내하고 검진 도중에 관찰되는 음과 박동을 기술하는 데 도움이 된다. 심음은 판막 움직임과 혈류에 의해 발생한다. 흉부에서 듣는 심음청취 부위는 심음이 발생하는 바로 그 지점이 아니다. 이것은 혈류가 소리를 발생지점으로부터 멀리 전도시키기 때문이다.

대동맥판 부위는 우측 흉골과 두 번째 늑간이 만나는 지점에서 잘 들린다. 폐동맥판 부위는 좌측 흉골과 두 번째 늑간이 만나는 지점에서 잘 들리며 실제 판막의 위치는 두 번째 늑간보다 밑에 있다. 삼첨판 부위는 좌측 흉골과 다섯 번째 늑간이 만나는 지점으로 실제로는 우측 흉골보다 위쪽이다. 승모판 부위 또는 심첨 부위는 다섯 번째 늑간과 좌측 중앙쇄골선이 만나는 지점에 위치한다.

좌심실의 첨부가 이곳에 있으므로 심실이 수축하면 맥박이 촉진된다. 흉골-쇄골간 부위(sternoclavicualr area)는 양쇄골이 흉골과 만나는 지점의 좌·우 늑간 부위이다. 이 구조는 대동맥궁과 폐동맥을 사정하는 부위로 첫 번째 늑간 부위이다.

우심실 부위는 우심실은 전흉부와 닿아 있고 세 번째 늑간에서 흉골하부 끝까지이다. 우측 심실부위의 우측 흉골연(right lateral sternal boarder)은 우심방 위를 덮는다. 좌심실은 좌측 흉골연(left lateral sternal boarder)에 위치한다.

Erb점은 세 번째 늑간 부위로 우측 심실 부위를 포함한다. 대동맥판과 폐동맥판을 통한 음이 이 지점으로 전도된다.

(2) 심잡음 평가

잡음은 비정상 심음이나 진동이다. 심잡음은 심장주기 어느 단계에서나 일어나며 혈류의 증가나 병변 있는 판막으로 혈류가 교란될 때 일어난다.

① **간호사의 역할** : 간호사는 새로운 잡음이나 기존의 잡음의 변화를 알아내야 한다. 사정결과에 따라 적절한 곳에 의뢰를 시도한다. 만일 잡음이 들리면 다음 기준에 의해 기술한다. 물론 특수한 잡음은 심장전문의가 책임을 지지만 간호사도 급성 심근경색시에 승모판 부전으로 발생하는 심잡음은 알아내야 할 것이다. 그러한 경우 승모판 부전은 급격하게 나타나 유두근육 파열을 초래하기도 한다. 좌측 심실부전은 급격한 사망의 원인이 된다.

② **잡음의 발생기전** : 심장에서 발생하는 심잡음의 원인은 다음 세 가지로 나눌 수 있다.

- 정상이나 비정상적인 판막을 통과하는 혈류 증가가 있을 때
- 협착이나 불규칙한 판막 또는 확장된 판막을 통과하는 혈류가 있을 때
- 중격결손이나 동맥개존증 또는 기능장애가 있는 판막을 통과하는 역류하는 혈류가 있을 때

③ **잡음을 기술하는 준거** : 모든 잡음은 시간, 강도, 위치, 음질, 방사, 호흡 및 체위 변화의 영향을 평가한다.

④ **검진지침** : 심잡음의 평가

(3) 동맥맥박 사정

① **일반적인 접근** : 동맥의 탄력적 반동은 대동맥에서 전달되는 압력만큼 충분히 느껴지기 때문에 동맥맥박은 보통 동맥벽이 잘 눌러지는 곳에서 손가락 끝으로 촉진하여 사정한다. 동맥맥박은 초음과 도플러 같이 더 예민한 기구로도 탐지된다. 복부대동맥, 경동맥과 대퇴동맥은 청진기의 종형과 원판형으로 듣는다. 경동맥 맥박을 제외하고 맥박은 좌우 양측에서 동시에 만져지므로 서로 비교하는 것이 의의가 있다.

② **촉진 부위** : 가장 흔한 맥박 촉진 부위는 경동맥, 상완동맥, 요골동맥, 대퇴동맥, 슬와동맥, 후경골동맥, 즉배동맥이다.

경동맥 맥박은 심장기능을 정확히 반영한다. 이 맥박은 양쪽에서 동시에 촉진해서는 안되는데, 이 이유는 경동맥동에 깊은 압력이 가해지면 서맥 또는 심정지를 일으킬 수 있기 때문이다.

동맥, 후경골동맥, 족배동맥 등의 말초맥박은 혈관수축으로 혈관의 크기가 감소되어 촉지가 어렵다. 광범위한 동맥경화증도 말초맥박 감소가 나타나며 심한 경우에는 촉진되지 않는다. 피부에 부종이 있는 경우 촉지가 어렵다.

맥박의 등급체계는 5단계로 평가한다.

- 0= 촉진할 수 없는 맥박
- 1+= 촉진할 수 있으나 쉽게 사라지거나 가늘거나 약함.
- 2+= 약하지만 사라지지 않음.

- 3+=쉽게 촉진되고 완전하며 사라지지 않음, 정상임.
- 4+= 강하며 뛰어오름, 비정상일 가능성도 있음.

(4) Allen Test

척골동맥 맥박은 촉진이 어려워 잘 사용하지 않지만 동맥개방성을 사정해야 할 필요가 있을 때 사정한다.

예를 들어 요골동맥에 동맥내 삽관을 삽입했을 경우에는 척골동맥에서 맥박을 측정하기 위해 Allen test로 개방성을 사정한다. 요골동맥을 손가락으로 누르고 주먹을 꼭 쥐게 해서 손에 혈액이 들어오지 않게 하면 손이 창백해진다. 그런 후에 주먹을 펴라고 해서 손의 색깔이 빨리 돌아오면 척골동맥이 정상임을 의미한다.

5 호흡기계 검진

(1) 폐와 흉곽 검진

① 일반적 접근 : 시진, 촉진, 타진, 청진을 순서대로 한다. 이러한 방법은 순서대로 반복하거나 특히 비정상이 발견된다면 동시에 행할 수 있다.

② 준비물 : 청진기

③ 체위, 준비, 노출 : 적절한 자연광선이 비치는 조용하고 따뜻한 방에서 검진해야 한다. 편안하고 흉곽의 전·후면을 검진하기 쉬운 자세이어야 한다. 환자가 호흡이 가쁘면 침대나 검진대의 머리부분을 높여 준다. 앉아서 테이블 위에 팔을 올려놓고 앞으로 기대는 자세가 편안하다. 만일 만성 폐색성 폐질환(COPD)으로 호흡곤란이 있을 때 이런 자세가 불가능하다면 전면을 검진할 때 '반좌위(semi Fowler's position)'를 취하게 한다. 환자 상태가 이런 자세를 취할 수 없을 경우라면 흉곽 후면 검진시에는 측위를 취하고 흉곽 전면 검진시에는 앙와위를 취하도록 한다.

환자를 안심시키기 위해 가능한 한 모든 절차를 설명한다. 불안하면 호흡이 자연스럽지 못하게 되므로 불안을 감소시키는 것이 중요하다. 환자는 옷을 허리까지 내려야 하며 여성일 경우 브래지어를 벗어야 한다. 느슨하게 맞는 검진 가운을 입히고 프라이버시를 위해 환자를 덮어 준다.

④ 단서 : 환자의 전반적인 상태를 관찰하는 것은 호흡기능에 대한 중요한 정보를 얻을 수 있다. 기민성, 의식상태, 피부색, 호흡률과 깊이, 발한, 콧구멍을 벌렁거림 또는 말하는 동안의 호흡문제는 호흡기능에 대한 단서를 제공한다. 지나친 흥분은 혈액 내에 산소가 적음을 의미한다. 전반적인 시진을 하는 동안 환자의 평소 건강상태와 기침, 가래 생성, 열, 부종, 피로감 또는 가쁜 호흡과 같은 호흡기의 문제 증상에 대해 구체적인 질문을 한다. 천식음, 그르렁거림(grunting) 또는 헐떡거림(gasping) 같은 호흡과 관련된 소리도 살핀다.

⑤ 검진과 기록초점

- 시진 : 기관의 위치, 흉곽의 외형과 대칭성, 호흡양상, 근육의 움직임, 덩어리나 병소
- 촉진 : 흉곽 움직임의 대칭성, 촉감 진탕음(tactile fremitus), 압통과 덩어리, 염발음
- 타진 : 타진음, 횡격막의 상하운동(diaphragmatic excursion)
- 청진 : 호흡음의 양상, 목소리의 전동(transmission)

(2) 호흡기능 사정을 위한 진단적 검사

① **동맥혈액가스 측정** : 동맥혈액가스는 폐에서 일어나는 가스 교환과 호흡기능의 전반적인 효율성에 대한 중요한 정보를 준다. 동맥혈액가스의 구성요소는 다음과 같다.

- 산소의 분압(PO_2)
- 탄산가스의 분압(PCO_2)
- 중탄산염치
- 산소포화도(SaO_2)
- pH

PO_2는 폐가 얼마나 많은 산소를 혈액에 공급하는가를 나타내고 PCO_2는 폐가 이산화탄소를 얼마나 잘 배출하느냐에 대한 정보를 준다. 동맥혈의 pH는 산소 또는 수소이온 농도를 뜻한다. 동맥혈 가스 측정은 호흡기능도 나타낸다. 혈액가스치의 비정상은 호흡기 질환이나 대사 문제를 의미한다.

② **폐기능 검사(pulmonary function tests)** : 폐기능 검사는 폐용량과 폐용적을 측정하는 데 사용된다. 검사결과는 폐쇄성・억제성 폐질환을 구별하고 외과적 마취가 위험한지를 알아보며, 처치에 대한 환자의 반응을 관찰하는 데 도움이 된다.

폐기능 검사는 호흡하는 동안 폐로 들어가고 나오는 공기량을 측정하는 기구인 폐활량계로 침대 옆에서 한다. 흡기압력계(inspiratory pressure manometer)는 호흡할 때의 다양한 압력을 측정하는 데 쓰인다. 침상 폐기능 검사결과는 환자가 기계호흡을 제거할 준비가 되었는지를 알아 보기 위해 환기압 측정과 함께 자주 쓰인다. 이러한 검사들은 환자의 호흡근 강도와 자발적인 호흡능력을 알아보기 위해 쓴다.

③ **산소계 측정법(oximetry)** : 혈액 내 산소와 이산화탄소량을 관찰하는 데 사용될 수 있다. 산소계 측정법은 산소와 결합된 헤모글로빈의 %농도를 측정한다. PO_2의 간접평가는 산화 헤모글로빈의 해리곡선에 근거하여 얻어진다. 산소계 측정법은 조직을 통한 빛자극 전달을 의미하며 조직에서 동맥혈에 의한 빛의 흡수는 혈액내 산화 헤모글로빈의 양에 비례한다. 산소계 측정법은 이런 요소들을 농도 판독으로 바꾼다. 산소계측기는 귓불이나 손가락 끝에 붙게 되는 클립 같은 기구이다. 호흡기(ventilator)를 사용하는 환자나 폐와 심장 스트레스 테스트를 하는 사람의 호흡상태를 계속적으로 관찰할 경우와 다양한 호흡기 치료와 함께 일어나는 변화를 관찰하는 데 유용하다.

(3) 관련 간호진단

① **가스교환장애** : 가스교환장애는 폐포와 혈관계 사이의 산소와 이산화탄소의 유통이 실제적으로 또는 잠재적으로 감소된 것을 뜻한다. 가스교환장애는 동맥혈 가스 분석결과 PO_2 감소, 헤모글로빈 농도 감소 또는 PCO_2 증가가 특징이다. 저산소증, 부적절한 조직 산소 공급, 호흡성 산독증이 가스교환장애를 일으킬 수 있다.

  ㉠ **기왕력** : 폐포 - 모세혈관 막을 통한 가스교환은 다음 상황에서 손상된다.
  - 점액 축적, 염증 또는 감염 과정 또는 폐부종으로 인한 분비물이나 수액으로 가스확산이 막혔을 경우
  - 무기폐, 폐기종, 종양, 폐엽절제술시에 생기는 가스확산을 위한 폐표면의 감소
  - 만성 폐색성 폐질환(COPD)과 성인 호흡억제증후군(ARDS)의 경우 폐의 탄력성과 신장성(compliance) 감소, 통증, 불안, 중추신경계 억압 같은 폐외적인 요소가 폐의 가스교환에 영향을 끼칠 수 있다. 흉부나 복부수술 후 흔히 있는 흡기시의 통증을 피하기 위해 환자는 과소호흡을 할 수 있다. 그 결과 분비물 축적과 무기폐가 생길 수 있다. 가스교환장애의 증상은 짧은 호흡, 피로, 의식장애 등이다.

  ㉡ **신체검진 결과** : 불안정과 호흡곤란 같은 저산소증을 의미하는 증상이 있을 때는 가스교환장애가 있는지 알아본다. 처음에는 PO_2가 낮은 것을 보상하기 위해 혈압, 맥박, 심박출량이 증가한다. 저산소증이 심해짐에 따라 정신상태에 변화가 올 수 있고 pH가 떨어져 산독증이 나타나고 그 결과 반응이 감소하고 졸음, 혼돈이 온다. 처음에는 호흡률이 증가하나 차츰 의식수준이 감소됨에 따라 느려지고 얕아진다.
  심박출량이 감소됨에 따른 저산소증으로 피부는 땀이 나고 차갑게 된다. 피부색과 손톱은 거무스름한 청회색에서 검푸른(cyanotic)색이 된다. 피부가 거무스름한 사람들(특히 흑인들)의 입안 점막이 조직산화의 좋은 지표이다. 가스교환장애로 인한 호흡곤란을 나타내는 관찰 가능한 증상으로는 환자는 똑바로 눕지 못하고 보통 무릎 위에 손을 얹고 앉아 있거나 테이블 위에 기대기를 좋아한다. 활동시 호흡률이 증가하고 호흡하는 데 힘이 더 들게 되는 것을 알게 된다. 만성 가스교환장애가 있으면 흉부의 전후경이 증가되어 술통 모양의 흉곽이 된다.

② **비효과적 기도청결** : 비효과적인 기도청결의 진단은 가스교환장애와 밀접한 관계가 있으며 결국 가스교환장애를 초래하게 된다. 비효과적인 기도청결은 부분적 또는 완전한 기도폐쇄로 공기가 지나가는 것을 막을 우려가 있을 때 생긴다.

  ㉠ **기왕력** : 비효과적인 기도청결은 가스교환장애와 같은 상황에서 생긴다. 기도청결의 급성 문제는 부적절한 자세, 상기도 부종, 질식 같은 기계적 폐쇄가 원인이다.

  ㉡ **신체검진 결과** : 비효과적 기도청결은 약하고 비효과적인 기침, 비정상적인 호흡률, 리듬, 또는 깊이, 호흡곤란, 천명(wheezing), 나음(crackle), 비정상적 또는 감소된 호흡음, 분비물 제거 능력이 없음, 비대칭적 흉부팽창 등이 있다. 예를 들어 진하고 끈적끈적한 객담이 있는 환자는 비효과적인 기침 때문에 분비물을 제거하기 어려워

그 결과 호흡이 증가하고 호흡률 또는 리듬이 변한다. 기도분비물도 비정상적인 호흡
　음을 만들어 낸다.

③ 비효과적 호흡양상 : 비효과적 호흡양상은 환기기능의 감소로 생긴다. 과소호흡이나 과도
　호흡은 호흡곤란을 동반한다. 과소호흡은 탄산가스교환을 감소시켜서 호흡성 산독증을
　초래할 수 있다. 과도호흡은 탄산가스교환을 증가시켜 호흡성 알칼리증을 초래할 수 있
　다. 흉통은 호흡양상을 변화시킨다. 다시 말해서 비효과적 호흡양상은 비효과적인 기도
　청결을 초래한다. 비효과적 호흡양상을 진단하는 것은 호흡시 부속 근육의 사용, 호흡의
　단축, 불규칙한 호흡, 과도호흡, 얕고 방어적인 또는 빠른 호흡, 똑바로 앉은 자세나 선
　자세가 아니면 호흡하기 힘든 것 등을 관찰함으로써 이루어진다.

6 근골격계 검진

근골격계 검진은 활동, 운동과 관련된 자료를 제공할 뿐만 아니라 다른 기능, 특히 영양과
대사에 관한 자료도 제공한다. 활동과 운동에 대한 근골격계 검진의 목표는 환자가 움직일
능력과 충분한 힘을 가지고 있는지 알아보는 것이다. 간호사는 다른 분야의 의료인의 중재가
필요한 임상문제가 있는지를 가려내야 한다. 신경학적 기능은 자주 근골격 기능에 영향을
끼치므로 검진하는 동안 고려되어야 한다.

(1) 근골격계의 신체검진

① 일반적인 접근 : 근골격계는 나이에 따라 뚜렷한 변화를 보인다. 일반적으로 근골격계 사
　정은 사지와 척주(척추)를 검사하는 데 중점을 둔다. 다른 신체에 관한 근골격 기능평가
　는 다른 기관평가와 통합된다. 예를 들어 구강사정의 부분으로 턱관절기능을 평가하고,
　직장이나 골반검진시 장이나 방광배설에 관련된 근육을 평가하고 폐 사정시 환기에 관련
　된 근육을 평가한다. 근육사정도 신경기능 평가를 수반한다.
　근골격계는 시진과 촉진으로 사정한다. 대상자에게 근골격을 만질 때 통증, 압통, 감각이
　상을 느끼는지를 말하라고 한다. 관절을 평가하기 위해 관절 가동범위 검사, 근력검사 같
　은 특정 방법을 사용한다. 관절 가동범위(range of motion)를 검사하는 동안 염발음과
　기형이 있는지 알아보기 위해 대상자의 관절 위에 손바닥을 놓는다.
　어떤 방법이나 절차가 적절한지 결정해야 한다. 예를 들어 골절같이 외상이 의심되는 경
　우 관절 가동범위를 알아보는 방법은 상당한 통증을 일으켜 손상을 더욱 악화시킬 수 있
　다. 일반적으로 근골격구조를 촉진해서 통증을 일으키고, 통증의 원인이 확실하지 않으
　면 통증의 원인을 알게 될 때까지 관절 가동범위를 평가하지 않는다. 마찬가지로 관절
　가동범위를 검사하는 동안 통증이 생겼다면, 손상을 막기 위해 특별한 간호를 한다. 사지
　에 손상을 입은 경우에는 환자의 평상시 근골격 기능을 알아보기 위해 먼저 통증이 없는
　쪽을 검진해야 한다. 척추 손상을 일으키는 사고를 당한 환자라면 목과 척추를 움직이는
　것은 절대 금기이다.

② 준비물
- 줄자
- 관절각도계

③ **전반적인 검진과 선별검진** : 근골격 전반적인 검진은 시간이 오래 걸리며 관절 가동범위와 골격근의 강도를 평가한다. 전반적인 검진은 모든 사람에게 적용되지 않을 수 있으며 또한 피로나 활동을 견딜 수 없기 때문에 할 수 없기도 하다. 근골격 기능장애의 뚜렷한 징후가 보이지 않는 대상자라면 선별검진이 적당하다. 선별검진이 적절한지 아닌지 알기 위해서 다음과 같은 질문을 해본다.

사지에 통증 또는 움직일 때 통증이나 압통이 있습니까?

이 통증이 일상활동에 영향을 줍니까?

근육, 뼈, 관절에 상해를 입은 적이 있습니까?

또 전반적인 시진으로 비정상적인 걸음걸이나 자세, 부적절한 신체선열(body alignment) 같은 외견상의 기형을 알아본다. 근골격 기능장애를 알기 위해 걸음걸이, 앉아 있다가 일어서는 움직임, 악수, 옷 입는 솜씨 등을 관찰한다. 이런 간단한 선별법으로 근골격 문제가 없다고 나타난다면 관절 가동범위와 근력 및 사지 측정은 하지 않는다.

사춘기 척추측만 선별검진 같은 특수한 선별기술은 어떤 대상자에서는 근골격 문제를 알아보기 위해 사용된다.

④ **노출** : 근골격 검진시, 특히 사지의 말단 부위를 사정할 때는 대상자에게 가운을 입히거나 덮어 준다. 신체선열(body alignment)과 척추 외형을 사정할 때는 속옷을 입고 있도록 한다.

⑤ **측정과 비교** : 측정과 비교는 관절 가동범위, 근육의 강도, 팔과 다리의 길이와 둘레를 기술할 때 유용하다. 관절 가동범위는 각도계라 불리는 반원기구로 등급을 측정한다. 이 기구는 0을 관절의 자연적인 위치와 평행하게 놓고 대상자의 관절을 움직이게 한 후 각도계의 다른 팔을 이 위치로 이동시켜 각을 측정한다. 이 측정을 정상치와 비교한다. 정상에서 10~20% 벗어난 값만 기록한다. 관절 가동범위가 다른 것은 왼쪽과 오른쪽 간의 관절 움직임을 비교하여 알 수 있다. 사지의 길이와 둘레는 좌우에 어떤 불균형이 보일 때 줄자로 측정한다. 정확한 측정은 일정 기간이 지난 후 다른 의료인들이 비교할 수 있으므로 중요하다. 사지 둘레의 연속적인 측정은 독성이 없는 펜으로 대상자의 피부에 표현했을 때 가장 확실하다.

⑥ **근골격 통증** : 근골격 통증은 정상이 아니지만, 좋지 않은 상태의 근육을 너무 많이 써서 오는 근육통은 보통 정상이다. 관절운동시 염발음(crepitation)이 있으면 비정상이다. 근골격의 통증은 검진하는 동안 내장통과 구별된다. 내장통과는 달리 촉진으로 발생되며 움직임으로 악화되고 협심증이나 늑막염 통증 때 관찰되는 것과 같은 특징적 양상은 없다.

⑦ **검진과 기록초점**
- 구조적 대칭과 선열(alignment)

- 편안함과 관절 가동범위
- 근육의 강도와 긴장도
- 근육덩어리
- 관절 부위의 피부

⑧ **관절 가동범위 평가** : 신체에 있는 모든 관절은 가동범위나 최대 가능 움직임을 갖고 있다. 관절운동은 정도로 측정된 범위와 운동 형태에 의해 기술된다. 관절 가동범위를 각도로 말할 때 중립 관심 여지는 0이 된다.

05 수면 – 휴식 양상

1 개요

수면이란 광범위한 의미에서 볼 때 개인이 감각 또는 다른 자극으로 깰 수 있는 무의식적인 상태를 말한다. 휴식은 깨어 있는 상태로 신체적·정신적 안녕을 느끼는 것이며 심리·생리적 스트레스로 인한 손상을 감소시킨다. 따라서 수면, 휴식과 이완은 인간의 기본 요구를 충족시키고 건강을 회복시키는 힘이 있다. 수면이 부족하거나 적절하게 쉬지 못하면 에너지, 활력과 안녕감을 잃게 된다.

수면장애는 수면방해에서부터 만성 불면증까지 다양하며 나이가 들수록 자주 일어난다. 수면을 경험하는 대부분의 사람들은 수면으로 인해 생활양식이 영향을 받기 전까지 의료인에게 알리지 않는다.

기본적인 수면 욕구 만족에 있어 생길 수 있는 실제적 혹은 잠재적 문제를 규명하기 위해 수면 휴식 양상을 사정한다. 사정에는 수면, 휴식과 이완을 방해하거나 촉진하는 자극이나 환경, 그리고 적당한 수면과 수면방해를 나타내는 생리적·심리적 요소들, 대상자가 말하는 수면의 양과 질을 확인한다.

수면–휴식 양상은 측정할 만한 간단한 도구가 없으며 또한 수면장애로 인한 안절부절 못함, 혼돈과 같은 증상과 징후들은 수면과 관련되지 않은 다른 상태들과도 서로 연관이 있을 수 있다.

(1) 사정초점

수면양상은 1) 수면하는 동안 관찰, 2) 수면욕구에 대한 면담, 3) 수면하는 동안 뇌파 검사, 안전도(electrooculogram)와 근전도 검사, 4) 수면 사정 설문지로 사정한다.

수면에 대한 기본 정보는 검사결과나 신체검진보다는 면담과 관찰을 통해 얻어야 한다.

수면과 휴식기능의 사정범위는 사정의 목적에 따라 결정되며 다음과 같은 요인들을 평가하여야 한다.

- 수면의 양과 질
- 수면과 휴식을 촉진하는 요인
- 수면을 방해하는 요인
- 수면장애의 특성
- 수면 부족의 증상과 징후
- 수면장애가 다른 기능에 미치는 영향

(2) 간호진단

① 수면양상 장애(sleep pattern disturbance)
- 정의 : 수면욕구가 충족되지 않아 바람직한 생활양식이 방해되거나 불편감을 일으키는 상태를 말한다.
- 환자의 특성 : 잠들기가 힘들다고 말로 표현함. 기대한 것보다 더 늦게 또는 더 일찍 깨어남. 수면을 방해받음. 잘 쉬지 못했다고 호소함. 행동이나 인지능력의 변화(안절부절감의 증가, 불안정, 지남력 상실, 기면, 나른함). 신체적 징후(빨리 지나가는 듯한 경증의 안구진탕증, 경미한 수전증, 안검하수증, 무표정한 얼굴, 눈 주변이 어두움, 하품을 자주 함, 자세의 변화, 불분명하게 발음하거나 부정확한 단어로 둔하게 말함).
- 관련/기여 요인 : 감각장애, 내적 요인(질병·심리적 스트레스), 외적 요인(환경적·사회적 원인)이 기여 요인이다. 대상자가 불면증을 호소한다면 불면증의 종류를 면담이나 관찰을 통해 알 수 있다.

② 수면양상 장애와 관련된 간호진단
스트레스나 다른 상황적 요인들이 수면에 좋지 않은 영향을 줄 수 있다. 스트레스를 이기지 못하면 밤에 잠을 못 자거나 잠을 자주 깬다. 신체적 동통, 가족불화, 두려움과 걱정, 사랑하는 사람의 죽음이 기여 요인이다. 수면장애와 다른 간호진단과의 관계가 사정과정 동안 고려되어져야 한다. 관련된 간호진단으로는 불안, 비효율적인 개인대처, 비효율적인 가족기능, 공포, 역기능적 비통반응, 동통 등이다.

2 사정을 위한 기초지식

(1) 수면신경 생리학

수면에 관여하는 신경학적 구조는 망상활성계, 대뇌 반구가 있고, 하부 뇌간, 전시상하부, 봉선과 시상핵에 위치한 최면 또는 수면유발 영역도 포함된다. 이 구조들은 깨어 있는 동안 특유의 방법으로 생리적 기능에 영향을 미치고 수면 동안에는 길항적으로 영향을 준다. 또한 serotonin, norepinephrine, dopamine, acetylcholine과 같은 신경전달 물질도 수면주기에 영향을 끼친다. 현재 수면과 각성에 영향을 주는 정확한 기전은 수면을 유도하는 생화학적 영향과 물질에 대해서는 논쟁이 되고 있다.

(2) 수면단계

수면은 REM(rapid eye movement) 수면과 NREM(nonREM) 수면의 두 단계로 나눌 수 있다. NREM 수면은 다시 4단계로 나누어진다. 각성뿐 아니라 NREM과 REM 단계는 뇌파검사(EEG), 안전도(EOG, electrooculogram), 근전도(EMG)와 같은 생리적 모니터 장치를 이용해 수면과 각성의 각 단계를 알아낼 수 있다. 각 수면-각성 주기는 총체적으로 polysomnographic evaluation이라 불리는 이런 생리적 기계들을 이용해 관찰된 양상에 따라 기술할 수 있으며 신체화학 물질, 신체기능, 행동에 변화를 기술할 수 있다.

① 각성(wakefulness)은 알파파라 불리는 일관성 없고 낮은 전압의 빠른 전기활동으로 나타 난다. 각성은 REM과 높은 근육긴장도가 특징이며 사람들은 주변 자극을 인식하여 깨어 있는 행동을 나타낸다.

② 1단계 수면은 각성상태가 수면상태로 바뀌는 단계이며 약 5분 정도 지속된다. 1단계 초기 에 뇌파양상은 3, 4단계에 도달할 때까지 낮은 빈도의 파장형태를 가진 전압이 점차 높아 지는 활동을 보인다. 1단계에서 나타나는 EEG파를 σ파라 한다. 눈은 좌우로 천천히 굴려 지고 심장 박동수와 호흡수는 감소되며 몸이 떠다니는 것 같고 이완되는 듯한 느낌을 갖 는다. 소음이나 다른 자극에 의해 쉽게 깨어나고 만약 깨었을 경우에는 잠을 잤다고 생각 하지 않는다. 근육긴장도는 비교적 높아지고 얼굴이나 사지에 간대성 근경련(myoclonic jerks)이나 갑작스런 뒤틀림이 나타나기도 한다.

③ 2단계 수면은 약 10~15분간 지속되는데 1단계보다 더 깊은 수면상태이다. 뇌파양상은 σ파, 수면 방추(sleep spindle)와 K complex가 특징이다. 안전도(EOG)상에는 눈의 움직 임이 거의 나타나지 않는다. 대사율과 체온을 포함한 생리과정은 이 단계 동안 계속 감소 한다.

④ 3단계 수면은 깊고 더욱 안정된 수면으로 부교감신경 활동에 의해 지배되며 약 20분간 지속된다. σ파, complex, 수면 방추가 뇌파검사에 나타난다. 뇌파가 느리고 규칙적이기 때문에 3, 4단계를 서파수면(slow-wave sleep)이라고 부른다. 부교감신경 활동으로 혈 압이 떨어지고 심박동과 호흡수도 감소한다. 이 단계에서는 깨우기가 어렵다.

⑤ 4단계 수면은 처음 잠들기 시작한 후 약 15~30분간으로 가장 깊이 잠든 단계이다. 2단계 에서 보였던 시그마파가 4단계 동안에도 느린 속도로 계속된다. 근육긴장도는 이완되고 눈도 움직이지 않는다. 몽유증(sleep walking)과 야뇨증이 이 단계에서 나타난다. 호흡 수와 심박동수는 깨어 있을 때보다 20~50% 더 낮아지고 깨어나기가 어렵다. 단백질 합 성과 성장 호르몬 분비의 증가와 같은 재충전적인 생리과정이 일어나기 때문에, 수면의 질은 이 4단계 수면을 얼마나 오래 취했느냐에 따라 결정된다. 잠을 잤음에도 불구하고 잠을 자지 못했다고 말하는 사람들은 4단계 수면을 충분히 취하지 못했기 때문이다.

⑥ REM 수면은 수면시간이 다양한 비교적 활동적인 수면단계이고 교감신경계의 작용이 지 배적이다. 뇌파는 낮은 전압, 높은 빈도의 전기적 활동으로 깨어 있을 때와 비슷한 양상 을 보인다.

동시에 근육은 이완된 듯 보이고 깊은 수면상태를 알리는 증상이 나타난다. 이 단계의 특징은 각성 상태와 관련된 특징들이 나타나면서도 숙면을 하기 때문에 REM 수면을 일명 역설적 수면(paradoxical sleep)이라 한다.

선명한 꿈을 꿀 때 눈을 급히 움직이는 것은 안전도(EOG)에 기록되고 눈을 감고 있을 때도 그런 움직임이 관찰된다. 교감신경 활동으로 혈압이 증가하고 심박동수와 호흡수도 증가하므로 산소 소모율도 증가하게 된다. 또한 위액 분비가 증가하고 스테로이드 호르몬도 분비된다. 음경발기도 이 단계 동안 모든 연령의 남자에게서 일어난다. REM 수면 동안의 꿈은 NREM 수면 동안 일어나는 꿈과는 질적으로 다른데, NREM 꿈이 대개 현실감 있고 논리적인 반면 REM 꿈은 종종 괴상하고 비합리적이다.

(3) 수면주기

평균 8시간의 수면 동안 사람들은 4, 5번의 수면주기를 경험한다. 평균 주기는 90분이고 NREM과 REM 수면이 다양한 비율로 차지하게 된다. 이런 다양성은 나이, 전체 수면 시간에 따라 결정된다. 예를 들면 잠이 든 초기에는 서파수면(slow-wave sleep)이 증가하고 REM 수면은 5분 정도로 짧게 줄어든다. 수면주기의 뒷부분으로 갈수록 REM 기간이 약 20분쯤 되고 지배적으로 나타난다. 전체 수면주기 동안 각 수면단계의 길이는 약물뿐 아니라 신체적·정신적 상태에 의해 영향을 받는다.

첫 번째 수면주기는 수면단계가 가장 순서대로 진행되는 주기이다. 예를 들어 1단계에서 4단계로 차례로 진행되며 NREM 수면 다음에 REM 수면이 오게 된다. 그러나 그 다음 주기부터는 1단계가 사라지고 각 단계들은 다른 순서로 나타난다. 예를 들어 4단계 다음에 2단계가 오고 그런 다음 REM 수면이 오기도 한다.

(4) 수면의 기능

수면의 정확한 기능은 확실히 밝혀지지 않았지만 여러 가지 이론들이 제시되어 왔다. 일반적으로 수면은 동화적인 회복 기능(anabolic restorative function)이 있고 신진대사 형성을 촉진한다. 또한 수면은 정신적 기능을 회복시키고 최적의 면역계 기능을 위해 꼭 필요한 것이다. 골수와 피부의 유사분열 활동이나 세포분열은 잠이 든 직후에 곧 최고에 달한다. 성장과 발달에 관련된 호르몬은 3, 4단계 수면 동안 대량 분비된다. 성장 호르몬 분비는 잠에서 깨어나면 곧 멈추어지는데, 이것은 성장 호르몬의 분비양상이 수면의존성이며 하루주기 리듬의 결과가 아니기 때문이다. 낮 동안의 격렬한 운동이 3, 4단계 수면시간을 증가시키는데, 과학자들은 이 단계 동안의 부가적 성장 호르몬 분비가 생리적 스트레스 후의 신체를 재충전하도록 돕기 때문이라고 생각한다.

REM 수면 동안의 뇌혈류는 대개 각성시와 마찬가지이며 관류 수준 이상으로 증가한다. 이런 증가된 혈류는 내적 대사요구를 충족시키기 위해 필요한데, 내적 대사요구도는 REM 수면에 비례적으로 더 많은 시간을 할애하는 어린이가 더 높다. REM 수면 동안 단백질 합성이

증가하며, 특히 신경계에서 더욱 활발하다. REM 수면은 기억의 저장, 기억의 강화, 학습과
연관이 있다. 수면이 부족한 사람은 대개 정신적 스트레스에 대응하는 능력이 약하다. 따라
서 수면은 안녕감을 유지시키는 기능을 한다.

(5) 수면 부족(sleep deprivation)

과학자들에 의하면 수면 상실에 대한 느낌을 보상하기 위해 겨우 몇 초간 지속되는 수면
(mini sleep)이 있기 때문에 100% 수면 부족은 있을 수 없다고 한다.

수면 부족은 인지기능 장애를 초래하고 정신적 피로, 기억력 장애, 집중 불가능, 인지에 변
화가 생기며 판단이 흐려진다. 인격변화로는 과민함, 위축, 의심의 증가, 혼동, 지남력 상실,
냉담함, 감정조절 능력이 감소된다. 신경학적으로 수면 부족은 경증의 안구진탕, 손의 떨림,
안검하수, 무표정한 얼굴, 언어장애와 연관이 있다. 또한 수면 부족은 통증역치가 낮아지며
스트레스에 대항해 싸우는 데 필수적인 호르몬인 catecholamine, corticosteroid 분비 감소
와도 연관이 있다.

REM 수면을 상실하면 과다행동, 기분변화, 동요, 충동 조절능력 감소와 관련이 있다. 수면
부족은 수면양상을 변화시켜, 특히 잠이 드는 단계의 유형과 길이에 영향을 미친다. REM
수면을 경험하지 못하도록 대상자를 통제한 후 다시 잠이 들게 하면 잠든 후 4~10분 내에
REM 수면에 빠진다. REM 수면 부족 후 다시 취한 REM 수면의 양은 정상보다 50% 많다.
4단계 수면이 부족한 대상자는 차후의 수면기간에 4단계 수면을 더욱 보충하려는 경향을 보
였다. REM과 4단계 수면이 모두 부족한 사람이 처음 4단계 수면만을 보충했다면 REM 수면
부족으로 인한 문제는 더욱 심각하게 될 것이다.

(6) 휴식과 수면 요구

수면 요구는 다양하며 유아에서 노인에 이르면서 변화하지만, 모든 사람은 하루 동안 방해받
지 않는 수면과 휴식이 필요하다. 수면 요구는 수술 후, 기아상태와 같이 높은 대사율이 요구
될 때 증가한다. 적절한 수면의 양은 낮 동안 최적의 기능과 최소의 졸음을 가져오는 양이다.
신생아는 하루에 14~18시간 가량 자고, 영아는 12~18시간을 잔다. 이 경우 수면의 50%가
REM이다. 아이가 1살이 되면 REM 수면이 20~30%로 줄어든다. 아동의 수면시간은 대부분
3, 4단계 수면이다.

초기 성인기에는 대개 하루 6~9시간씩 자며, 20~25%가 REM 수면이다. 수면시간의 50%가
2단계 수면이고 나머지는 3, 4단계 수면을 취한다. 사람이 나이가 들수록 숙면의 양은 감소
하고 총 수면시간이 분절된다. 그러나 나이가 많은 성인도 개인차는 있지만 초기 성인과 비
슷한 6~9시간의 수면이 필요하다. NREM 수면의 다양한 단계와 REM 수면의 비율은
20~60세까지 일정하게 유지된다. 4단계 수면시간이 대개 급격히 감소하고 50세에 도달하
면 50%로 감소된다. REM 수면은 대개 일정하게 유지된다.

노인에서 1단계가 증가하는 반면 2, 3단계는 변함없이 유지된다. 그러나 나이가 많은 여성은

3단계 수면이 더욱 길며 60세의 25%가 4단계 수면을 거의 경험하지 못한다. 이렇게 회복기 수면을 취하지 못하게 되면 노인들은 피로, 두통, 집중 곤란, 시각장애, 건망증, 무감동, 우울, 협동장애와 기분변화 같은 수면 부족의 증상과 징후를 보인다.

3 건강력

면담을 통해 수면, 휴식의 질에 대한 정보를 얻으며, 수면과 휴식에 영향을 미치는 요인들을 알게 된다. 연구자들은 사람들이 자기 수면양상에 대해 보고하는 것과 수면양상의 생리적 측정이 보이는 결과 간의 상관관계가 높다는 것을 발견하였다. 따라서 면담 동안 적절한 질문을 통해 개인의 수면양상에 대한 정보를 끌어내야 한다. 수면에 영향을 주는 요인뿐 아니라 수면의 신경생리를 이해하는 것은 면담시 적절한 질문을 하는 데 기본이 된다.

다른 사정방법보다 수면의 질에 대한 개인의 인식이 더 많은 정보를 준다. 다시 말해서, 잠자는 사람을 관찰해서 수면의 질을 사정하는 것은 바람직하지 않다. 예를 들면 환자가 눈을 감고 침대에 똑바로 누워 있던 것을 관찰한 후 밤새 잘 잤다고 보고하겠지만, 환자는 그때 잠자지 못했다고 호소할지도 모른다.

면담 동안 잠재적 또는 실제적인 수면양상 장애를 가려내기 위해 관련된 질문을 해야 하며 대상자가 수면-휴식 문제를 호소하면 좀더 철저한 면담을 실시해야 한다. 또 일주일 혹은 그 이상의 시기에 하루 몇 시간씩 잠을 잤는지도 기록해야 한다. 다음 정보들이 수면일지에 기록되어야 한다.

- 취침시간
- 잠이 드는 데 걸리는 시간
- 자는 동안 깬 횟수와 깨게 된 원인
- 마지막으로 잠에서 깨어난 시간
- 낮잠 자는 횟수와 낮 수면 시간

대상자가 자신의 수면양상을 어떻게 생각하는지 알아내는 것은 중요하지만 대상자가 심각한 질병이나 삽관, 다른 치료기구로 인해 의사소통에 장애가 있을 때는 질문에 반응하지 못할 때도 있다. 이런 환자들은 자주 수면장애에 대한 고위험도를 갖기 때문에, 필요한 정보를 얻기 위해 다른 자원을 이용해야 한다. 예를 들어, 수면에 영향을 미치는 약이나 병리적 상태에 대한 정보는 환자 기록지에서 얻을 수 있다. 또한 기도를 한다든지, 따뜻한 우유를 마시고 잠을 청하는 것과 같은 취침습관을 알기 위해서 가족을 면담할 수도 있다. 소음이나 밝은 빛과 같이 잠을 방해하는 환경에 대한 요소도 가능하면 교정되어야 하며 다음의 내용들이 면담시 조사되어야 한다.

- 일상적인 수면양상
- 취침시 습관
- 수면환경

- 수면체위
- 수면에 영향을 미치는 심리적·생리적 영향
- 수면장애의 증상

(1) 일상적인 수면양상

수면양상(sleep pattern)은 사람마다 매우 다양하며 문화, 가족으로서의 책임, 하루 일과표와 생활양상에 따라 차이가 있다. 문화적 태도나 개인차가 수면시간뿐 아니라 수면의 양에도 영향을 미친다.

면담시 질문은 수면기간, 자고 깨는 시간, 깨는 횟수와 이유, 낮잠을 자는지 등을 포함하는 개인의 일상적 수면양상에 관한 구체적인 정보를 끌어낼 수 있어야 한다. 밤보다 다른 때 잠을 자는지 사정하는 것도 중요하다. 교대근무자들도 종종 잠자기 어려워하거나 충분한 수면을 취하지 못한다. 교대되는 횟수도 요인이 될 수 있다. 항상 밤번 근무만 하는 사람은 잦은 근무교대로 일정한 수면양상이 생길 기회가 없는 사람보다 수면장애가 덜 나타난다. 수면에 영향을 미치는 다른 요인으로는 신생아를 돌본다든지 아픈 자녀나 부모를 돌보는 것과 같은 가족으로서의 책임도 있다.

특정한 날과 관련하여 수면양상이 달라지는지의 여부도 또한 중요하다. 예를 들면 많은 사람들은 주말에 잠을 늦게 자기 때문에 정상적인 수면 시간이 방해된다. 또한 충분한 잠을 자고 깰 때 잘 쉬었다는 느낌이 있는지 물어서 수면의 질도 평가해야 한다.

(2) 불면증

수면의 질에 불만족한 것을 흔히 불면증(insomnia)이라고 한다. 불면증은 잠잘 수 없거나 잠을 일찍 깨거나 혹은 너무 자주 깨는 경향이다. 불면증은 항상 '잠을 못 자는 것'을 의미하는 것은 아니다. 불면증에 시달린다고 호소하는 많은 사람들은 수면에 대해 아무 불평이 없는 사람보다 더 많은 잠을 잔다. 만약 불면증이 있다면 추가 질문을 해서 불면증의 종류를 결정한다.

① **초기 불면증**(initial insomnia) : 정상적으로 사람들은 잠들기 위해 5~15분이 필요하다. 초기 불면증은 청년기에 있어 가장 흔한 수면장애인데, 잠드는 데 30분 이상이 소요된다. 이런 사람들은 자율신경계 활동이 잠자는 동안 활발해진다. 스트레스나 불안이 원인이 될 수 있으므로 그 사람의 스트레스 대처능력을 평가해 볼 필요가 있다.

초기 불면증을 확인하기 위해서는 "잠들기 어려우십니까?", "잠을 못 자는 것에 대해 어떻게 생각하십니까?"라고 질문한다.

② **간헐적 불면증**(intermittent insomnia) : 간헐적 불면증은 뇌파상 정상 수면양상이면서 짧은 각성시기가 나타나는 것이 특징이다. 그러나 환자는 다시 쉽게 잠에 빠지기 때문에 수면양상에 장애가 있는지를 느끼지 못한다. 전 연령에 걸쳐 가장 흔한 형태인 간헐적 불면증은 수면이 중간 사이클에서 차단되는 것이다. 환자는 대개 아기가 울거나 악몽, 화

장실에 가고 싶거나 통증과 같은 자극에 의해 갑자기 깨어난다. 얼마나 빨리 잠이 드느냐는 환자가 여전히 침대에 누워 있는지 아니면 어떤 행동을 하기 위해 일어났는지에 달려 있다. 침대에 누워 있다면 잠이 다시 들기가 쉽다. 간헐적 불면증을 확인하기 위해서는 "잠자는 동안 자주 깨십니까?", "깨는 원인이 무엇이라고 생각하십니까?"라고 질문한다.

③ **후기 불면증**(terminal insomnia) : 나이가 들면서 흔히 생기는 후기 불면증은 일찍 깨서 다시 잠들기가 어려운 것이 특징이다. 전형적으로 환자는 새벽 3~4시경에 마지막으로 깨어났다고 말한다. 후기 불면증은 낮잠이나 일찍 잠자리에 드는 것과 관련이 있다. 그러나 우울증의 중요한 징후가 되므로 전반적인 수면양상과 대처능력, 자아개념을 주의 깊게 평가하는 것이 필요하다. 수면일지는 낮잠과 잠자는 시간을 확인하는 데 도움이 된다. 후기 불면증을 확인하기 위해서는 "일찍 깨서 다시 잠들 수 없습니까?", "부족한 수면을 낮잠이나 일찍 자는 것으로 보충하십니까?"라고 질문한다.

④ **일반적인 원인** : 불면증은 만성적 또는 일시적일 수 있고 여러 원인에서 비롯된다. 스트레스가 많거나 통증, 극단적인 온도나 교대근무 같은 환경적 요소가 일시적인 불면증의 원인이 되기도 하고, 암페타민이나 카페인 같은 약물도 마찬가지이다. 카페인은 섭취된 후 12시간까지 작용하기 때문에 불면증의 주범이 되기도 한다. 따라서 저녁식사 때 카페인을 섭취하면 초기 불면증을 초래할 수 있다.

(3) 취침시 습관

취침시 습관은 잠을 자기 위해 준비하는 활동을 말한다. 이를 닦거나 얼굴을 씻는 간단한 일에서 TV를 보거나 간식을 먹거나 독서를 하는 것과 같이 오래 걸리는 일도 있다. 질병과 입원은 이런 절차를 방해하여 잠들기 어렵게 한다.

취침습관이 방해를 받아 수면문제가 생겼다면 환자에게 취침 전에 하던 활동을 물어보는 것도 도움이 될 것이다. "보통 잠자기 한 시간 전에는 무엇을 하십니까?", "입원 후 잠자는 습관이 얼마나 변화되었습니까?"라고 질문한다.

(4) 수면환경

수면환경을 사정하기 위해서, 환자에게 침대의 형태와 사용하는 침요 종류, 베개 수 같은 침실환경을 설명해 보라고 한다. 베개는 척추의 선열 유지를 위해 머리를 지지한다. 만약 환자가 경추관절염이 있다면, 특별한 목베개가 필요할지 모르고 또는 자는 동안 신체 선열을 유지하기 위해 목 밑에 수건을 말아 대주어야 한다.

다음으로, 침실 온도와 소리, 조명 정도를 설명하도록 한다. 새로운 소음이나 불쾌하고 갑작스런 자극은 수면과 휴식을 방해한다. 예를 들어 입원한 환자는 주기적인 활력 측정이나 투약으로 수면이 방해를 받는다.

(5) 수면체위

사람들은 특정 체위로 잠자는 것을 좋아하지만 아프거나 부동상태에서는 그렇게 잘 수 없다. 어떤 사람은 똑바로 누워서 혹은 엎드려서, 옆으로 누워 자는 것을 좋아하고 또 다리를 구부리거나 펴고 잔다. 그런 체위가 자는 동안 내내 유지되는 것은 아닐지라도, 처음의 이런 자세가 잠드는 것을 촉진시킨다. 가능하면 대상자가 선호하는 체위를 취해 주어 수면을 돕도록 한다.

(6) 수면에 영향을 주는 생리적 요인

생리적 상태와 수면 유도제 같은 약물은 수면장애의 원인이 된다.

① **생리적 변화** : 수면 방해는 합병증 또는 병리적 상태와 관련된 장애로 인해 일어날 수 있다. 예를 들어 십이지장 궤양은 자는 동안, 특히 REM 수면 동안 위산 분비를 증가시켜 위통을 유발하게 된다. 통증 때문에 잠을 깬 환자는 통증을 감소시키기 위해 음식을 먹거나 제산제를 먹기 위해 일어날 수 있다. 야간 통증은 또한 식도역류에 의해서도 유발되는데, 특히 횡와위 때 쉽게 일어난다. 이런 문제가 있는 사람은 침대 머리를 올리거나 베개를 더 베고 자면 불편감을 완화시킬 수 있다.

협심증 또한 REM 수면 동안 일어나는 통증 중 하나이다. REM 단계 동안 증가된 교감신경계활동과 호흡양상의 변화로 이산화탄소와 산소 수준이 변화하고 따라서 REM 단계에서 협심증을 일으킨다. REM 수면은 심혈관계 질환자들 중에 조기심실수축(PVC)을 유발하기도 한다. 울혈성 심부전은 횡와위로 누워 있을 때 더 악화되어 폐에 수분을 축적시키고 호흡곤란을 일으킨다. 따라서 심혈관계 문제를 가진 사람들은 통증에 대한 두려움 때문에 잠자기를 두려워하게 된다.

호흡기능 장애 역시 수면장애와 관련이 있다. 폐기종은 자는 동안 산소포화도를 낮추고 탄산가스 압력을 증가시킨다. 결과적으로 폐포의 저환기로 환자는 잠에서 깨어나거나 과도하게 졸린 상태를 경험한다. 어린 아이들에서는 반드시 4단계 수면은 아니지만 수면시기의 후반에 천식발작이 발생하기도 하며 성인에서는 어느 수면단계에서든 일어날 수 있다. REM 수면 동안 자주 기관지 경련이 일어나고 편두통이 발생되기도 한다. 갑상선 호르몬 부족증은 3, 4단계 수면을 감소시키고 갑상선기능 과다증은 증가시킨다. 또 만성적인 신질환자들도 투석 전에는 자주 수면장애를 경험한다.

우울증 또한 잠을 방해할 수 있다. 우울증이 만성화되면 4단계 수면과 REM 수면을 감소시킨다. 반대로 급성 우울증에서는 잠드는 시간을 지연시키고 한 단계에서 다른 단계로 급격히 전환하며 자주 깨고 전체 수면시간이 줄어드는 대신 REM 활동은 활발해진다.

② **투약** : 투약은 수면형태에 영향을 미친다. 약을 복용하는 사람이 수면문제를 호소한다면 그 약물을 확인하고 각 수면단계에 미치는 약물의 효과를 고려해 보아야 한다. 또한 약물의 종류와 용량을 주의 깊게 사정하고 그 약물을 얼마나 오래 복용하였는지도 사정해야 한다.

많은 수면 보조제는 REM 수면과 3, 4단계 수면을 억제한다. 그런 약물을 중단하게 되면 REM 수면은 돌아오게 되어 악몽이 나타날 수도 있다. Diphenhydramine hydrochloride (Benadryl), 진정제나 대부분의 항우울제는 REM 활동을 억제시킨다. 최면제와 진정제는 REM 수면량을 감소시키지만 전체 수면시간은 증가시킨다. 항우울제와 암페타민도 비정상적으로 REM 수면의 양을 감소시킨다. 이런 약물을 중단하려는 많은 사람들은 REM 수면이 정상보다 많을 경우 악몽을 경험한다.

정상적인 수면을 유도하는 수면제는 거의 없지만 chloral hydrate, flurazepam hydrochloride (Dalmane)과 methaqualone(Quaalude) 같은 약물은 REM 수면을 억제하지 않는다.

③ **카페인과 알코올** : 카페인 역시 수면문제를 일으킨다. 카페인 섭취량과 소비시간을 알기 위해 24시간 동안 섭취한 음식 수분 기록표가 필요하다. 카페인은 섭취 후 12시간까지 흥분효과가 있다.

알코올은 특히 다량 섭취했을 때 불면증을 일으킨다. 처음에 알코올은 진정효과가 있어 잠을 들게 할 수 있으나 3, 4시간 내에 깨어나게 되고 REM 수면 부족이 일어난다. 알코올 섭취와 수면장애 사이의 관계를 밝혀 내기는 어려운데 그 이유는 사람들은 흔히 술을 먹었다는 사실을 인정하려 들지 않고 또 술이 잠을 촉진시킨다고 믿고 있기 때문이다. 심각한 수면장애는 알코올 중독자들이 술을 중단할 때 나타나며 금단 동안 악몽과 안절부절 못하는 등의 신체활동이 증가되므로 결국 잠자기를 두려워하게 된다. 또한 술은 수면 중 무호흡증의 원인이 되기도 한다.

(7) 수면장애 증상

수면 부족과 관계되는 증상은 일반적이기 때문에, 사람들은 기분변화라든지 인지장애, 수면 방해로 인한 과민증의 증상과 연관시키지 않으므로 면담 동안 그런 증상들은 언급하지도 않는다. 그러나 깨어나자마자 피로하다든지 낮 동안의 피로, 잠들기 어렵다거나 잠을 유지하기 어렵다고 호소할 수는 있다.

수면장애와 관련 있는 흔한 증상으로는 과도한 낮잠, 개운치 못한 잠, 아침 두통, 밤에 자주 깨는 것, 밤에 일어나는 다리의 경련, 잠들기 어렵거나 계속 잠자기 어려움 등이 나타난다. 수면양상 장애를 확인하기 위해서 다음과 같이 질문할 수 있다. "밤에 잠을 자지 못할 때 어떻게 느끼는지 설명해 주세요." 또는 "수면 부족이 어떤 영향을 줍니까?", 과도한 낮잠을 호소하는 환자에게는 "근육에 특별한 문제가 있습니까?"(급발작, 쇠약, 특히 무릎 쇠약은 수면 발작과 관련됨), "코를 곱니까?"(불규칙적으로 코를 곤다면 수면 중 무호흡증을 평가한다), "지난해 또는 몇 달 동안 복용한 약물은 무엇입니까?"(흥분제, 최면제의 장기적 사용은 과도한 낮잠을 초래할 수 있다)

4 수면 검사

수면, 휴식장애가 특히 혼란스러울 때 수면 검사에 대한 광범위한 평가가 필요하다. 생리적 평가를 하기 전에 면담을 통해 평상시 수면양상과 수면에 영향을 미치는 요소가 사정되어야 하고 설문지나 심리 테스트를 거쳐 개인의 성격에 관한 정보를 수집하여야 한다. 또한 대상자에게 수면일지를 쓰고 있는지 물어볼 수도 있다.

검사사정의 기초는 1회 혹은 그 이상 기록된 수면기간 동안 평가한 polysomnographic 결과이다. 다음에 열거한 기록 외에도 호흡양상, 심전도 결과, 동맥 헤모글로빈 포화도가 평가될 수 있다.

(1) 뇌파 검사

뇌파 검사는 수면 동안 계속적인 뇌파의 활동을 기록한다. 몇 개의 전극을 두피에 부착하면 여러 시간 동안에 걸친 다형의 뇌파가 종이 위에 기록된다. 그런 다음 기록된 뇌파는 수면 단계의 순서와 수면 시간을 결정하기 위해 분석된다. 육체적 상태뿐 아니라 어떤 약물은 뇌파에 영향을 줄 수 있다. 예를 들어 atropine은 환자가 깨어 있는 데도 수면과 관련된 뇌파를 만들기도 한다.

(2) 안전도

안전도는 각막과 망막 사이의 전위차를 측정함으로써 수면 동안 각 안구의 위치를 기록한다. 작은 전극을 안구 가장자리에 붙이면 안구운동을 나타내는 파장이 종이에 기록된다. 눈이 빠르게 운동하는 것은 REM 수면과 관련이 있다. 편평한 파장선은 대개 NREM 수면 동안에 기록된다. REM 수면 동안 빈번히 눈을 움직이는 것은 격렬한 꿈을 꾼다는 표시이기도 하다.

(3) 근전도

근전도는 근육긴장도를 기록하기 위해 작은 전극을 턱에 붙여 얻게 된다. 얼굴과 목 근육은 대개 REM 수면 전과 수면 동안 긴장도가 저하된다. 그러나 REM 수면 동안 연수(pons)로부터 전기적 방전으로 짧은 근육활동 스파크가 나타나기도 한다.

(4) 기타 수면 모니터

수면으로 인한 심부정맥(cardiac dysrhythmia)을 발견하기 위해 심전도를 이용할 수 있으며 호흡을 모니터할 수 있으므로 수면 중 무호흡을 평가할 수 있다. NREM과 REM 수면 동안의 모든 활력징후가 다르므로 기타의 생리적 모니터를 이용할 수 있다.

5 수면장애

(1) 수면발작

수면발작(narcolepsy)은 다음의 특성을 갖는 수면장애이다.

- **수면공격(발작)** : 낮 동안 도저히 저항할 수 없는 잠이 옴.
- **급발작(cataplexy)** : 넘어질 정도로 갑자기 근육긴장도가 상실됨.
- **수면마비** : 골격근의 마비, 이것은 각성상태에서 1단계 수면으로 전환될 때 일어난다.
- **최면성 환청** : 악몽

  원인은 불확실하나 조절불가능한 REM 수면을 유발하는 중추신경계의 유전적 결함과 관련이 있을 수 있다.

- **병력** : 불수의적으로 낮 동안 수면발작이 일어나는 것은 사춘기에 대개 시작된다. 이 문제를 가지고 있는 대부분의 환자는 이 장애가 정확히 진단될 때까지 약 15년 동안이나 증상을 가지고 있다. 특히 무릎이 약화되는 급발작은 강한 부정적 혹은 긍정적 감정에 의해 촉진된다. 최면성 환청이나 악몽은 잠이 들 때 종종 나타난다. 수면마비는 대부분의 골격근에 영향을 주어 움직이는 것뿐만 아니라 말할 수조차 없기 때문에 환자는 몹시 놀라게 된다. 그러나 안구의 움직임은 여전히 남아 있어서 대개 누군가 그 환자를 건드리거나 외부 자극만 주어도 다시 회복되기에 충분하다.

  수면발작이 없는 경우에도 소수의 사람들이 수면마비를 경험할 수 있다. 가족력이 있는 경우는 빈도가 20배나 증가한다.

- **수면검사 결과** : 수면발작은 낮 동안뿐 아니라 밤 동안의 수면을 방해한다. 수면발작으로 고생하는 사람은 잠이 막 든 후 바로 REM 수면으로 들어가는 경향이 있다(정상적으로는 첫 REM기를 갖기 전에 90분간의 수면이 따른다).

(2) 수면무호흡증

수면 동안 호흡이 짧게(약 10초간) 일시적으로 중단되는 것이 수면무호흡(sleep apnea syndrome)이다. 수면무호흡증에서는 호흡의 중단이 잠자는 동안 300번 이상 일어난다. 대부분의 수면무호흡증은 폐쇄성 혹은 기도 폐쇄로 인해 2차적으로 오며, 대개 편도선이나 아데노이드의 비대, 비만이 원인이 된다. 물론 각성시 기도기능은 정상이다. 수면무호흡증은 영아돌연사증후군(sudden infant death syndrome)과 관련이 있다.

- **병력** : 50세 이상의 남자에서 가장 빈번히 일어난다. 비만은 위험요소 중 하나인데, 특히 짧고 굵은 목을 가진 사람은 더 위험하다. 대개 환자는 수면 과잉이나 과도한 낮잠으로 환자의 생활방식이 방해받으므로 병원을 찾는다. 수면발작과 관련된 수면과는 달리 수면 중 무호흡을 동반한 낮 동안의 수면은 견딜 만하다. 환자는 각성상태를 유지하기 위해 주위를 어슬렁거리거나 자기 뺨을 치기도 한다고 한다.

- **검사결과** : 수면 중 무호흡증을 가진 사람과 함께 잠을 자던 배우자는 종종 환자가 10~20 초간 숨을 쉬지 않는다고 말한다. 환자는 자다가 갑자기 똑바로 침대에서 일어나 앉아서 숨을 크게 몰아쉰다. 또 하나의 특징은 불규칙적으로 코를 고는 것이다. 환자는 전형적인 수면부족 증상인 안절부절 못함, 집중시간이 짧고 기억력 장애가 나타난다. 무호흡으로 인한 폐포의 저환기는 폐성심(corpulmonale), 폐성 고혈압, 뇌의 저산소증과 같은 심각한 후유증을 일으킬 수 있다.

(3) Klein-Levin 증후군

수면발작(narcolepsy)과 관계없이 일어나는 수면과잉 장애인 Klein-Levin 증후군은 매우 희귀하며 일 년에 서너 번, 몇 시간에서 며칠 지속되는 수면발작이 특징이다. 식습관도 다양해져서 환자는 며칠 동안 음식을 게걸스럽게 먹어 치워 체중이 증가한다. 또는 우울이나 다른 정신과적 문제로 고통받기도 하지만 수면검사 결과는 기본적으로 정상 수면양상을 보인다.

(4) 야간 간대성 근경련

야간 간대성 근경련(nocturnal myoclonus)은 드문 형태의 수면장애인데, 환자는 비복근(calf muscle)의 경련으로 잠에서 깨게 되고 30초마다 빈번히 경험하게 된다. 과도한 낮잠, 깨고 나서도 개운치 않은 느낌을 보고하기도 한다.

(5) 반응소실증

반응소실증(parasomnia)은 몽유증, 야경증(pavor noctumus), 야뇨증과 잠꼬대, 이를 가는 것이 포함된다. 이런 증상들은 NREM 수면 동안 일어난다. 반응소실증은 주로 어린이의 잠을 방해하고 종종 한 아이에게서 모든 증상이 나타나기도 하며 가족력을 갖는다.

① **몽유증**(somnambulism, sleepwalking) : 몽유증은 아동기에 흔히 나타나는 것으로 대개 여아보다 남아가 많다. 환아는 대개 몽유증을 기억하지 못하고 이러한 증상이 4분 이하일 경우에는 깨지 않을 수도 있다. 몽유현상은 대개 수면 3, 4단계의 NREM 동안 첫 1/3 시기에 대부분 일어난다. 수면시 뇌파 검사는 대개 몽유증이 일어나기 전에 고압의 격발과 4단계에서와 유사한 낮은 빈도의 파장이 있음을 보여 준다. REM 수면은 정상 비율인데 이것은 환자가 정상적인 꿈을 꾸는 것을 의미한다.

② **야경증**(pavor nocturnus, night terrors) : 야경은 대개 6세 이하의 어린이에서 흔하다. 잠든 지 몇 시간 후에 아동은 침대에서 뛰어나와 벌벌 떨며 소리를 지르고 공포에 질린 것처럼 보이지만 깨우기가 어려우며 아이는 대개 이런 일을 기억하지 못한다. 야경증은 4단계 수면에서 많이 나타난다. 4단계 수면을 억제하는 약물인 benzodiazepine을 투여하여 치료될 수 있다.

③ **야뇨증**(nocturnal enuresis, bedwetting) : 야뇨증은 1차성 또는 2차성으로 온다. 1차성 야뇨증은 생리적 문제가 없고 출생에서 6세까지 지속된다. 2차성 야뇨증은 심리적 요인

에서 발생된다. 야뇨증은 대개 아동기, 특히 남아에서 흔한 장애이다.

야뇨증을 사정할 때는 아동뿐 아니라 부모도 면담해야 한다. 아동이 잠자는 동안 야뇨가 일어남에도 불구하고 부모는 아동이 조절할 수 있다고 생각한다. "오줌을 싸면 아이와 젖은 이불은 어떻게 처리하시나요?", "아이가 야뇨증을 조절할 수 있다고 생각하십니까?"하고 물어본다. 형제에 대한 질투심이나 어두울 때 화장실 가는 것에 두려움을 느끼는 것 등이 원인이 될 수 있다.

수면시기에 대부분 발생한다. 4단계 수면에서 2단계 수면으로 전환한 다음 첫면에 들기 바로 전(즉 여전히 2단계 수면에 있을 때), 아동은 소변을 보게 된다.

④ **잠꼬대**(sleep talking) : 대개 자는 동안 말을 하는 것은 NREM 수면 동안에 일어나고 신체 움직임과 관련된다. 잠꼬대는 같은 방에서 자는 사람 외에 아무도 장애라고 여기지 않는다.

⑤ **이를 가는 것**(bruxism, teeth grinding) : 자는 동안에 이를 가는 것은 인구의 15%에서 발견되며 대개 2단계 NREM 수면 동안 발생한다.

6 간호관찰

(1) 일반적인 관찰

① **정신상태** : 일반적으로 수면 부족은 점진적인 지남력 장애와 연관이 있고 인지기능이 감소된다. 환자는 깨어 있고 각성상태라기보다는 멍하고 무기력하다. 집중시간 역시 짧아진다. 다른 증상으로는 불안정, 무감동, 판단장애 등이 있다. 수면 부족이 지속되면 환시와 정신증적 행동, 특히 편집증 같은 증상이 나타난다.

② **얼굴표정** : 수면 부족인 사람은 안면근육이 이완되어 있기 때문에 표정이 없는 얼굴표정을 갖는다. 경미한 안구진탕(불수의적으로 안구가 움직이는 것)과 충혈이 나타나기도 한다. 눈꺼풀이 쳐지고 눈 주위가 검게 보이며 자주 하품을 한다.

③ **언어양상** : 수면 부족이 되면 말이 느려지고 발음이 부정확해지며 부적절한 단어를 사용하게 된다.

④ **전체적인 움직임과 자세** : 안절부절 못함은 수면장애와 관련이 있고 자세를 자주 바꾸게 된다. 조정장애와 연관되어 손의 떨림이 나타날 수 있는데 이것이 언어장애와 함께 나타나면 약물 중독 혹은 알코올 중독자처럼 보이기도 한다.

(2) 수면양상 관찰

병원 시설이 잘된 곳에서는 수면과 휴식 중인 환자를 관찰할 수 있다. 외부 환경, 자극의 충격, 신체 움직임의 양, 방해받지 않은 수면의 양 등을 이러한 관찰을 통해 평가할 수 있다.

① **외부 환경의 자극** : 다음에 나열된 것과 같이 수면을 증진시키거나 방해하는 외부환경 자극에 주목한다.

수면 촉진 인자

- 조용함
- 편안한 침요와 베개
- 어둡거나 아늑한 불빛
- 방의 온도(개인의 기호에 따라)
- 함께 자는 사람의 존재
- 수면 방해 인자
- 소음(목소리 포함)
- 불편한 침요와 베개
- 빛
- 방 온도가 지나치게 덥거나 추움
- 같은 방 쓰는 사람(특히 어떤 조치를 필요로 하거나 혼란한 사람)
- 병원의 정기적 검사(검사, 활력징후 측정, 투약)

② **간헐적인 관찰** : 관찰은 조용히 깨어 있는 것과 수면을 구별하는 효과적인 방법이 되지는 못한다. 그러나 자고 있는 사람은 깨어 있는 사람과는 달리 눈을 감은 채로 움직이지 않고 있을 것이다. 또한 코를 고는 것, 자주 몸을 뒤척임, 잠꼬대, 이를 가는 것 같은 잠버릇을 관찰한다.

③ **움직임** : 사람들은 수면 중에 주기적으로 몸을 움직인다. 정상 수면기간 동안에 20~60번의 움직임이 있다. 만약 수면 기간 중에 움직임이 없다면 수면의 질에 대해서 이야기를 나누어야 한다.

④ **방해받지 않는 수면시간** : 병원 내에서 환자가 적어도 방해받지 않고 90분을 잤는지, 편안한 수면주기를 보였는지, REM을 포함했는지 결정해야 한다.

06 인지 – 지각 양상

1 개요

지각은 감각기관을 통해 환경에 대한 정보를 얻고 들어온 감각을 의미 있는 방식으로 해석하는 과정이다. 인지는 삶의 과정인데 이것은 기억, 학습동기화, 사고, 가르침 등의 행위와 관련된 지적 기능을 포함한다. 지각과 인지는 서로 밀접하게 관련되어 있으며 이 중 하나의 과정변화는 다른 하나에 영향을 미친다.

언어를 통한 의사소통은 메시지의 송수신을 포함한다. 대뇌의 언어중추의 병변으로 인한 인지지각의 변화나 특수감각 변화는 의사소통을 방해한다. 의사소통은 대인관계의 상호작용 과정으로 개인마다 다르다. 그러므로 언어적 의사소통의 결함은 인지·지각뿐만 아니라 역할과 상호작용의 관점에서 평가해야 한다.

(1) 사정초점

인지-지각 기능사정은 시각, 청각, 미각, 촉각, 후각, 위치각과 같은 감각기능, 학습형태, 언어 및 의사소통 능력, 사고과정을 포함하는 인지기능, 통증, 환각과 같은 감각지각 경험, 변화된 사고과정이 포함된다.

인지-지각에 대한 판단은 대상자 면접, 진단적 검사, 감각, 지각, 인지, 의사소통에 관여하는 신체구조와 기능을 검사한 자료에 근거를 둔다. 문제가 발견되면 정확한 평가를 하기 위해 대상자를 전문가에게 의뢰한다.

인지-지각 사정의 목표는 다음과 같다.

- 특수감각으로 시각, 청각, 후각, 촉각, 미각상태를 평가한다.
- 운동(위치) 감각과 전정(평형) 감각을 포함한 심부감각 상태를 평가한다.
- 자신과 주위에 대한 인지를 주목한다.
- 감각지각 변화와 관련이 있는 위험요인을 파악한다.
- 감각지각 변화의 증상과 징후를 인식한다.
- 감각지각 변화에 대한 개인의 반응에 주목한다.
- 건강과 일상생활을 유지하기 위한 지식이 있는가를 파악한다.

(2) 간호진단

인지-지각 양상과 관련된 간호진단으로는 언어적 의사소통장애, 반사장애(dysreflexia), 지식 결핍(구체적), 통증, 감각변화(시각, 청각, 운동각, 미각, 촉각, 후각), 사고과정 장애 등을 들 수 있다.

2 사정을 위한 기초지식

(1) 지각 영역

- **신체적 영역** : 신체는 환경으로부터 받아들인 감각을 대뇌로 전달한다. 대뇌는 전달된 감각을 구별하고 반응을 수행한다.
- **인지적 영역** : 대뇌에 도달한 신경전달은 관련된 피질영역을 활성화시킨다. 이에 대한 반응은 과거 경험, 나이, 지적능력에 의해 형성되고 대뇌의 저장영역에서 활성화되어 기억력이 개시된다. 과거 경험의 기억에 따라 자극에 대한 학습행위 또는 조건적 반응이 일어나며 의미는 감각경험과 관련이 있다.
- **성격 또는 문화적 영역** : 개인의 성격과 문화적 배경은 인지에 영향을 미친다. 대개 개인적이고 문화적인 경험들은 인지기능을 강화한다. 예를 들면 타인과 의사소통을 할 때 문화는 사용하는 언어에 의미를 부여해 준다. 개인 및 가족의 경험, 문화적 규범, 타인에 대한 기대는 개인의 인지력을 평가하는 근거로 제공된다. 때로 개인 특성이나 문화적 영향 때문에 개인의 현실지각이 사회규범과 일치하지 않을 수도 있다. 이런 사람들은 다른 사람으로부터 특별하다거나 비현실적이다 또는 명확한 생각을 하지 못한다라고 여겨진다.
- **행위반응 영역** : 모든 사람은 자기자신의 현실인지를 평가한다. 적응, 목표 지향적, 적합성, 건설적인 것은 긍정적 반응이고 부적절, 부적응, 파괴적 등은 부정적 반응이다. 들어오는 자극이 익숙하지 않고 반복적이며 지루하고 의미가 없을 때는 종종 부정적 반응을 일으킨다.

3 건강력

면담은 인지–지각 변화요인 및 이로 인한 부작용을 밝히는 데 도움이 된다. 부가적으로 면담에서 의식수준, 사고과정, 지남력, 의사소통 양상 등의 관찰을 통하여 대뇌기능을 평가하기도 한다.

인지–지각을 사정하기 위한 면담은 다음과 같은 요소로 구분된다.

- 시각, 청각, 미각, 후각, 촉각
- 영구적 신체변화, 투약, 인지와 지각에 영향을 미칠 상황적 요인

환자가 인지·지각 변화가 없을 때, 의식이 좋고 의사소통이 쉬우며 잘 움직이고 피로나 불안정한 증상이 없을 경우에는 탐색사정(screening)만으로 충분하다. 탐색사정에서는 특수감각 상태에 대한 질문에 기본을 둔다.

초기 면담에서 잠재적이나 실제적 인지–지각 문제가 나타나면 포괄적이고 체계적 면담이 수행될 수 있다. 인지–지각이나 특수감각 문제로 인해 면담과정이 장벽이 될 수도 있다. 예를 들면 사고과정의 변화와 의사소통 능력에 손상이 있다면 단순한 단어들로 반복 질문을 하고 환자가 반응할 수 있는 시간을 충분히 준다.

4 정신상태 검진

정신상태 사정은 대뇌피질에 의해 조절되는 사고, 이해 및 환경과 상호작용하는 능력을 평가하는 과정이다. 정신상태 변화는 인지–감각지각 문제를 경험하는 환자에서 흔히 관찰된다. 정신상태의 단서는 질문이나 지시에 반응하는 것뿐만 아니라 외모와 행동에 의해 나타난다. 정신상태 사정에는 의식수준, 지각, 사고과정, 의사소통 능력이 포함된다.

(1) 의식수준

의식은 각성 정도를 말하는 것으로 뇌간의 망상활성체계(RAS)에 의해 조절된다. 의식이란 인식 자체는 아니다. 의식은 있지만 시간이나 장소를 알지 못할 수도 있다.

① 일반적 접근 : 의식 정도는 각성상태, 말하고 언어적 요구에 따르는 능력, 운동능력 등을 관찰함으로써 평가된다. 1차적으로 의식수준은 각성시키는 데 필요한 감각자극의 강도와 관련지어 기술된다.

② 의식수준의 기술
- **기민(fully awake)** : 최고의 의식상태로 최소 강도의 감각자극으로 모든 유형의 반응을 일으킨다. 그러나 충분한 각성상태라고 하더라도 지남력과 기억력 장애가 있을 수 있다.
- **각성(alert)** : 충분한 의식이 있고 사람, 장소, 시간, 환경에 대한 지남력이 있으며 언어적 요구에 반응할 수 있다.
- **기면(lethargic)** : 졸리거나 대부분의 시간을 잠을 자지만 자발적인 움직임이 가능하다. 각성상태가 가능하며 이름을 말할 때 약간 흔들 필요가 있다.
- **둔함(obtunded)** : 대부분의 시간을 잠을 자며 자발적인 움직임은 거의 없다. 각성시키는 데 큰 소리나 흔드는 등 강한 자극이 필요하다.
- **혼미(stuporous)** : 대부분의 시간을 무의식 상태로 있고 자발적인 움직임은 없다. 운동반응을 일으키는 데 통증과 같이 강한 유해자극을 주어야 하며 통증자극에 목적 있는 시도를 한다. 언어적 반응은 제한적이거나 없다. 혼미상태의 환자는 지남력이나 충분한 의식상태는 거의 없다.
- **혼수(coma)** : 고통스런 자극에도 각성할 수 없는 상태이다. 최토반사와 같은 표재성 반사는 있을 수 있다. 깊은 혼수상태에서는 표재성 반사도 없다.

③ Glasgow 혼수척도 : Glasgow 혼수척도는 뇌기능 장애 환자의 의식수준을 평가하는 데 유용한 표준화된 사정도구이다. 이것은 빠르고 객관적이고 반복적인 의식수준 검사법으로 개안반응, 언어반응, 운동반응의 세 가지 요소로 되어 있다. 각 항목마다 점수가 주어지며 최저 3점에서 최고 15점까지 점수가 분포된다. 이 방법이 항상 신뢰성이 높은 것은 아니지만 환자의 예후를 예측하는 데 흔히 이용한다.

(2) 인지

인지(awareness)란 자기와 환경을 인지하여 이해하며 정서를 느끼고 감각정보를 평가하는 것으로 사람, 장소, 시간에 대한 지남력과 자기와 환경에 대한 지각으로 규명할 수 있다.

(3) 사고과정

정신상태는 전두엽 피질기능으로 추상적 사고, 문제해결 능력, 통찰력, 기억력, 판단력을 포함한다.

① **일반적 접근** : 사고과정은 질문의 해석, 문제 해결, 기억력, 판단력과 같은 인지적 업무수행 능력을 관찰하여 평가하며, 영향을 미치는 요소들은 다음과 같다.
- 집중력의 양
- 사용되는 언어나 전문용어 이해 능력
- 실인증, 실어증과 같은 지각장애
- 정서적 위축 또는 우울
- 모욕 등과 같은 나쁜 반응을 일으키는 질문 또는 운동에 대한 지각

(4) 의사소통 과정

언어기능은 우세반구에 있는 언어중추에 의해 조절된다. 오른손잡이인 경우 90% 이상이 왼쪽 뇌가 우세반구이고 이곳에 언어중추가 있다. 그러므로 좌측 대뇌반구의 뇌졸중에서 대부분 실어증이 일어난다. 왼손잡이에서는 약 50~75% 정도에서 좌측 대뇌반구에 언어중추가 있다. 대뇌반구 우세 개념에도 불구하고 두 개의 반구에서 모두 약간의 언어기능이 있다. 좌측 대뇌반구는 단어 순서, 선택, 구나 문장의 조합 등과 같은 명제적 언어를 담당하고 우측 대뇌반구는 말의 리듬, 감정적 어조 억양과 같은 정서적 언어를 담당한다.

Wernicke 영역(Brodmann's area 22)은 우세반구의 측부에 위치하며 단어의 상징화를 담당하여 이해와 해석을 하는 것이다. Broca 영역(Brodmann's area 44)은 우세반구의 전두엽에 위치하고 명제적 언어기능을 하며 문법에 일치하게 단어, 구, 문장으로 뇌에서 메시지를 전환하는 것을 포함한다. 두정엽의 각상회는 모든 자극을 받아들이고 자극을 언어와 관련시킨다.

① **일반적 접근** : 의사소통 과정의 사정은 정신상태 검사에 속한다. 검사자는 환자의 언어양상과 언어이해력에 주의를 기울여야 한다. 언어 기능장애는 언어치료사가 대개 부가적인 사정과 중재를 하기 때문에 간호사의 사정은 언어문제를 발견하고 관찰하는 방향이 된다. 의사소통 능력에 있어서 갑작스런 변화는 중요한 신경학적 기능장애를 가리킨다.

언어기능의 평가는 환자에게 좌절을 주거나 당황하게 할 수 있으므로 필요보다 자주 의사소통과정을 사정하게 된다. 반복사정을 피하기 위해 발견된 자료들을 주의 깊게 기록한다. 환자와의 의사소통이 불가능할 때 과거 의사소통 능력과 양상 그리고 시력과 청력에 대해 가족이나 친구에게 알아보고 글을 읽고 쓰는 능력을 묻는다. 책을 못 읽는다고 하였을 때 간호사가 글을 모르는 것으로 판단하는 실수를 할 수 있으므로 환자가 책을 못 읽는다

고 하면 먼저 대뇌 기능장애가 있을 거라는 가정을 해본다.

② **실어증의 감별진단** : 다양한 실어증의 유형에는 운동실어증, 감각실어증, 전(global)실어증, 전도실어증, 피질감각실어증, 피질운동실어증, 혼합피질실어증, 명칭실어증이 포함된다. 실어증 유형의 진단에서 다양한 실어증 증상이 혼합되거나 분명하게 진단적 범주에 속하지 않기 때문에 감별의 어려움이 있다.

(5) 정신상태 평가도구

표준화된 정신상태 검사는 임상에서 정보를 신속하게 얻을 수 있고 여러 번의 검사시에 추후 자료와의 비교를 용이하게 한다. 그러나 이 검사는 언어장애나 참여가 어려운 환자에게는 사용하기 어렵다. 일부 표준화된 검사에서 문화적으로 편견이 있으며, 80세 이상의 노인환자는 적용이 어렵다는 것을 고려해야 한다. 정신상태는 한 번보다 여러 번의 검사가 정확하게 환자상태를 반영한다. 표준화된 정신상태 검사도구에는 다음과 같은 것이 있다.

① **정신상태 설문지(MSQ)** : 이 도구는 Kahn과 그 동료들이 만든 것으로 10문항으로 되어 있으며 틀린 것을 기록하므로 점수가 높을수록 기능장애가 심하다. 점수범위는 0~10까지 범위이다.

② **FROMAGE TEST** : FROMAGE는 기능(function), 추론(reasoning), 지남력(orientation), 기억력(memory), 산술력(arithmetic), 판단력(judgement), 정서상태(emotional state)의 머리글자를 따서 만든 것이다. FROMAGE의 각 범주는 검사자의 관찰을 안내하거나 환자에게 질문을 하는 문항으로 구성되어 있다. 검사에 대한 반응을 점수화하여 높은 점수는 기능장애가 심함을 나타낸다.

③ **간이 정신상태 검사(Mini-Mental State Examination)** : Folstein과 그 동료들(1975)이 만든 것으로 검사내용은 지남력, 기억력, 집중력, 계산력, 언어능력에 중점을 두었다. 검사 항목에 따라 점수를 주어 총점을 계산하여 30점이면 최적의 기능상태를 나타낸다. 검사시간은 5~10분 정도 걸리지만 마지막 부분에 환자가 읽고 쓰는 내용이 있다.

(6) 관련 간호진단 사고과정 장애와 감각/지각 장애

사고과정 장애는 의식적 사고, 현실감, 문제 해결, 판단, 대처장애와 관련된 이해력과 같은 정신능력 장애를 말한다. 예를 들어 어떤 상황이나 사물에 대해 공포가 있는 환자는 사고과정 장애를 갖는다.

감각/지각 장애는 감각자극의 수용과 해석에 장애가 있는 것을 말한다. 예를 들면 시력이나 청력장애 환자는 언어나 청각 자극을 수용하는 데 장애가 있으며, 감각과잉 환자는 그러한 자극을 해석하는 문제가 있을 수 있다.

5 통증사정

(1) 통증의 임상사정

① **일반적 접근** : 통증의 포괄적 이해는 감각, 지각 및 반응요소를 모두 포함한다. 특히 간호사는 통증의 지각 및 반응이 간호중재에 가장 민감하므로 이 점을 잘 사정해야 한다. 통증 지각은 개인의 통증경험의 본질이 나타날 때 가장 신뢰성이 높다. 비언어적 행위나 신체반응을 관찰하여 부가적 정보를 수집하도록 한다. 그러나 모든 사람이 동일한 통증반응을 보이지 않는다는 것을 알아야 한다. 통증반응은 개인적이고 주관적이므로 개인의 행동이나 생리적 반응을 주의 깊게 해석해야 하나 객관적 사정자료로 모두 입증할 필요는 없다. 면접에서는 개인이 지각하는 통증의 의미를 사정하는 것이다. 초기면접에서는 통증 유무, 특성, 통증이 개인에게 미치는 의미 등을 알아낸다. 만일 환자가 통증을 말하기를 싫어한다면 통증의 의미를 안다는 것이 어려울 수도 있다.

㉠ **통증경험을 말하기를 거부하는 경우** : 통증이 있는 사람이 통증과 고통에 무관심을 보이고 대처방법으로 극기를 보이면서 말하기를 싫어하는 경우가 있다. 더욱이 통증은 피할 수 없다고 인식하며 통증 감소와 통증에 대해 말할 때 자기통제의 상실감을 경험한다. 이 경우에 간호사는 자신의 가치로 환자의 경험을 평가해서는 안 된다. 또한 환자가 공공연히 자신의 경험을 말하지 않아도 면접을 진행할 수 있는데 간호사는 이를 통하여 통증의 어떤 특성을 알아낼 수가 있다.

다음 진술이 환자들의 통증경험을 끌어내는 데 도움이 되는 것이다.

"그 사건 이후에 경험한 통증에 대해 설명할 수 있을까요?"

"대부분의 사람들은 수술 후에 통증이 있습니다. 환자께서도 통증을 표현하지는 않지만 그와 같은 증상은 가지고 있나요?"

다른 사람들은 침묵이 일반적으로 받아들여지는 행동이라고 느끼기 때문에 통증에 대해 말하기 싫어할 수도 있다. 어떤 사람은 고통이 있을수록 통증을 감추려고 한다. 또한 간호사의 행동이나 태도에서 환자의 통증 표현을 좌절시킬 수 있음을 알아야 한다. 예를 들면 통증이 전혀 경감되지 않고 약물에 의해서만이 해결할 수 있다고 여기는 사람은 통증에 대해 듣기 싫어한다. 만일 환자가 통증으로 울고 있는데 간호사가 마음의 문을 닫아 버린다든지, 환자의 요청에 늦게 반응한다면 환자들의 통증 표현을 좌절시키는 경우가 된다.

㉡ **통증사정의 장애** : 만일 간호사가 전적으로 통증 표현이나 통증경감 전략을 이해하지 못한다면 통증은 불가피하고 무조건 참아야 한다고 말하게 된다. 게다가 마약이 약물중독을 일으킨다고 믿는다면 처방된 약물의 적합성 평가를 무시하게 된다. 급성 통증이 있으면 의사와 상담하여 약물의 빈도나 용량을 올리는 것이 통증경감에 효과적임을 아는 것이 중요하다. 경우에 따라서는 가장 효과적인 통증경감법은 이완요법, 심상, 음악 또는 약물과 병행하는 전환요법이 대안적 전략일 수도 있다.

ⓒ 통증사정 도구 : 주기적인 사정이 통증경감 효과를 사정하고 통증에 영향을 미치는 요인을 결정하는 데 중요하다. 이와 같이 주기적으로 통증을 사정하는 데 사용할 수 있는 도구로는 McGill-Melzack 통증사정 도구, 시각상사 척도 등이 있다.

② 검진지침 : 통증사정

㉠ 위치

ⓐ 통증 부위를 사정하고 병록지에 표시한다. 방사하는 통증 부위도 묘사한다.

ⓑ 여러 곳에 통증 부위가 있으면 문자나 숫자로 표시한다. 예를 들면 두통은 1번, 복통은 2번으로 표시하고 이 숫자는 내용들을 범주화하는 데 사용한다.

ⓒ 통증강도와 통증이 내적인지 또는 외적인지를 물어 본다.
통증위치는 경험하는 통증의 원인을 알아내는 단서가 된다. 다음 내용은 통증위치에 따른 원인을 알아내는 데 도움이 된다.

- 체성통증 : 몸체, 다리, 피부, 뼈 등에 시작된 통증이다. 표재성 체성통증(epicritic pain)은 1도 화상처럼 국소화되며 심부체성 통증(propathic pain)은 발목의 염좌처럼 광범위한 통증이 있다. 이 통증은 대개 외적 통증이라고 한다.
- 장기통증은 허혈, 경련 또는 산독증처럼 내부장기에 의해 시작되며, 대부분은 통증 부위에서 다른 부위로 방사한다. 국소화하지 않으며 내적 통증이라고 한다.
- 환상통증(phantom pain)은 신체 일부를 상실하거나 절단 환자에서 나타난다. 예를 들면 환자는 무릎 위 절단시에 하지통증을 호소하는 것이다. 이것은 절단 부위에서의 신경섬유 변화로 인해서 일어난다.
- 작열통(causalgia)은 사지의 말초신경을 포함한 외상성 손상 후에 일어나는 화끈거리는 강렬한 통증이다. 진행된 위축성 피부변화나 골변성에서 일어나기도 한다.
- 신경통(neuralgia)은 말초신경을 따라 나타나는 화끈거리는 강렬한 통증으로 이 통증은 신경에서의 통증 유발 부위의 자극으로 일어난다.

㉡ 강도

ⓐ 대상자가 경험하는 통증강도의 비율을 물어 본다. 예를 들어 특정 통증사정 도구를 사용하여 통증강도를 사정하였다면 비교를 위해서 추후에도 같은 도구를 사용한다. 가장 간단한 방법으로 1~10까지 측정할 수 있는 척도가 있다.

ⓑ 시각상사척도를 사용하여 통증을 사정한다. 이 척도는 연속선을 따라 통증강도를 통증 없음~심한 통증까지 표시한다. 이 척도는 시간에 따른 통증변화를 비교하고 숫자의 개념만 형성된 5세 이상의 대상자에게 적용하는 데 좋다. 각 지점에 숫자를 기록하여 해당하는 곳에 표시하도록 하는데, 주의할 점은 대부분의 사람들이 5라든지 10 등 선호하는 숫자에 표시하지 않도록 한다.

ⓒ 다른 방법으로는 언어로 통증강도를 물어 본다. 예를 들면 전혀 없음, 경함, 중간, 매우 심함 등이라는 말을 사용하여 물어 본다. 이러한 도구로는 McGill-Melzack 통증척도가 있다.

ⓒ 통증의 질

   ⓐ 통증의 질을 물어 본다. 이러한 질문의 예로 통증의 느낌을 어떻게 설명할 수 있는가, 통증이 날카로운가 등이며 주의할 점은 예, 아니오의 질문을 피하는 것이다.

   ⓑ McGill-Melzack 척도를 사용하여 통증을 질적으로 사정한다. 예를 들면 누르는, 잡는, 자르는 듯한, 끊어지는 듯한 또는 으깨지는 듯한 등의 말로 통증상태를 묘사하는 것이 좋다.

ⓡ 통증 발생 및 지속시간

   ⓐ 통증 발생시기, 기간, 시간-강도, 관계, 주기적 통증변화 등을 물어볼 질문들을 정한다. 만성 통증은 항상 통증이 지속하는 것처럼 설명하고 급성 통증은 보다 돌발적인 발생을 표현한다.

   ⓑ 시간이 흐르면서 통증강도의 변화를 사정한다. 통증이 급격하게 심해지는지, 간헐적인지 물어 본다. 이러한 것은 통증의 원인을 규명하는 데 도움이 된다. 예를 들면 조직 손상이 있는 통증은 급격하게 최대 강도에 도달하고, 허혈통은 저산소증이 경감되지 않는다면 점점 강도가 증가한다.

   ⓒ 통증의 주기적 변화로 일중이나 활동에 따른 차이가 있는지를 물어 본다. 만성 통증은 일중리듬이 있다. 예를 들면 류머티스 관절염은 부동으로 인해 밤 동안에 통증이 심해진다. 위궤양으로 인한 통증도 밤 동안에 심해진다. 선통은 빈공동의 기관에서 발생하여 주기적이고 경련성이며 파장을 이룬다.

ⓜ 통증경감 요인

   ⓐ 통증경감 방법을 알아보고 선호하는 통증경감법을 기술한다.

   ⓑ 처방약이나 매약의 효과를 알아본다.

   ⓒ 유도심상, 마사지, 음악, 휴식 또는 체위변경 등의 대안적 통증경감법을 사용하는지를 물어 본다.

ⓗ 악화요인 : 통증을 악화시키는 요인을 알아보고 특히 수면박탈, 불안, 더위나 추위 또는 소음과 같은 환경적 불편감이 미치는 효과를 평가한다. 불안, 공포, 우울과 같은 요인도 통증을 증가시킬 수 있다.

ⓢ 효과

   ⓐ 통증이 환자에게 미치는 효과를 평가한다. 예를 들면 심한 급성 통증 환자는 통증을 손상에 대한 반응으로 평가할 수 있지만 중환이나 죽음을 예고하는 증상으로 느낄 수도 있다.

   ⓑ 일상활동, 자기지각, 인간관계, 영양요구, 역할 등을 물어 보고 통증으로 인해 변화가 있는지를 알아본다. 예, 아니오보다는 말로 설명할 수 있도록 물어 본다.

   ⓒ 스트레스와 대처능력을 사정한다. 만성 통증 환자는 약물에 대한 중독 염려, 약에 드는 비용, 사회적 상호관계, 사회 및 성활동 등 다양한 스트레스원에 직면할 가능성이 높다.

◎ 기타 관찰사항

ⓐ 위축, 울음, 한숨 등 통증 표현양상을 관찰한다. 만일 대상자가 자신의 통증양상에 대해 표현하지 않는다면 통증을 말하기 싫어하는 이유를 사정해야 한다.

ⓑ 통증을 나타내는 신체적 반응을 사정한다. 자율신경계 반응으로 노에피네피린과 관계가 있으며 혈압 상승, 심박동수 증가, 호흡수 증가가 나타나며 피부혈관 수축으로 추위를 느끼며 발한이 증가한다. 동공이 확장되고 상부 자율신경로의 자극으로 오심, 구토가 나타나며 근골격계 반응으로 얼굴을 찡그리고 주먹과 손을 꼭 쥐며 불안하다. 통증이 있는 신체부분을 움직이지 않으려고 하고 근육긴장도가 증가한다. 예를 들면 복통은 복부 근육의 긴장을 초래하고 피질박리 또는 제뇌경직과 같은 통증자극에 대해 비정상적인 신체 움직임을 보이기도 한다. 그러나 이러한 반응은 통증 환자에서 항상 나타나는 것은 아니다.

ⓒ 통증과 관련된 얼굴표정을 관찰한다. 특히 만성 통증일 때 얼굴이 마스크 쓴 것 같고 무표정하며 고정되며 눈의 윤기가 부족하며 피로해 보인다.

(2) 관련 간호진단

안위변화는 비언어적인 방법으로 통증을 호소하거나 불편감을 나타내는 것이다.

① **급성 통증** : 급성 통증은 시간이 흐르면 해결되며 대상자에게 경각심을 불러일으키며 여러 요인이 영향을 미친다.

㉠ **통증력** : 대상자는 통증지각을 말로 하기도, 하지 못할 수도 있다. 급성 통증인 경우에는 통증의 원인과 촉진요인을 말로 표현한다("나는 계단에서 넘어져 오른쪽 발목에 통증이 있어요"). 대상자들은 통증양상과 부위를 말할 수 있다.

㉡ **관찰** : 급성 통증으로 일어나는 자율신경계 반응으로 창백, 발한, 심맥관계 변화 및 호흡양상의 변화가 나타난다. 통증양상에 따라 활동이 줄거나 감소하고 아픈 부위를 손으로 문지르고 얼굴에 불안이나 공포가 있다. 통증경감 방법으로 쉽게 경감된다.

② **만성 통증** : 만성 통증은 6개월 이상 지속되며 불가역적인 조직 손상이 있다. 이 경우에 통증은 얘기되는 위험을 의미하지는 않는다.

㉠ **통증력** : 대상자는 말로 통증지각을 말하거나 하지 않을 수 있다. 그러나 과거 통증경험에 집착하는 것이 보통이며, 통증이 지속적이거나 간헐적이라고 호소하며, 급성 통증만큼 강도가 클수도 있다. 통증 부위를 잘 지적하지 못하고 단순히 아리거나 쓰리다고 말한다. 절망감, 죄의식, 좌절감 등을 호소하며 통증경감법이 효과적이지 못하다.

㉢ **관찰** : 만성 통증에서는 자율신경계 반응이 습관화되어 급성 생리적 반응은 일어나지 않고 얼굴표정은 무표정하며 불안정하고 분노나 우울을 보인다.

07 자기지각 – 자기개념 양상

1 개요

주어진 시점에서 자신에 대하여 믿는 것이 자기개념이다. 자기개념은 항상 변화하며 인간 상호작용과 타인에게 비춰진 자기에 의해 영향을 받는다. 자기개념의 일부인 자기존중감은 자기가치와 능력, 즉 다른 말로 표현하면 자기에 대해서 어떻게 느끼는가에 대한 개인적 판단이다.

자기개념이 위협을 받거나 손상을 입을 때의 반응은 사회적 위축, 공격성과 분노의 표현, 자기주장적 행위를 포함하는 방어적 행위이거나 불안이다. 방어작용이 실패한다면 스트레스가 증가하고 성격장애를 경험하며 조절능력 상실과 무력감을 느끼게 된다.

환자의 자기개념을 사정하는 것은 자기에 대한 지각이 행동과 정서적 반응에 어떻게 영향을 미치는지를 밝히는 데 도움이 된다. 이러한 사정은 환자의 자신에 대한 생각과 감정의 규명, 자기개념 개발에 영향을 미쳐 온 요소, 자기개념에 대한 위협, 자기존중감에 대한 당면한 위협에 대한 반응을 포함한다.

(1) 사정초점

자기개념은 외모와 언어를 관찰함으로써 평가된다. 이것은 자기존중감의 수준을 나타내므로 개인적이며 사회적인 정체감에 대한 진술을 듣고 자기개념에 대한 적절한 질문을 하며 자기지각력을 측정하기 위해 고안된 설문지의 결과를 해석하는 것 등이다.

자기개념을 사정하는 것은 숨겨진 자기지각력에 대해 방어기전을 사용하는 환자에서는 특히 어렵다. 그러므로 환자와 공감대를 형성하고 자기개념에 대한 정보를 분명히 하기 위해서는 특별한 노력이 있어야만 한다. 전반적인 사정은 사회적 정체감을 결정하고 자기진술이나 개인이 동일시하는 그룹을 규명하여 자기지각, 자기존중감 및 자기개념의 위협이 일상생활에 미치는 효과에 초점을 두어야 한다.

(2) 간호진단

가능한 간호진단으로는 신체상 손상, 만성 자기존중감 저하, 상황적 자기존중감 저하, 자기정체감 손상, 자기존중감 손상 등이 있다.

2 사정을 위한 기초지식

(1) 자기개념

Rosenberg에 의하면 자기개념은 '사물로서 자신에 관한 개인의 전체적 사고와 감정'이라고 하였다(Rosenberg & Kaplan, 1982). 비록 이론가들이 자기개념을 기술하기 위해 사용한 용어에 차이가 있지만 대개 자기개념의 간호모델은 신체적 자기(신체상), 사회적 정체감(역할과 역할 수행), 자기 정체성(도덕적·윤리적 자기, 지적인 자기, 감정적인 자기), 자기존중감(Kim & Moritz, 1982)의 네 가지 개념에 초점을 맞춘다. 각각의 자기개념 요소는 사정을 위한 초점을 제공한다.

Rosenberg(1979)는 자기개념을 현존하는 자기, 이상적 자기, 타인에게 비춰진 자기의 세 가지 영역으로 구분하였다. 현존하는 자기는 실제 자기(real me)의 지각이고 사회적 정체감과 개인적 정체감, 신체상을 포함한다. 사정과정이 신뢰할 만한 상황과 공감대 속에서 이루어진다 하더라도 간호사는 현존하는 자기개념을 완전히 알 수 없다. 기껏해야 어떤 감정과 느낌이 자기 노출과 신체언어나 의상을 통해 분명하게 나타날 수 있다. 현존하는 자기는 다양한 방어기전에 의해 자주 가려진다. 대개 환자는 이상적 자기와 관련하여 현존하는 자기를 판단한다.

이상적 자기는 미래에 되고 싶은 나의 바람직한 자기를 지각하는 것을 말하며 목표를 향한 동기화의 힘으로 개인적으로 결정한 표준에 일치하기 위해 더 좋은 사람이 되려고 하는 것이다. 이러한 표준은 종종 사회문화적 관념에 의해 영향을 받는다. 다르게 표현한다면 사회에서 바람직함은 이상적 자기에 영향을 미친다.

타인에게 비춰진 자기는 다양하다. 이것은 자신이 타인에게 어떻게 보여지기를 원하는가를 말한다. 타인에게 비춰진 자기는 다른 사람이나 그룹이 어떻게 보느냐 하는 것으로, 상호작용하는 사람에 따라 다르며 다양하다. 예를 들면 구직 면담 때와 첫 만남시에 자기에 대한 질문을 받았을 때의 자기상은 다른 것이다. 타인에게 비춰진 자기는 실제적인 자기보고이거나 나타내기를 원하는 것이다. 사정시 가장 고려할 점은 자기보고와 실제적인 자기개념사이의 관계 정도를 판단하는 것이다. 그러나 이러한 판단을 강화시키는 전략은 잘 개발하지 못하고 단순히 타인에게 비춰진 자기와 자기개념과의 관계 정도의 지표로써 기대한다. 예를 들면 자신감이 있다고 환자는 말하면서 자주 과도한 관심을 요구하는 행동을 보인다. 그 결과 타인에게 비춰진 자기와 실제적 자기개념 사이에 가능한 불일치가 밝혀진다.

(2) 자기개념 발달

상징적 상호작용에 의하면 자기개념은 영아에서부터 노인에 이르기까지 변화한다. 영향을 미치는 가장 중요한 요소는 부모, 형제자매, 동료, 권위자 등과 같은 타인과의 상호작용 종류와 일반적·사회문화적 환경이다. 다른 말로 표현하면 인간은 종종 타인이 기대하는 것으로 된다.

Cooley(1902)는 유리에 비친 자기(looking glass self)에서 고안한 상징적 상호작용 이론에 의하면 자기개념은 타인에게 어떻게 보여지는가에 대한 자각을 반영한다. 어린시절에 영향을 미치는 중요한 사람이 있을 때 자기개념은 어린시절에 일찍 형성된다. 그러므로 자신의 삶에서 의미 있는 사람에 의해 지속적으로 칭찬을 받는 어린이는 항상 비판을 받는 어린이보다 더 긍정적인 자기개념을 발달시킨다.

Mead(1934)는 자기개념은 의미 있는 타인과 상호작용뿐만 아니라 일반화된 타인을 반영하는 것이라고 말함으로써 Cooley의 유리에 비친 자기를 발달시켰다. 다시 말하면 전적인 사회문화적 환경이 자기개념에 영향을 미친다는 것이다.

상징적 상호작용가들은 자기개념은 타인이 실제적으로 어떻게 생각하느냐 하는 것보다 스스로에 대한 타인의 생각을 믿는 것의 산물이라고 제시한다. 자기개념에 대한 타당한 사정은 개인의 사회적 틀이나 정형화에 근거한 것보다 개인의 자기에 대한 시각에 근거를 두어야만 한다. 발달과업은 인간이 성장하고 성숙하면서 기술과 능력이 발달하여 다른 기능을 수행해야 한다. 성장단계에 따라 특정 발달과업이나 강도와 능력을 성취한다. 각각의 발달단계에서 타고난 변화는 발달위기를 제시해 준다. 발달과업을 성취하고 그 결과 긍정적으로 자기상을 만드는 방향으로 위기를 해결했다면 성공적으로 발달단계를 성취한 것이다. 발달위기를 해결하지 못했다면 부정적 자기개념이 발달되고 발달과업을 성취하는 능력이 부족할 것이다. Erikson(1963)은 자기개념의 관점에서 발달단계에 대한 이론을 개발하였다.

(3) 자기개념 안정성

타인과 상호작용의 영향에도 불구하고 사회문화적 환경과 발달단계와 인간의 자기개념은 상대적 안정성에 의해 특징지어지는데 이것은 자기 일관성의 한 부분에 기인하게 될지도 모른다. Driver(1976)는 자기 일관성을 자기를 조직하고 유지하며 평형상태를 유지하기 위해 노력하는 한 개인의 일부분으로 본다. 일단 지각의 내부에 현상적 자기가 형성되면 인간관계의 틀을 갖게 된다. 인간이 자기상에 전적으로 만족하지 않을지라도 현상적 자기는 안정적이며 변화하려는 것에 저항한다.

개인의 특성이나 안정적으로 보이는 기질은 자기지각에 영향을 미칠 수 있고 안정된 자기를 설명할 수 있다. 자기개념은 사회학습 이론인 조절위 개념에 영향을 받는다(Rotter, 1966). 이 이론에 의하면 조절위는 시간이 흐르면서 발달되고 사회적 학습 경험에 영향을 받는 비교적 안정된 특징임을 일컫는다. 이 개념은 사건이나 행위의 원인이 상황과 관계없이 인간의 내적 또는 외적 조절력에 있다고 인간이 지각하는 것을 반영한다. 어떤 사건이 일어나는 것이 개인의 행위나 선택의 결과라고 믿는다면 이 사람은 내적 조절위를 가진 사람으로 구분된다. 외적 조절위를 가진 사람은 어떤 사건이 일어나는 것이 행운, 운명, 기회 또는 강력한 사람에 의해 기인된다고 믿는 사람이다.

조절위는 자기지각의 하나의 영역으로 볼 수 있다. 자기개념을 사정할 때 내적 조절위가 긍정적 자기개념과 관련이 있기 때문에 이러한 관점에서 삶을 평가해야만 한다.

(4) 자기개념에 영향을 미치는 변수

자기개념에 영향을 미치는 많은 요소들은 상징적 상호작용 이론, 발달 이론, 성격 이론의 관점에서 설명할 수 있다. 다음의 요소들이 자기개념 발달에 영향을 미친다.
• 어린시절 애착 경험
• 신체적·인지적·상호작용 발달과 성숙

- 성격특성
- 문화
- 환경
- 사회경제 상태
- 역사적 전망 또는 동시대의 존재감
- 현재 건강상태를 포함한 신체능력
- 상호작용
- 전문적·개인적 역할

(5) 건강한 성격

건강한 성격이란 스스로가 가치 있다고 지각하는 긍정적 자기존중감을 형성하는 것이다(Stanwyck, 1983). Jourard(1968)에 의하면 건강한 성격이란 정상적인 성격과는 다르다. 건강한 성격은 만족스럽게 자신의 역할을 수행하는 능력이다. 현존하는 자기개념에 근접하는 것은 자기존중감이다. 자기지각과 자기개념을 철저히 평가함으로써 인간이 건강한 인격을 가졌는지를 효과적으로 판단할 수 있다.

3 건강력

자기개념을 평가하는 일차적 자료수집 방법인 효과적인 면담은 치료적 의사소통 원칙을 함께 생각해야 하며 환자-간호사의 신뢰성을 요구한다. 환자의 자기지각에 초점을 두었기 때문에 면담자료를 분석할 때 고정관념이 있어서는 안 된다는 것을 주의한다.

면담 동안 직접적으로 타당한 자료를 유추해 내기 위해 다음과 같은 방식으로 질문을 한다.

- 일반적으로 자신에 대해 어떻게 느끼는지를 이야기해 주세요.
- 어떻게 자신을 기술할 수 있을까요?
- 질병(수술, 입원)이 자신에 대한 생각을 어떻게 변화시켰나요?

정보는 낮은 자기존중감을 나타내 주는 어떤 진술을 발견하기 위해 환자의 말을 열심히 들음으로써 얻을 수 있다. 자기존중감 저하를 의미하는 진술이 다음에 제시되었다(Miller, 1983).

- 나는 더 이상 좋은 사람이 아니다.
- 나는 더 이상 아무것도 할 수 없다. 이제 나는 쓸모없는 사람이다.
- 도움을 요청할 때 나는 죄책감과 당황함을 느낀다.
- 나는 독립심을 잃었다.
- 나는 신념을 잃었다.
- 때때로 나는 내 몸이 나를 거부하는 것을 느낀다.
- 나는 이런 방식으로 나를 좋아하지 않는다.

(1) 면담의 구성요소

면담은 자기개념의 주요 구성요소를 포함하고 있는 정보를 유추해야 한다. 다음의 질문은 면담을 수행하는 지침이다.

① **사회적 정체감** : 나이, 성, 그룹 활동(소수집단, 종교적 친화성, 정치적 친화성), 문화적 정체감 등과 같은 사회인구학적 특징을 포함한다. 사회적 정체감을 사정하는 것은 개인에게 중요한 역할을 알아내는 것이다. Rosenberg & Kaplan(1982)은 두 가지 이유에서 사회적 정체감과 자기개념은 관련이 있다고 하였다. 첫째 사회적 범주는 태어나면서부터 자기개념을 형성하는 인간의 삶의 경험에 대한 구조를 제공하는 노인에 이르기까지로 구분된다. 사회적 표시는 편견, 상동증, 구분과 같은 경험에 공헌할 수 있다. 둘째 사회적 구별은 어떻게 살아왔는가 또는 무엇을 하는가를 결정한다. 예를 들면 의사와 농민은 행위가 다를 뿐만 아니라 그들이 받는 사회적 존경심도 다르다. 이 두 가지는 자기개념에 영향을 미친다.

Rosenberg(1979)는 사회적 정체감을 6개의 범주로 구분하였다.

- **사회적 지위** : 성, 나이, 가족상태, 직업과 같은 일반적인 분류
- **그룹활동** : 문화적·종교적·사회정치적 동료집단과 같은 사회 내에서 발견할 수 있는 자발적 가입집단, 음주운전 반대 모임과 같은 특별 이익집단
- **사회적 호칭** : 알코올, 범죄, 어린이 학대, 정신장애와 같은 사회적으로 인준된 단체나 권위에 의해 수여되는 것
- **파생된 지위** : 월남파병 퇴역군인, 전과자, 전직 수녀, 알코올 중독자 등과 같이 개인적 약력과 관련된 분류
- **사회적 유형** : 여성화, 은둔자, 지적인 사람, 스키광 등과 같은 사람을 특징으로 하는 사회적으로 정의된 지각, 자세, 습관이다. 다양한 하부문화는 디스크 자키, 마약단속관, 무료입장객과 같은 사회적 유형의 용어로써 사용됨.
- **개인적 정체감** : 개인의 성 또는 별명처럼 단순한 것과 같이 하나이고 유일한 호칭

사회적 정체감과 관련된 자료는 폐쇄형 또는 개방형 질문을 직접 함으로써 얻을 수 있다.

ⓐ 폐쇄형 질문
- 이름(나이, 직업, 종교, 인종)이 무엇입니까?
- 참여하고 있는 그룹활동이 있습니까?

ⓑ 개방형 질문
- 가족사항에 대해 말씀해 주십시오.
- 친구들(방 짝, 동료, 상사)은 어떻습니까?

사회적 정체감은 전기를 검토하거나, 환자의 기록을 통하여, 사회적 정체감을 반영하는 자기노출 진술("나는 김건모 팬이다.", "나는 알코올 중독자다.")을 들음으로써 사정할 수 있다.

② **개인적 정체감** : Bonhan과 Cheney(1983)는 개인적 정체감의 구성요인으로 신체적 자기, 정서적 자기, 도덕적·윤리적 자기, 지적 자기를 기술하였다. 다음 장에서와 NANDA의 분류를 반영하면 신체적 자기는 지적인 자기와 분리되어 언급된다. 신체적 자기는 독특한 자기개념 구성요소이다.

Rosenberg(1979)는 개인적 정체감은 어떤 방식으로 행동하고 그런 반응과 경향에 대한 인식을 하게 되는, 인간으로서 자기개념의 일부분이 되는 기질 또는 경향이라고 일컫는다. 기질의 몇 가지 분류는 태도(자유적·보수적), 기질(완고함·부끄러운·공격적인), 능력(똑똑한·타고난·숙달된), 가치(기독교적·일부일처주의적), 습관 및 행위(불안한·신경질적인·분별력 없는), 기호 등과 같은 형용사로써 자주 표현된다.

면담 동안 함축된 것에 대한 정보를 얻어내기 위해 개방형 질문을 사용한다.
- 인간으로서의 자기자신을 기술해 보십시오.
- 만약 환자가 반응하는 데 어려움이 있다면 다음과 같은 질문을 함으로써 도움을 줄 수 있다.
- 당신은 행복해 보이거나 또는 슬프게 보이는군요.
- 수줍어하거나 또는 외향적이군요.
- 부지런하거나 또는 게으르군요.
- 가장 자랑스럽게 생각하는 성취는 무엇입니까?
- 할 수 있다면 무엇을 바꾸고 싶습니까?
- 다른 사람과 비교하여 자신의 능력을 어떻게 말할 수 있습니까?

③ **신체적 자기** : 신체적 자기 또는 신체상은 신체적 속성, 기능적 능력, 성욕, 건강과 질병 상태, 외모를 포함하는 신체적 특징을 지각하는 것을 말한다. 자기개념의 다른 측면과 마찬가지로 신체상은 시간이 지나면서 발달되고 진보한다. 유아기 때, 신체상은 아직 환경과 분리되지 않은 것으로 지각되는 감각운동 경험을 하게 된다. 성장하면서 신체상은 사회문화적 신념과 가치에 의해 영향을 받는다. 신체상은 신체적 외모와 기능뿐만 아니라 신체와 관련을 갖는 의복, 장신구, 안경, 인공심박동기, 보조기구 등도 포함한다. 입원 환자의 경우, 심전도 모니터기, 인공호흡기, 식사보조 튜브와 같은 기구 부착은 신체상에 도움이 되지 않을 수 있다. 신체적 자기에 첨가하여 언급한다면 신체상은 신체적 능력에 대한 개인의 느낌을 포함한다. 이러한 자기개념 구성요소는 최소로 안정적이며 질병, 입원, 수술 등으로 인해 변화할 수 있다.

신체상은 관찰, 청취, 면담과 신체 일부분과 기능이 환자에게 중요한가를 확인함으로써 사정한다. 예를 들면 피아니스트나 화가는 손이 중요할 것이며, 육상선수는 다리의 힘이 중요할 것이다.

십대는 전반적인 움직임과 신체적 매력이 가치가 있을 것이다. 임상에서는 침투적 시술이나 기구를 이용하여 신체상을 치료할 수 있다. 그러한 상황에 어떻게 반응하는가는 가능할 수 있는 신체상 문제에 단서를 제공할 수 있다.

신체상에 대한 자기 노출적인 진술에 귀를 기울여야 하고 기계에 대한 기술과 지각에 대해 주의 깊게 듣는다. 환자에 의해 부과된 기계는 자기 확장으로써 보여질 수 있다.

개방형 질문은 다음을 포함한다.

- 신체에 대해 가장 큰 관심은 무엇입니까?
- 가장 변했으면 하고 바라는 신체적 모습은 무엇입니까?

④ **자기존중감** : 자기존중감은 사회적 정체감, 개인적 정체감, 신체적 자기를 포함하는 자기개념의 다양한 구성요소에 대해 어떻게 느끼는가를 말한다. 이러한 지각은 자기인정 또는 불인정에 대한 진술 속에서 나타날 수 있다. 부정적 평가는 실제적 또는 잠재적으로 낮은 자기존중감을 알려 준다.

자기존중감의 반영은 신체적 언어, 대인관계, 자기에 대한 부정적 표현과 역할 수행 등을 통해 관찰될 수 있다. 환자가 이미 만든 자기상에 대한 진술에 기초한 개방형 질문은 도움이 될 수 있다.

- 당신은 당신을 전통적 아내와 어머니로서 인식하고 있습니다. 당신에게 이 이미지는 어떻게 중요합니까?
- 이제 당신의 직업에서 다른 의무감을 가지고 있습니다. 당신의 현재 능력에 대한 당신의 긍정적 또는 부정적 태도를 말씀하십시오.

다른 일반적인 질문은 자기존중감과 관련을 가지고 물어볼 수 있다.

- 인간으로서 당신 스스로에 대해 어떻게 느낍니까?
- 지금 당신에게 일어난 상황과 사건을 해결할 당신의 능력에 대해 어떻게 느낍니까?

⑤ **자기개념에 대한 위협** : 자기존중감에 대한 실제적 또는 잠재적 위협은 개인마다 다르다. 한 개인에게 자기존중감이 위협된다 하더라도 다른 사람에게는 효과가 없다. 환자의 진술은 자기상의 위협가능성에 대한 단서를 제공할 수 있다. Hirst와 Metcalf(1984)는 자기존중감의 요소를 역할, 터치, 의미 있는 대인관계, 성욕, 독립심, 개인 공간 등으로 나열하였다. 이 요소에 대한 실제적 또는 잠재적 위협은 환자의 시각에서 조사되어야 한다.

- **역할** : 역할은 자기개념에 기여하고 자기존중감을 강화시킨다. 개인적 정체감이 역할과 관련이 있기 때문에 약간의 역할변화는 자기존중감에 위협이 될 수 있다. 의미 있는 역할변화는 직업변경, 대인관계 변화, 사별, 질병이나 상해로 인해 역할 수행불가 등을 포함한다. 이러한 변화의 영향은 가능한 건강문제를 밝히기 위해 평가한다.
- **터치** : Hirst와 Metcalf(1984)는 "터치는 다른 사람을 돌보고 수용하는 자기존중감의 요소이다."라고 했다. 신체적 접촉을 부인하는 사람은 자기존중감의 저하를 경험할 수 있다. 이러한 문제는 입원 환자에게는 사랑하는 사람과의 이별에 더해지는 위협으로 고통을 줄 수 있다. 간호사는 간호시에 치료적으로 터치를 사용함으로써 이러한 부정적 반응에 대응할 수 있다.

- 의미 있는 대인관계 : 타인과의 친밀한 관계는 중요성과 바람직함에 대한 감정을 강화함으로써 자기존중감을 증진시킨다. 의미 있는 관계의 파괴를 경험한 사람은 변화된 자기개념이 더 위험하다.
- 독립심 : 독립심과 자신의 생활을 조절하는 것은 안녕감에 필수적이다. 오랫동안 건강관리 기관에 있는 것과 같은 독립심의 상실은 자기존중감을 위협할 수 있다.
- 개인 공간 : 개인의 영역이나 공간 또는 사생활의 침해는 자기존중감에 위협이 될 수 있다.

일반적으로 낮은 자기존중감을 가진 사람은 다른 사람보다 더 많은 양의 개인적 공간을 요구한다.

08 역할 – 관계 양상

1 개요

Ralph Linton(1936)은 역할을 사회적 구조 안에서 사회적으로 기술된 집합적 행위유형으로 (Biddle & Thomas, 1966), Murray와 Zenter(1985)는 사회 속에서 문화와 개인적 기대의 결과로 인해 학습되고 수행한 목적 지향적 행위유형이라고 정의했다. 초기 이후로 행동과학자들은 역할과 갈등, 긴장, 행위, 수행, 경쟁, 스트레스, 보상 등에 관심을 보였다.

(1) 사정초점

역할–대인관계의 사정은 환자의 역할개념, 의사소통, 가족과 사회적 상호작용, 부모 능력 등에 대한 자료는 1차적으로 면담과 관찰을 통해 수집된다.
역할과 대인관계 사정 목표는 다음을 포함한다.
- 환자의 역할과 가족, 친구, 동료와의 대인관계를 기술한다.
- 역할 지각을 확인한다.
- 환자의 역할긴장 위험과 역할긴장시 환자의 반응을 확인한다.
- 환자와 가족간의 의사소통 방법을 평가한다.
- 효과적인 의사소통을 방해하는 요소를 확인한다.
- 실제적 또는 잠재적 가족기능장애를 밝힌다.

(2) 간호진단

간호진단으로는 언어적 의사소통 장애, 가족관계의 변화, 예기되는 슬픔, 역기능적 슬픔, 절충적 부모 역할, 부모 역할 변화, 사회적 상호작용 장애, 역할 수행 변화, 사회적 고립 및 자신 또는 타인을 향한 잠재적 폭력 등으로 내릴 수 있다.

(1) 역할 이론

사람은 선천적 또는 후천적으로 획득된 다양한 역할이 있다. 성별은 선천적으로 출생과 함께 결정되며 종종 사회적으로 영향을 받는다. 직업적 상태는 후천적으로 얻어지며 남편, 아내, 어머니, 아버지 등과 같은 역할은 선천적이긴 하지만 후천적 역할로 분류되기도 한다.

각각의 역할은 사회가 결정한 역할기대와 상응하는 행위를 갖는다. 인간은 선천적 및 후천적 역할을 모두 수행하며 이 역할들은 서로 갈등을 일으키기도 한다. 여기에 덧붙여 상황과 사회변화에 따라 역할기대도 변화하고 건강유지 관리에 대한 역할까지 부가되어 환자에게 압력이 가해진다.

역할갈등은 한 개 이상의 역할기대가 서로 갈등을 일으킬 때 발생할 수 있다. 예를 들면 환아를 가진 직장 여성은 집안에 있어야 할 것인지 아니면 직장에 나가야 할 것인지로 갈등을 할 것이다. 이때에 어머니는 한 장소에만 있을 수 있기 때문에 자신의 결정이 무엇이든 죄책감을 느낄 것이다.

역할모호성은 사회에서 역할기대가 명확하지 않았을 때 일어나는 결과일 수 있다. 예를 들면 사춘기는 그들의 기대되는 행위가 무엇인지의 정확성에 대해 종종 불확실하다.

역할과다는 가정되거나 타고난 역할과 역할기대가 많을 때 일어날 수 있다. 예를 들면 시간제로 일하는 편부모는 학창시대로 돌아가서 학생역할을 가정한다면 적절히 모든 역할을 수행할 수 있을 것이다. 그런데 부모로서는 모든 역할기대를 만족하기 위해 충분한 시간과 노력을 찾지 못할 수 있다.

역할 무능력은 역할 기대를 수행하는 데 있어 필요한 기술과 지식이 부족할 때 일어날 수 있다. 예를 들면 어머니가 될 14살의 소녀는 아기를 키우는 데 지식도 부족하고 아기를 키울 만큼 충분히 자라지 못하였다고 볼 수 있다. 역할계약은 수용할 수 있는 역할에 대해 다른 사람과 협상하는 것을 말한다. 예를 들면 가족에게는 개인의 요구와 강도에 직면하는 요리, 자동차 유지, 어린이 양육과 같은 전통적 책임에 대한 사회의 기대를 저버릴 수 있다.

역할 스트레스는 특정 역할에 대한 책임이 모호하고 불가능하거나 다른 역할과 갈등이 있을 때 발생할 수 있다(Hardy & Conway, 1978). 그런 스트레스는 역할긴장을 가져오며 역할 스트레스에 대한 주관적인 불편감을 경험한다.

역할긴장은 궁극적으로 대처능력에 영향을 미친다. 다양한 역할과 관련된 행위와 태도는 직장, 학교, 가정에서 배우게 된다. 시간이 길수록 역할 책임감은 다시 정리되고 증가할 것이다. 예를 들면 2살짜리 어린이에 대한 역할기대는 8살짜리 어린이와는 다르다. 이와 비슷한 관점으로 임상에서 6년간 근무한 간호사에 대한 역할기대와 신규 간호사에 대한 역할기대는 다를 것이다.

(2) 사회적 상호작용

두 사람 이상이 의사소통을 할 때 사회적 상호작용은 일어난다. 상호작용의 특징은 각 상대방 사이의 관계에 따라 다르다. 대인관계는 역할상태와 역할위계에 영향을 받으며 남편-아내, 어버이-자녀, 의사-환자와 같이 수직적 또는 수평적으로 구분될 수 있다.

대인관계는 문화에 따라 다르다. 예를 들어 어떤 사회는 남편과 아내 관계를 수직적 관계로 권장하거나 자녀가 자람에 따라 어버이-자녀 관계가 수직적에서 수평적으로 진전되는 것을 기대한다.

대인관계는 치료적·가족적·사회적인 유형에 따라 구분될 수 있다. 사회적 대인관계는 일차적으로 만족감과 동무관계에서 형성된다. 특별한 기술이나 지식이 요구되지 않고 타인에 대해 아무도 책임을 지지 않는다. 사회적 대인관계의 강도는 각 사람이 투자하는 에너지량에 달려 있다. 주어진 사회적 대인관계에서, 소속된 사람들은 대인관계의 가치를 각자 다르게 갖는다. 참여하는 사회적 대인관계와 사회적 상호작용의 빈도 역시 사람마다 매우 다양하다.

(3) 의사소통

의사소통은 수신자와 송신자가 말, 그림, 신체동작 등과 같은 전달수단을 이용하여 정보나 메시지를 공유하는 것을 말한다. 의사소통은 순환적이거나 직선적일 수 있다(Lancaster, 1982). 의사소통 과정은 환경, 수신자와 송신자 사이의 관계 종류, 수신자와 송신자 상태(정서적·신체적·인지적), 메시지의 내용에 의해 영향을 받는다. 개인의 행동은 타인에 의해 해석되므로 타인이 존재하는 동안의 모든 행위는 의사소통이며 모든 의사소통은 행위에 영향을 미친다. 의사소통을 사정하는 것은 관련 행위와 영향요소, 메시지에 주목하는 것을 포함한다. 의사소통과정은 정적인 것이 아니고 사회체계, 가족관계, 역할기대와 관련하여 변화한다. 더구나 참여한 상호작용의 숫자의 증가와 감소에 따라 의사소통 과정은 변한다.

비언어적 의사소통은 언어적 의사소통과 똑같이 중요하고 접촉, 눈맞춤, 침묵, 신체움직임 등을 포함한다. 이러한 특징들은 문화적으로 영향을 받는다. 예를 들면 미국 원주민들은 눈맞춤을 하지 않고, 어떤 아시아 문화권은 미소를 감정과 불쾌한 소식을 감추는 데 사용하기도 한다.

비언어적 메시지는 다르게 해석될 수 있고 언어적 메시지와 동시에 전달할 때 다르게 전달될 수 있다. 타당한 비언어적 의사소통과 언어적 의사소통과의 관계는 전반적인 의사소통 과정을 사정하는 데 도움이 될 것이다.

(4) 가족 발달

가족개념은 역사적이나 문화적으로 변화가 있다. 예를 들면 미국에서는 대가족은 부모, 형제들을 포함하며, 핵가족은 부부와 자녀들로 이루어진 것이다. 그러나 최근 역할의 변화와 법률과 생활양상의 변화로 인해 가족개념이 변하고 있다. 최근에는 가족이란 함께 살면서 애정, 독립심, 책임감, 헌신과 같은 중요한 정서적 유대를 유지하는 인간집단으로 정의하고 있다(Leavitt, 1982). 이러한 정의는 혈연이나 결혼에 관계없이 함께 사는 사람을 가족으로 보는 견해로 바뀌고 있다.

가족의 중요한 요소는 힘, 서로의 기대, 반복적이고 호의적인 행위, 역할, 영역을 인정하는 것이다. 가족 내에서 역할을 결정하는 것은 의사소통과 대인관계에 영향을 미치고 힘을 결정한다(Phipps, 1980). 가족 내에서의 역할은 선천적이나 획득한 것이다. 역할기대는 경직되거나 융통성이 있고 명백하거나 모호할 수 있으며, 보완적이거나 갈등적일 수 있다. 몇몇 비기능적 가족의 역할로 속죄양, 순교자, 유아 같은 관계로 나타난다.

가족역할은 가치를 반영하고 행위를 결정하여 상호작용과 대인관계에 영향을 미치게 된다. 불안정한 가족은 은밀하고 과도하며 양가감정적인 법칙을 갖는 경향이 있다. 더구나 법칙은 대개 가족구성원에게 수행을 기대하는 역할에 영향을 미친다. 가족구성원이 기대되는 역할 수행을 못했을 때 가족의 안정성은 위협을 받게 된다. 벌칙은 동일성을 권장하기 위해서, 그리고 안정을 확인하기 위해서 시도된다. 가족은 대개 안정성뿐만 아니라 기능 유지를 위한 의사소통에 의지한다.

부모 역할은 자녀의 신체적·정서적 돌봄에 대한 책임감을 포함하는 전통적 가정의 기본 기능이다. 이러한 부모 역할이 적절하지 않다면 사회에서 부모로부터 자녀들을 떼어 놓을 수도 있다. 한편으로 사회는 그런 방법으로 양자로 보내거나 후견인을 두어 부모의 역할과 권리, 책임감을 포기할 수 있게 한다.

아이들의 사회화는 어린아이의 행위, 가치, 생존을 위해 하는 역할을 가르치는 것이고 이것은 사회에서 유익해야 한다. 가족 외에도 보육원, 학교, 방송매체는 어린이의 사회화에 중요한 역할을 한다.

3 건강력

면담 동안 환자의 행위와 반응을 관찰하고 환자의 진술과 반응을 해석함으로써 역할과 대인관계에 대한 정보가 얻어질 수 있다.

역할기능을 사정하는 데 효과적인 의사소통 방법으로 조용하고 중립적인 접근에 기초한다. 환자의 문화적 배경과 가족구조를 아는 것은 역할기대의 이해에 중요하다.

환자는 실제적인 건강간호에 중점을 두고 있는 반면 각 사람은 대개 다른 가족구성원과의 상호작용을 하고 특정 가족 안에서 역할 책임감을 갖고 있다. 각 가족구성원이 최적의 수준으로 기능을 할 때 가정은 가장 효과적이다. 결론적으로 역할과 대인관계가 사정되었을 때 가족의 전 구성원이 고려되어야만 한다.

평가할 내용은 다음과 같다.
- **역할** : 역할 지각, 역할 만족, 역할 긴장
- **가족** : 가족 구성과 구조, 가족관계, 가족의 문제와 관심, 가족의 의사결정 과정, 훈육 유형
- **대인관계** : 개인적 대인관계, 가족관계, 도움을 받는 전문직과의 관계

4 면담의 요소

(1) 역할

① **역할지각** : 환자가 역할, 가족, 대인관계에 대해 문제가 없을 때 기본 사정을 실시한다. 그러나 환자가 역할-대인관계 장애, 가족 학대 위험, 사춘기 부모, 가족구조와 역할 변화가 있을 때 종합적인 면담이 요구된다.

역할과 대인관계를 사용하는 것은 가족구성원과 환자 그리고 환자와 간호사의 상호작용 유형을 직접 관찰하는 것이다. 신체적 언어의 가족의 언어적 의사소통 유형이 똑같이 중요하다. 면담이 진전됨에 따라 간호사는 역할-대인관계 유형을 확인할 수 있다. 역할과 대인관계에 대한 해석은 환자의 상태에 따라 변화한다는 것을 기억하는 것이 중요하다. 역할과 대인관계에 미치는 영향을 결정하기 위해 역할 확인을 위한 질문을 한다.

환자가 성공적으로 수행할 수 있는 역할 수행은 장애나 질병상태에 의해 영향을 받는다. 그러나 질병의 정의와 역할 수행은 사회적 및 문화적으로 다양함을 알고 있어야 한다. 일반적으로 환자는 환자 자신이 회복될 것이라는 바람을 표현하고 치료자의 지시에 순응하고 일상활동을 하는 데 도움을 받아들일 것을 표현하도록 기대된다. 장기적인 투병 동안에는 다른 사람이 환자의 역할 책임을 맡는 것으로 가정할 수 있다.

이러한 환자역할을 거부하고 회복할 의사가 없이 이러한 역할들을 남용하기도 한다. 이런 것들은 건강전문인, 가족, 사회 등에 어려움을 주기도 한다.

② **역할 만족/역할 불만족** : 역할 불만족은 역할긴장을 일으킬 수 있고 궁극적으로 건강에 영향을 미치는 불편한 상태가 된다. 역할긴장은 환자의 대처기능을 변화시킬 수 있고 좌절, 불안정감, 실패, 우울, 불안의 원인이 될 수 있다. 역할 변화가 급박하거나 충고적이라면 환자는 변화에 대한 토의를 할 필요성을 느낄 것이고 이것은 환자의 안녕에 영향을 미친다.

③ **역할긴장** : 빠른 사회적 변화, 첨단기술의 발달로 인해 많은 사람이 역할긴장을 경험한다. (Hardy & Conway, 1978). 자신의 역할에 만족한다 할지라도 역할긴장은 일어날 수 있다. 역할긴장을 확인하면 원인과 가능한 해결방법을 모색해야 한다. 가능한 자원으로 가족의 협조, 역할 협상, 지식이나 기술의 습득, 개인의 역할 중의 하나를 떠맡을 수 있는 타인의 존재 등이 포함된다.

결혼이나 출산으로 새로운 역할, 이혼, 사망 등은 스트레스이며 새 직장, 승진 등의 상황도 긴장을 일으킬 수 있다. 이러한 상황에서 환자는 기술과 지식, 그리고 가능한 역할기대에 대한 평가를 필요로 한다. 새로운 역할에 대한 명확하고 현실적인 이해는 역할긴장을 다루는 데 도움이 될 것이다. 또한 이용 가능한 자원의 배치는 새로운 역할을 수행하는 환자를 도울 수 있을 것이다.

(2) 가족

① **가족 구성과 구조** : 가족 구성과 구조에 대한 가계도를 그려 사정한다.

가족구성원을 사정할 때 가족 내에서 성취해야 하는 역할을 확인하는 것이 도움이 된다. 예를 들면 가족 중에 부양해야 할 사람이 있는가 혹은 가족 내에서 문제를 일으키는 사람이 누구인가를 확인한다.

가족발달단계를 사정한다. Duvall(1977)은 가족의 발달단계를 결혼기, 자녀 양육기, 학령기, 사춘기, 자녀의 결혼기, 중년기, 노년기의 여덟 가지 단계로 구분하였다. Murray와 Zenter(1977)는 가정의 성립기, 임신기, 부모 역할기, 부모 역할로부터 해방기 등의 네 가지 발달단계로 정의했다. 가족들이 스트레스와 위기를 경험할 때 각 가족의 상태와 가족구성원의 발달단계를 이해하는 것이 성장과 관련된 문제를 예상할 수 있게 한다.

가족구성의 통합은 조직화나 구조이며 이것은 대개 문화에 의해 영향을 받는다. 예를 들면 문화에 따라서는 여성이 가장이기도 하고 특정한 가족구조를 가지기도 한다. 적절한 중재를 하기 위해 가족구조와 문화적 기대를 알아야 한다.

② **가족관계** : 모든 관계의 기초가 되는 의사소통은 말하기, 쓰기, 신체언어를 통해 메시지를 주고 받는 것으로 이루어진다. 환자에게 말하기, 쓰기, 읽기, 신체 움직임 등에 제한이 있다면 의사소통의 장애가 있을 수 있다. 청력장애와 뇌성마비, 뇌졸중, 기관절개, 말더듬, 구조적 결함과 같은 신경학적 장애와 2차적인 언어문제로 의사소통의 장애를 경험할 수 있다. 이러한 의사소통 장애가 있을 때 대안으로 손짓이나 몸짓 또는 신호언어, 낱말카드, 컴퓨터를 사용함으로써 보상할 수 있다.

③ **가족의 문제와 근심** : 사회적으로 가족은 가족구성원의 신체적·정서적·사회적 안녕을 제공하는 책임을 가지고 있다. 이러한 요구를 만족시키기 위하여 재정적 자원이 필요하고 가정의 수입을 평가한다.

가족은 적절한 옷 입기, 교육, 아이들, 환경적 위험, 의사결정 과정, 가족관계 등에 대한 염려로건강을 해칠 수 있으며 이들은 가족간의 스트레스가 된다.

Yura와 Walsh(1978)는 다음과 같이 가족문제의 유형을 개발했다 : 1) 문제 없음, 2) 잠재적 문제, 3) 가족이 해결할 수 있는 문제, 4) 중재가 필요한 문제, 5) 건강 전문인의 중재가 필요한 문제, 6) 더 많은 자료 수집이 필요한 문제, 7) 입원이나 급성 질환과 같은 단기적 의존을 포함한 일시적 문제이다. 일반적으로 대부분의 가족문제는 기간이 짧고 가족 내에서 잘 해결할 수 있다.

④ **가족의 의사결정 과정** : 가족이 의사결정을 하는 방식은 다양하다. 부모가 의사결정권이 있는 권위주의적 가족이 있는 반면 전 가족원이 의사결정에 참여하는 민주주의적 가정도 있다. 또한 의사결정 과정에서 가족이 수동적인지 또는 능동적인지 탐색해 보고, 또 이 결정에 만족하는지 확인한다.

⑤ **훈육계획** : 가족은 최대로 기능을 하기 위하여 이미 결정된 지침과 훈육을 따르는 것을 필요로 한다. 일반적으로 말하면 훈육은 아이들에게 적당한 제한을 줌으로써 수용가능한

행위, 가치, 태도를 자녀들에게 가르치는 것을 말한다. 바람직하지 않은 행위를 통제하는 방법으로 벌은 잘못한 행위에 대한 아이들에게 죄책감을 느끼도록 만드는 데 있다. 체벌형태를 사정함으로써 가족관계를 알 수 있으므로 아이들에 대한 훈육과 벌칙유형 및 학대받는 사람이 있는지 사정한다. 가족 중에 학대받을 가능성이 높은 사람은 여자, 노인, 어린이 등이다. 어린이가 어른을 학대하는 경우도 있다.

(3) 대인관계

① **개인적 대인관계** : 개인은 다양한 관계 및 상호작용을 갖는다. 환자의 사회적 상호작용이 불완전할 때 간호사는 환자의 삶에서 중요한 사람을 그래프로 표현하기 위해 도식화한다. 가계도는 가족수와 관계의 질을 환자의 시각에서 사정하는 데 도움이 된다.

② **가족간의 관계** : 가족간의 관계를 사정하는 데 똑같은 기준을 사용할 수 있다. 가족의 규모가 커짐에 따라 가능한 관계의 수가 증가한다. 사회적 상호관계를 알기가 어려울 때는 다이아그램이나 에코지도를 그려 본다.

③ **건강 전문인과의 관계** : 치료자와 환자와의 관계는 상호작용을 원하는 환자의 의지, 계획, 간호를 찾는 행위에 영향을 미칠 수 있고 건강계획과 일치할 수 있다. 치료자와 의논할 문제를 결정하는 것은 치료계획을 도울 수 있다. 가능하다면 객관적으로 치료자의 시각에서 환자와의 관계를 사정해야 한다.

09 성 – 생식기능 양상

1 성의 개념

성행위부터 성에 대한 태도, 가치관, 문화, 여성의 임신, 출산, 수유 등의 경험까지 넓게 포함된 다차원적인 측면에서 논의되어야 한다.

2 성의 구성요소

(1) 성(sex)

남성 혹은 여성으로 인간을 정의하는 생물학적인 특성

(2) 성(gender)

출생 후 사회적, 문화적, 심리적 환경에 의하여 학습된 후천적 성

(3) 성 정체성(gender identity)

① 사람이 자신의 남성다움 또는 여성다움에 대해 지각하는 성
② 3세가 되면 자신의 성을 인식하고 이는 자아개념 발달에 영향을 미침

(4) 성 역할(gender role)

① 행동에 대한 기대, 인지, 직업, 가치, 정서 반응 등의 사회문화적 특성이 반영된 여성 또는 남성으로서의 역할
② 최근 남성과 여성이라는 성역할보다는 사회적 존재로서 잘 적응할 수 있는 역할을 기대하는 방향으로 많은 변화가 일고 있음

(5) 성 지향성(sexual orientation)

어떤 사람이 성적 매력을 느끼는 대상이 동성인지, 이성인지 혹은 양성인지에 관한 것

3 성 문제 해결을 위한 간호사의 준비

- 성에 대한 지식 습득 : 정상적인 성, 성기능 장애와 관련된 지식
- 자신에 대한 학습 : 성 문제와 관련된 자신의 감정, 가치, 정서 학습
- 선입견 없이 개방적인 태도로 대상자의 성 문제를 다룸
- 성에 대한 견해를 확대할 수 있는 지식 습득과 태도 변화
- 대상자의 프라이버시를 존중하고 공감대 형성
- 대상자의 성적 태도를 변화시키기 보다는 근본적인 차이를 이해하고 환자에게 접근
- 성에 관한 상담 : 대상자가 성에 대해 이야기하는 것을 격려, 대상자가 요구하는 특수하고 실제적인 정보 제공

4 성기능 장애

- 성적 요구의 감소
- 발기 부전
- 사정 부전
- 성 극치감 부전
- 성교 통증
- 질 경련

10 대처 – 스트레스 양상

1 개요

Selye에 의하면 스트레스는 일상생활에서 대부분 경험하는 것으로 개인에게 긍정적 또는 부정적 영향을 미친다. 적응과 관련하여 개인의 성장발달에 긍정적인 영향을 주는 스트레스를 eustress라 하고, 잠재적 해를 주어 적응력을 소진시키는 부정적 스트레스를 distress라 한다. 스트레스에 효과적으로 대처하지 못하면 고혈압, 관상동맥질환, 소화성 궤양 등의 질병으로 진전될 수 있고 심리적으로 무력감, 절망감, 공포와 같은 불유쾌한 반응을 일으킨다. 스트레스와 대처는 건강에 큰 영향을 주므로 간호사는 개인의 대처능력과 스트레스 내구성을 잘 사정해야 한다.

(1) 사정초점

대처와 스트레스 내구성과 관련된 사정초점으로는 실제적 및 잠재적 스트레스원의 규명, 구체적 대처방법, 스트레스 관리의 효과성, 스트레스로 인한 위기증상 등에 관해 중점적으로 조사한다.

(2) 간호진단

간호진단으로는 가족성장 장애 잠재성, 비효율적 가족관계, 비효율적 가족대처 장애, 비효율적 개인대처 장애, 방어적 대처, 비효율적 부정, 결정 갈등, 예상되는 슬픔, 역기능적 슬픔 등이 포함된다. 간호진단에서 대처라는 말은 비효과적 대처유형을 의미하는 것으로 개인의 대처 유형이나 슬픔과정을 대처기능에 포함시키는 것에 의문을 제기하고 있다. 가족 기능은 역할, 의사소통과정, 규칙이나 통제과정, 가족성장과 사회와의 상호작용 등과 관련되어 설명하였으나 가족대치와 관련된 간호진단은 의사소통 장애, 규칙통제과정 장애 등의 간호진단에 포함된다고 주장하는 학자도 있다(Thompson, 1986).
대처와 스트레스 내구성과 관련된 또 다른 진단으로는 적응장애, 공포, 절망감, 무력감, 강간증후군, 자기개념 장애, 영적 장애, 폭력잠재성(자신 및 타인에 대해) 등이 있다.

2 사정을 위한 기초지식

(1) 스트레스원

스트레스원은 생리적으로 시상하부–뇌하수체–부신을 활성화시켜 호르몬 분비로 심리·생리적 반응을 일으킨다. 스트레스에 대한 반응은 사람마다 다른데 그것은 스트레스원뿐만 아니라 스트레스원에 대한 인지가 영향을 미치기 때문이다. 같은 스트레스원에 대해서 자신의 내부에 스트레스원을 다룰 수 있는 힘이 있다고 믿는 사람이 있는가 하면 스트레스원을 위협으로 인지하는 사람도 있다. 예를 들면 여러 번 이혼과 재혼의 경험이 있는 경우보다 한 번도 이혼한 경험이 없는 사람은 이혼을 위협으로 받아들일 수 있다.

Lazarus(1966)는 이러한 요소를 인지평가라고 명명하고 ① 관계가 없다, ② 양성이나 긍정적이다, ③ 스트레스 상황이다의 세 가지 방식으로 나타난다고 하였다. 상황을 스트레스로 인지하면 이것은 다시 위협, 상실, 도전으로 평가한다. 따라서 인지평가란 심리적·사회적·영적 및 신체적 속성을 모두 지니고 있음을 전제로 한다. 인지평가는 개인이 인지한 스트레스를 변화시키는데 중요한 간호중재를 내포한다.

스트레스원에는 생리적·심리적·환경적 및 사회문화적으로 분류할 수 있다. 스트레스는 긍정적 및 부정적 생활사건 속에서 유도된다. 예를 들면 결혼, 출산, 직장에서 승진, 즐거움 등은 긍정적 생활사건이지만 변화요구, 적응, 책임 증가 등은 부정적 생활사건이 된다. 스트레스원에 대한 속성을 아는 것이 대처를 촉진시키기 위한 적절한 간호중재를 결정하는 데 필수적이다. 예를 들면 심한 외상으로 인한 통증 스트레스는 전환요법으로는 경감되지 않을 것이다.

(2) 스트레스 반응

스트레스란 신체적이고 정신적인 스트레스원에 대한 반응이다. Selye(1976)는 스트레스 반응은 개인의 평형을 찾기 위한 기전으로 보고 이를 일반적 적응증후군이라고 명명하였다. 적응은 스트레스 내구성을 내포한다. 스트레스 반응이 부적절하고 대처가 비효과적이면 만성적 스트레스 상태, 긴장, 탈진, 죽음과 같은 위기가 있다. 일반적 적응증후군은 스트레스원에 교감신경계의 반응으로 1) 경고반응, 2) 저항, 3) 소진의 3단계로 되어 있다. 경고반응은 신체의 최초 반응이다.

저항단계에서는 대처기전이 사용되어 스트레스를 경감시킨다. 이때 스트레스가 경감되지 않으면 소진단계에 이르며 지속되면 사망에 이를 수도 있다. 실제 대부분의 질병은 정신·신체적 스트레스원과 관련되며, 스트레스원에 대한 반응은 신경내분비와 교감신경계 활동으로 증상, 징후 및 행동이 나타난다. 시상하부에서 스트레스 반응이 활성화되면 뇌하수체 전엽에서 부신피질 자극호르몬의 분비가 항진되어 부신피질이 자극되며, 이는 혈액 내로 코티솔과 알도스테론을 분비한다. 이로 인해 혈압 상승, 요량 감소, 혈당 상승 등이 나타난다. 스트레스원으로 인지평가가 일어나면 교감신경계를 자극하여 혈액 속에 에피네피린과 노에피네피린이 증가되어 맥박 증가, 혈압상승, 동공 확장, 관상동맥 수축으로 통증과 심계항진이 나타난다.

신체적 스트레스 반응이 반드시 병태생리적인 것은 아니며 항상 질병이나 상해를 일으키는 것도 아니다. 스트레스는 기능과 대처능력을 향상시킬 수 있다. 스트레스의 바람직한 효과는 성장과 발달을 이루고 스트레스 내구성에 필수적·효과적인 대처기전을 개발하도록 돕는다.

(3) 대처

대처란 Weisman(1979)에 의하면 개인이 이완, 보상, 평형을 회복하기 위해 문제를 취급하는 행동이나 인지적 반응이 문제를 다루는 방법을 알려 주는 것으로 정의하였다. 대처는 불편감의 경감방법으로 문제해결이나 긴장완화 중 하나로 적응반응을 나타낸다(Pollock, 1984 : 1986).긴장완화를 위한 대처전략으로는 일종의 전환요법을 사용한다. 부정적인 예로는 과식, 음주, 약물 사용 등이고 긍정적인 방법으로는 운동, 체력단련 등이다. 긴장이완은 중간단계로서 문제해결로 연결될 수도 있고 단지 대처행위만을 할 수도 있다. 부정적 대처방법은 대처기전의 효과가 의문이고 결과적으로도 비적응적이다. 중간단계에서 긴장이완은 보다 효과적으로 스트레스를 경감시켜 스트레스가 해결되면 고수준의 적응을 한다(Weisman, 1979).

(4) 대처전략

대처전략은 스트레스와 그 결과를 다루는 데 사용된다. 개인의 성격, 사용가능한 자원, 과거에 사용한 방법과 그 결과 등 다양한 요인에 의해 영향을 받는다. Lazarus와 Launier(1978)는 대처유형을 다음 네 가지로 분류하였다.

① **직접 행동** : 직접 행동에는 일반적인 대처전략으로 도전(fight)과 회피(flight)가 있다. 도전과 회피반응을 위해 교감신경계가 신체를 준비시킨다. 골격근에는 산소 공급이 증가하여 적절한 근육활동이 이루어지고 폐확장이 일어나 신체 내로 산소유입이 많아지고 심박동이 증가하여 산소운반이 촉진되고 혈당량이 상승한다.

직접 행동은 목적지향적인 문제해결 방법으로, 예를 들어 비만으로 인한 낮은 자존감을 해결하기 위해 식이조절이나 운동에 참여하여 스트레스원을 해결한다.

② **정보 추구** : 이는 인지적 대처전략으로 현재의 스트레스원뿐만 아니라 잠재적 스트레스원과 관련된 불유쾌한 정서까지 고려하여 전략을 획득한다. 정보 추구는 잘못된 스트레스원에 대한 인지를 바로잡고 잠재적 스트레스원에 대해 미리 알려 준다. 이러한 간호중재로는 사전 간호정보 제공이 대처를 향상시키기 위한 방법으로 제공되나 이 방법이 다른 방법보다 효과적인지는 불분명하다.

③ **내적 심리유형** : 이는 개인의 관심을 다른 곳으로 돌리는 방법이다. 이 방법을 통해 스트레스원과 관련된 긴장과 불안을 경감시키는 것으로 백일몽과 환상 등 전환방법이 여기에 속한다. 많은 심리적 대처기전으로 투사, 억압, 억제, 합리화, 퇴행, 부정 등이 여기에 속한다. 대처기전은 알려진 위협을 경감시키는 반면 방어기전은 모르는 위협에만 반응한다. 내적 심리과정은 과도한 자극에서 소진되는 것을 막아 주고 개인의 에너지가 효과적이고 장기적으로 다른 대처기전을 활용하도록 해준다.

내적 심리기전의 장기적인 사용은 문제해결을 시도하지 않고 부정과 회피를 조장해 준다. 부정은 대처과정의 한 양상으로 죽음과 관련되어 사용되기도 하고 개인이 효과적인 대처방법을 찾을 때까지 일시적으로 스트레스원의 심각한 해로부터 부적절한 행동을 하지 않도록 보호한다.

④ **행동금지** : 이 대처전략은 개인이 충동적이거나 난폭하고 부끄러운 행동을 자제할 수 있게 한다. 예를 들어 스트레스 반응으로 난폭한 운동, 시비를 거는 행위 등의 과다행동을 보일 수 있는데 이때 부적절한 행동을 하지 않도록 보호해 준다.

3 건강력

대처능력과 스트레스 내구성의 사정은 개인상태의 관찰과 해석에 근거한다. 스트레스 반응과 대처양상은 개인의 스트레스 반응단계를 고려하여 해석해야 한다. 개인의 정신적 능력에 장애를 받았을 때는 문제해결에 위협을 받고 감정, 기억, 합리적 판단장애가 있음을 고려해야 한다. 면접시에 직접적으로 질문에 답을 하지 않아도 대처기전을 사용하고 있음을 염두에 두고, 간호사의 편견이 객관적 평가에 장애가 되므로 마음을 열어 두어야 한다.

(1) 스트레스원의 성격

사람에 따라서는 스트레스원을 잘 인식하고 말하지만 스트레스가 분명함에도 불구하고 잘 말하지 못하는 경우가 더 많다. 문제를 인식하고 그에 대해 말하는 것이 적절한 간호중재를 개척하는데 도움이 된다. 예를 들어 관상동맥질환 환자가 지식 부족으로 인한 불안이 있다면 수술 교육이 도움이 되고 동료와의 갈등으로 인한 긴장이 있다면 문제해결 전략이나 자기주장 훈련이 효과적인 대처를 도모하는 데 도움이 된다.

연구가들이 여러 종류의 환자들에서 스트레스원을 규명하였다. 심근경색 환자, 만성 심부전으로 인한 혈액투석 환자의 스트레스원 등 간호사들이 여러 종류의 환자에서 스트레스원을 연구하였다. 이러한 것을 참조하는 것이 예기되는 스트레스원과 심리적 반응을 알아내는 데 도움이 된다.

(2) 스트레스원의 유형

① **신체적 스트레스원** : 신체적 스트레스는 스트레스 반응을 일으키는 신체자극으로 질병과정에서의 증상이나 피로, 노화, 수면장애 등이 포함된다.

② **심리적 스트레스원** : 일반적으로 심리적 스트레스는 개인의 사고과정에서 유발된다. 신체적·환경적·사회문화적 스트레스원은 심리적 스트레스에 영향을 준다. 심리적 스트레스에 대한 수집은 사람들이 직접 질문에 대답을 잘 하지 않으므로 수집에 어려움이 있음을 염두에 둔다.

③ **환경적 스트레스원** : 병원과 같은 낯선 환경에서 발생하는 것으로 익숙하지 않는 환경, 냄새, 소리와 매일 일상생활에서의 변화, 프라이버시 노출, 열이나 냉이 포함된다.

④ **사회문화적 스트레스원** : 가족, 직업, 경제적 걱정거리, 종교 등과 관련된다.

(3) 스트레스 인지

스트레스 인지는 함께 있는 다른 사건, 현재의 대처능력 수준, 과거 경험 등에 의해 영향을 받아 인식한다. 개인이 스트레스원을 심각하게 인식하거나 다루어야 할 스트레스원이 많거나 능력 이상일 때는 효과적인 대처가 어렵다. 스트레스원이 많을 때는 적응을 위해 보다 많은 노력이 필요하므로 스트레스원의 수를 파악하는 것이 중요하다. 간호사와 환자는 불편감 정도에 따라 대처전략에 우선순위를 정해야 한다.

(4) 대처행동

① **과거 경험** : 과거 사건을 다루었던 경험이 있으면 유사한 상황에서 적절한 반응을 할 수 있다. 반면에 과거 스트레스를 유발한 사건은 현재에도 스트레스가 된다. 만일에 과거에 사용한 대처방법이 성공적이라면 현재 문제에 그 대처방법이 활용될 것이고 과거에 대처방법이 제 기능을 다하지 못했다면 다른 대처방법을 찾을 것이다.

② **스트레스원의 특성** : 스트레스의 지속기간 및 강도는 개인의 대처능력에 영향을 준다. 대중 앞에서의 연설과 같은 스트레스는 짧은 시간만 견디면 되므로 쉽게 다룰 수 있으나 장기간의 스트레스원은 개인의 대처능력을 초과할 수 있다.

③ **성격** : 성격에 따라 대처를 잘하는 성격이 있다. 내적 통제위는 외적 통제위보다 효과적인 대처를 잘하며, 자기신념이 있는 사람들은 적극적 대처전략을 사용한다.

④ **사회적 지지** : 가족이나 그의 사회적 관계 등의 사회적 지지체계는 대처자원으로써 가치가 있다. 의미 있는 사람으로부터 지지를 받으면 정서적으로 안정되어 효과적인 대처를 할 수 있다.

4 대처와 스트레스 내구성 사정과 관련된 간호관찰

(1) 스트레스에 대한 신체적 반응

스트레스원은 교감신경계와 시상하부-뇌하수체-부신 축을 활성화하여 신체적 변화를 일으킨다. 사정 동안 이 변화를 관찰할 수 있으며 개인차가 크고, 반응 범위가 넓음을 고려해야 한다.

① **심혈관계** : 스트레스를 받으면 교감신경계가 활성화되고 노에피네피린이 유리되어 심박동수 증가, 심근수축력 증가, 피부·장·신장의 혈관수축 및 심근의 산소소모량이 증가한다. 이러한 신체적 변화로 초래되는 증상은 휴식시 심박동 증가(10회/분 이상), 수축기 혈압 증가, 조기 심실수축이나 조기심방수축 등의 부정맥, 심장허혈을 나타내는 ECG의 변화, 흉통, 심계항진, 허혈성 동통(협심증)이 있다.

② **호흡기계** : 노에피네피린의 분비로 세기관지가 확장된다. 불안으로 인해 호흡이 증가하고 과호흡을 하면서도 주관적으로 공기 부족을 느낀다. 스트레스가 면역기능에 영향을 주어 상기도 감염이 증가하기도 한다.

③ **위장관계** : 교감신경계의 활성화로 위장관 운동이 감소한다. 그러나 스트레스는 종종 구토, 오심, 연동운동의 증가를 나타낸다. 위산 과다분비로 오심, 복통, 궤양을 일으킨다.

④ **근골격계** : 근육강도가 증가하고 사지는 긴장된 자세가 된다. 요통이 발생하며 손에 진전이 나타난다.

⑤ **피부계** : 피부에 땀이 나고 손바닥과 얼굴이 축축해진다. 스트레스를 받는 동안 피부염도 재발할 수 있다.

(2) 스트레스에 대한 행동 및 정서적 반응

해결되지 않은 스트레스는 사고과정 장애, 업무능력 장애, 기본요구 충족장애 같은 행동장애가 나타난다. 인지과정 장애는 집중능력 장애, 의사결정 장애, 새로운 정보축적 장애 등을 포함한다.

업무능력 장애와 기본욕구 충족장애는 일상활동 수행의 실패, 새로운 기술습득 장애, 일상적인 방법으로 친구들과의 상호작용 장애가 있다.

흔한 정서장애로는 불안, 슬픔, 우울, 공포 및 좌절 등이 있다. 간호사는 이러한 것이 정상적인 반응임을 확신시킨다. 정서가 진행되면 절망감, 무력감, 양가감정 및 갈등이 나타난다. 간호중재가 필요한지를 알아보기 위해 부가적인 사정이 필요하다.

(3) 자살잠재성 사정

스트레스를 간과하거나 비효과적이어서 위기상태에 빠지면 개인은 자살 또는 자살시도를 할 수 있다. 알코올 중독자, 청소년, 노인, 사고로 움직이지 못하는 사람, 과거에 자살을 시도한 경험이 있는 사람, 경찰, 의사 등은 자살위험이 높다.

① **면접** : 면접은 가장 빠르고 직접적인 사정방법이다. 질문은 조심스럽게 직접적으로 해야 한다. 예를 들면 "스스로 자신을 해치지 않겠죠."보다는 "자살할 생각이 있습니까?"라고 묻는 것이 더 좋다.

② **청취** : 자살의도를 말로 표현할 수도 있다. 다음과 같은 말은 주의 깊게 듣는다. "내가 죽으면 그 사람이 언짢아 할 거예요.", "지겨워요." 또는 "나는 더 이상 살기를 원하지 않아요." 등이다.

③ **관찰** : 행동을 보고 자살의도를 간파하기란 쉽지 않지만 실마리가 없는 것은 아니다. 특히 비정상적인 행동을 잘 관찰해야 한다. 예를 들어 조용한 사람이 갑자기 미래에 대해 활기차게 말하는 경우도 있고 어떤 사람은 갑자기 친구와 친척에게 작별인사 대신 소지품을 나눠 준다. 우울하면서 수면장애나 술이나 약물의 사용, 절망감을 보인다면 또한 위험신호일 수 있다.

5 대처와 스트레스 내구성과 관련된 간호진단

(1) 비효율적 대처

비효율적 대처는 효율적인 대처전략을 도모하는 데 필수적인 신체적 · 심리적 · 행동적 자원의 부족으로 스트레스원에 대해 부적절하게 반응하는 것이다.

(2) 역기능적 또는 예상되는 슬픔

슬픔은 정상적인 대처과정으로 사람, 물체, 기능, 상태, 관계의 실제적이나 지각된 상실에 대한 반응이다. 예상되는 슬픔은 다가올 상실에 대한 반응이고 역기능적 슬픔은 보다 적극적 중재가 필요한 것이다.

(3) 상해 후 반응

상해는 전쟁, 강간, 천재지변, 사고 또는 불치의 병과 같이 비정상적 생활사건이다. 상해 후 희생자는 상해와 관련하여 복합적인 스트레스원에 노출되고 질병 취약성이 증가한다. 상해를 경험한 사람을 사정할 때에는 위기중재나 다른 정서적 지지와 더불어 대처기전을 평가해야 한다. 상해 직후에 여러 방어기전으로 부정, 퇴행, 억제 등을 사용한다.

11 가치 – 신념

1 개요

가치와 신념은 인간의 행동과 삶의 목표를 이끄는 태도와 도덕관의 두 가지 측면을 말한다. Steel과 Harmon(1979)의 정의에 의하면 가치란 인간, 사물 또는 사상에 대한 감정적 성향이라고 하였으며, 신념이란 인지적 요소를 사실보다는 믿음에 바탕을 둔 특별한 태도로 어떤 사상, 인간, 사물의 타당성에 대한 개인적 신뢰라고 하였다.

가치와 신념은 매일의 목표를 정하고 의사결정을 하는 데 있어서, 사람들을 이끌어 주고 영향을 미친다. 가치는 건강에 관련된 의사결정, 건강실천과 우선순위 결정, 위협적인 상황에서의 행동에 영향을 줄 수 있다.

가치와 신념체계는 의식적·무의식적 또는 종교적·비종교적이건 간에 인생철학의 기본이다. 이러한 철학은 영적인 것과 밀접히 관련되어 있다. 영성이란 추상적 개념으로 아주 개인적이고 극히 다양하며 항상 변한다.

개인의 가치와 신념양상은 자아개념, 대처능력, 인내, 역할과 관련된 행동과 관련이 깊다. 가치와 신념은 전인적인 의료 제공과 건강관련 의사결정의 이유에 대한 이해를 제공하기 위해 사정과정에서 고려되어야 한다.

(1) 사정초점

가치와 신념사정에서 기본적인 요소는 인간의 가치와 신념이 인생철학과 문화와 일치하는지를 결정하는 것이다.

가치와 신념사정의 목적은 다음과 같다.

- 개인의 문화적 및 민족적 배경을 확인한다.
- 문화와 신념에 의해 영향받는 건강관습을 확인한다.
- 삶, 죽음, 영성과 관련된 개인의 신념을 확인한다.
- 영적 고통이 있는지를 인식한다.

(2) 간호진단

간호진단으로는 영적 갈등(spiritual distress), 의사결정 갈등(decisional conflict) 등을 들 수 있다.

2 사정을 위한 기초지식

문화, 영성, 가치, 신념이 밀접히 상호관련되어 있으므로 이 점을 고려해서 사정해야 하며 이러한 요인들이 건강에 어떻게 영향을 미치는가를 아는 것이 중요하다.

(1) 문화

개인의 건강, 최적의 건강, 질병에 대한 정의는 어느 정도 문화적 배경의 영향을 받는다. 문화는 사회적으로 전수되며 사람들의 집단이 공유하고 있는 가치, 신념, 관습, 의식, 규범 등을 말한다. 문화는 항상 발전하나 변화는 보통 서서히 되므로 한 개인이 문화의 모든 면을 내면화하지는 못하지만 자신과 다른 사람의 행동을 이해하는 데 있어서 문화의 영향을 이해하여야 한다.

(2) 문화적 민감성

개인의 문화적 배경을 아는 것이 가치와 신념을 사정하고 치료계획을 결정하는 데 매우 중요하다. 문화적 문맹(문화적 차이를 무시하는 것), 자기민족 중심주의, 문화부담(한 사회에 있는 모든 사람들은 지배적인 문화에 순응해야 한다는 믿음), 고정관념(한 종족이나 민족은 모두 똑같다고 생각하므로 개인 간의 독특성이나 차이를 무시하는 것)을 피하는 것이 효과적인 치료를 제공하는 데 있어서 중요하다.

간호사들은 여러 인종들을 만날 기회가 많으므로 다른 민족의 문화에 민감해야 문화가 다름으로써 오는 오해를 막고 치료효과를 높일 수 있다. Clark(1984)에 의하면 문화적 민감성의 요소는, 첫째, 고정관념보다는 대상자의 문화에 기초한 간호중재, 둘째, 문화적으로 독특한 건강신념과 태도를 이해하는 것, 셋째, 가능하다면 고유한 민속건강법을 병행하는 것, 넷째, 질적 의료를 거부하는 다른 문화의 사람에 대한 옹호자로서 역할이라고 하였다.

문화는 가치와 신념을 형성하는 데 있어서 영향을 미치는데, 다음의 다섯 가지 요소를 들 수 있다(Kluckholn, 1961).

① **인간의 본성** : 문화에 따라 인간을 근본적으로 선하거나 악하다고 보거나 또는 선악의 조화로 본다. 미국에서의 지배적인 견해는 인간은 선악을 모두 가지며 선을 위해 자기통제

를 할 수 있다고 본다. 소수민족 문화에서는 극단적인 생각을 갖기도 한다. 예를 들면 아팔레치아 민족은 인간을 악하다고 보고 퀘이커 교도들은 인간을 선하다고 본다.

② **인간과 자연과의 관계** : 문화집단에 따라 사람이 얼마나 환경을 지배하느냐에 대한 견해가 다르다. 환경을 지배할 수 있다고 믿는 집단, 환경을 지배할 수 없다고 믿는 집단, 자연과 조화를 이루고 산다고 믿는 집단이 있다.

③ **시간관점** : 문화에 따라 과거, 현재, 미래에 대한 생각을 갖고 있다. 미국의 문화는 미래지향적인 반면 미국 원주민과 스페인계 문화는 현재를 중요시하고 전통적인 중국문화는 과거를 중요시한다.

④ **삶의 목적** : 가치관에 따라 삶의 목적이 다르다. 미국 문화는 계속적인 성취에 가치를 두고 있고 스페인과 아팔레치아 소문화는 개인의 발전에 가치를 둔다.

⑤ **타인과의 관계** : 대인관계와 역할기대는 문화적 가치관에 영향을 받는다. 대인관계에는 종적 관계, 횡적 관계, 개인주의적인 관계로 볼 수 있다. 종적 관계는 가족과 대가족이 강조되고 집단의 목표가 개인의 목표를 앞서며 세대 간의 관계가 중요하다. 횡적 관계는 가족과 집단의 목표가 강조되지만 가족단위는 핵가족이며 또래 집단이다. 이스라엘의 키브츠나 몇몇 코뮌(공동생활촌)은 횡적 관계에 가치를 두는 집단의 예이다. 개인은 집단에, 집단은 개인에 책임을 갖는다. 개인주의적인 관계에서는 개인의 목표가 우선이며 자아에 대한 책임과 자율성에 가치를 둔다.

(3) 문화와 건강

문화적 가치관은 개인의 행동과 신념에 영향을 끼치고 건강과 질병에 대한 태도에 영향을 준다. 미국문화는 젊음과 건강 그리고 개인의 책임에 가치를 두고 이러한 신념체계는 질병발생시에 자신의 책임으로 돌린다. 그러나 아팔레치아 민족들은 자신의 건강에 대해 통제력이 거의 없다고 여겨 극히 제한적인 예방행위만을 실시하며 질병발생에 대한 책임을 다른 것에 두고 질병발생시 간병의 책임을 가족에게 둔다.

문화적 신념은 일반적으로 지식, 의견, 믿음, 자연에 대한 신뢰, 관계, 자기가치 및 목적을 포함한다. 이러한 신념이 건강과 질병에 대한 정의에 영향을 미쳐 사람들의 행동을 결정한다.

(4) 문화에 따른 건강과 질병의 정의

다음은 문화집단에 따른 건강에 대한 정의들이다.

- **중국인** : 건강은 자연과 정신적·육체적 조화상태이다. 인간의 몸은 조상으로부터 받은 선물이므로 적절히 보존되어야 한다.
- **스페인계인** : 건강은 선행의 보답이요, 신의 선물이다.
- **미국 원주민 및 흑인** : 건강은 자연과의 조화로운 삶이다.
- **독일계 미국인** : 건강은 책임을 수행하고 삶을 즐기며, 생각하고 기대하는 대로 행동하는 능력이다.

다음은 문화집단에 따른 질병에 대한 정의들이다.

- **중국인** : 음과 양의 조화가 불균형을 이루어 질병이 발생된다고 믿는다. 양은 남성이고 긍정적인 힘, 생산, 온화함 그리고 충만함을 의미한다. 음은 여성이고 부정적인 힘, 어두움을 만드는 것, 차가움 그리고 무(無)를 의미한다. 부조화를 고치려면 음과 양이 조화를 이루어야 하고 양의 질병에는 음의 처방을, 음의 질병에는 양의 처방을 한다. 음의 치료에 해당하는 것은 침술, 약제, 채소 섭취를 포함하고 양의 치료는 양념한 음식과 뜸을 포함한다.
- **스페인계인** : 질병은 생리적 불균형이거나 잘못된 행동에 대한 벌이라고 믿는다. 불균형을 열과 냉으로 본다. 열병은 찬 물질로, 냉병은 뜨거운 물질로 치료한다. 불균형은 신체의 잘못된 위치(예를 들면 복통이나 유아천문의 함몰), 마법이나 악마의 눈과 같은 초자연적인 힘, 공포, 영혼 상실로 온다고 믿는다. 다른 사람이 자신을 시기하게 하는 것은 불균형뿐만 아니라 불행을 가져 오는 것이라고 생각한다.
- **미국 원주민** : 미국 원주민들은 질병의 원천을 다양한 방식으로 정의하며 악령, 긍정적인 힘과 부정적인 힘의 불균형, 인과관계, 성스러운 사람을 화나게 함, 신성한 의식의 남용 등을 원인으로 믿는다. 질병은 인간의 육체뿐만 아니라 정신에도 영향을 미치므로 둘 다 치료되어야 한다.
- **미국 흑인** : 질병을 정신, 신체, 영혼이 자연과 조화를 이루지 못한 것으로 본다.
- **독일계 미국인** : 질병을 감염, 스트레스, 다른 생리적 불균형의 결과 또는 신의 벌로써 간주한다.

이러한 정의들은 안내자로서 역할을 하지만 건강과 질병에 대한 상이한 견해들을 제시하고 있다. 대상자의 질병개념이 중요하므로 치료를 할 때 고려해야 한다. 치료계획에 대상자의 견해를 반영하는 것은 대상자가 치료계획을 받아들이며 수행하도록 격려한다. 건강과 질병에 대한 견해를 형성하는 데 있어 도덕적 신념은 관습과 의식에 기초가 된다. 관습은 포경 수술, 의복이나 장신구 착용과 같은 성 인식관습, 음식습관 그리고 마늘 목걸이 착용과 같은 민간요법을 포함한다.

음식습관과 민간요법에 대한 신념은 사정자료를 수집하고 치료계획을 수립하는 데 특히 중요하다. 또한 그 사람의 기호와 신념을 인정하는 것은 처방을 이행하도록 격려한다. 음식습관과 평소 식사시간은 만일 환자가 식사와 함께 약물을 복용한다면 특히 고려할 요소이다.

(5) 영적 신념

사람은 대부분 어떤 형태, 즉 종교인이든지 총체적 인생관의 일부분이든지 영적 신념이 있다. 종교는 규범, 가치관, 신념, 좌표, 정보를 조직화하고 일상활동을 조절하는 데 사용할 수 있는 견해를 제공한다. 사회 내에 많은 문화가 존재하면 종교적 가치관, 신념, 규범은 매우 다양하다.

종교적 신념은 건강과 질병에 심각한 영향을 줄 수 있다. 예를 들면 질병은 어떤 행위에 대한 벌로 이해될 수 있다. 반대로 몇몇 종교적 강령은 신체에 해로운 담배나 술을 피함으로써 건강생활을 유지할 수 있도록 한다.

종교는 존재의식과 평등을 제공하고 개인의 힘과 긍정적인 생활을 증진시킬 수 있다. 질병이 심각하거나 사랑하는 사람의 죽음은 영적 부담의 원인이 된다. 또한 이러한 위기는 신념과 가치에 대해 다시 생각하게 하고 성장의 기회를 제공하기도 한다. 개인의 영성과 종교적 신념을 이해함으로써 위기 동안에 지지를 제공할 수 있다.

(6) 개인의 가치관과 신념

다양한 소문화와 종교단체가 있는 사회 속에서 간호사들은 문화적·정신적 신념들을 이해할 필요가 있다. 모든 사람들은 자신의 삶의 의미와 가치를 묻는 상황이나 위기를 맞이한다. 이러한 경험들을 어떻게 보는가에는 간호사와 대상자의 문화적·정신적 신념에 따라 영향을 받는다. 스스로의 인생관, 가치관 및 신념을 돌이켜 본 간호사는 환자들이 주는 상처를 적게 받는다. 간호사 자신이 스스로의 영성을 이해한다면 대상자와 함께 삶과 죽음의 의미를 마음 편하게 토론할 수 있을 것이다. 대상자에게 전인적인 치료를 제공하고 정신적 안녕을 증진시키기 위해 간호사는 대상자의 정신적·심리적 및 육체적인 모든 측면을 고려해야 한다.

다른 문화, 하위문화 그리고 종교집단의 사람을 치료할 때는 일반화를 피하는 것이 중요하다. 비록 특별한 가치관과 신념이 어떤 집단과 관련되어 있을지라도 모든 구성원이 다 그렇다고는 말할 수 없다. 따라서 간호사는 다른 문화 또는 종교집단에 속해 있는 대상자를 사정할 때 가치관과 신념, 그것이 건강에 미치는 영향에 대해 많은 것을 알려고 노력해야 할 것이다.

3 가치관과 신념에 관한 면담

개인의 가치관과 신념은 면담을 통해서 알게 되며 말, 행동, 외양 등을 관찰함으로써 더욱 명확하게 알 수 있다. 문화적·영적 요소들에 관한 정보를 얻기 위해서는 다음의 요소들을 평가한다.

문화
- 민족적 배경
- 건강과 질병에 대한 신념
- 시간에 대한 인식

영성(spirituality)
- 삶의 철학
- 영적 신념과 가치
- 영적 지지

개인이 영적인 어려움이 없다면 초기사정으로 충분하지만, 문제가 있거나 예상되는 또는 최근에 생긴 상실, 자신이나 가족에게 심각한 질병이 있는 경우는 보다 면밀한 사정이 필요하다. 또한 가치관과 신념은 대처-스트레스 내구성, 역할 및 대인관계, 건강인지 및 건강관리 등과 관계가 깊다는 것을 염두에 두어야 한다.

(1) 문화

① **민족적 배경** : 민족적 배경이 개인의 생활양상과 태도에 주는 영향은 민족집단의 가치와 신념을 고수하는 정도에 달려 있다. 그렇다고 해서 특정한 민족집단 속의 개인은 자동적으로 인종, 가치관 그리고 행동습관을 가지고 있다고 미리 판단해서는 안 된다. 그 지방의 토박이인지 또 다른 지방에서 이주하였는지를 알아본다. 이주기간이 오래될수록 그 지방문화에 동화가 잘 될 것이다. 또한 세대간의 차이가 가족긴장을 일으킨다.

② **건강과 질병에 대한 신념** : 자기가 속한 문화의 민간요법에 젖어 있는 사람들은 먼저 민간 요법을 사용한 후 효과가 없을 경우에 병원을 방문할 때가 많다. 이때 간호사가 민간요법을 경시하지 않는 것이 대상자와의 관계를 수립하는 데 도움이 된다. 감기나 열, 위통, 두통과 같은 흔한 증상 또는 만성 질환에 사용하는 민간요법을 알아볼 필요가 있다. 또한 부적이나 팔찌, 발찌, 촛불 켜기, 인삼 등의 특별한 음식을 먹는 것과 같은 예방적 차원에서 사용하는 민간요법도 알아본다. 이를 무조건 금하는 것은 환자의 스트레스를 가중시킬 것이다. 가정의 안과 밖에서 건강관리의 주체가 누구인지 확인해야 한다. 특히 중병이나 임신시에는 더욱 중요하다. 만일 가정에서 건강문제 발생시 공식적인 건강관리자(의사, 간호사)가 아닌 사람에게 의뢰할 때에는 그 사람의 역할, 기능 그리고 치료방법 등을 확인해야 한다. 출생, 죽음과 같은 중요한 생활사건에 행해지는 의식 또한 알아볼 필요가 있다. 예를 들면 어떤 문화에서는 임신 후기나 분만기 동안에는 산모와 아이의 건강을 위해 행사에 참여하지 않는다. 어떤 상황에서 금해야 하는 것과 권장해야 하는 것이 있는지 식습관도 조사해야 한다.

③ **시간에 대한 인식** : 건강문제를 상담하기 위해서는 환자가 속한 문화가 갖고 있는 시간에 대한 방향감각을 이해해야 한다. 환자가 과거, 현재, 미래를 보는 시각과 건강, 자연, 질병과 인간과의 관계를 어떻게 보는가를 사정해야 한다. 예를 들어 "사람이란 일생을 살면서 일어나는 크고 작은 일들에 대해 아무런 조절도 할 수 없는 존재이다."라고 생각하는 대상자는 예방법이 아무 가치가 없게 된다. 이러한 경우는 바람직한 행동을 유도할 수 있는 적절한 동기부여자를 소개하는 것을 고려해 볼 필요가 있다.

(2) 영성

① **삶의 철학** : 삶을 보는 시각은 신체적·정신적 건강에 영향을 미친다. 삶의 철학은 문화적 배경, 시간에 대한 방향감각, 인간과 자연과의 관계에 대한 신념, 대인관계, 삶의 목적 등과 밀접한 관계가 있다.

이러한 측면을 사정할 때는 환자의 삶의 만족도, 미래에 대한 계획, 삶의 목적 등이 포함되어야 한다. 또한 대상자의 철학과 그가 속한 문화와의 조화 정도를 사정하는 것이 중요하다.

② **영적 신념과 가치관** : 영적 신념과 가치관은 종교와 관련이 있을 수 있으며 종교에 대한 가치관과 신념 정도는 개인에 따라 크게 다르다. 영적 신념에 관한 많은 사정방법이 있지만 대개 신 또는 영적 존재와 인간과의 관계만을 조사하고 있다. 영적 가치관과 신념은 존재나 힘 등에 대한 신념 외에 탄생, 죽음, 죄악, 질병, 건강, 영혼의 존재, 타인에 대한 책임에 관한 신념도 고려해야 한다. 대부분 건강력에는 대상자가 선호하는 종교에 대한 질문내용이 포함되어 있다. 면담시 파악해야 할 내용은 실제 종교활동에 대한 참여도, 대상자가 종교적 신념 또는 가치에 의지하는 정도이다. 이러한 질문을 통해 적극적으로 종교활동을 하는지, 종교가 대상자의 삶의 철학에 있어서 필수적인 부분인지를 알 수 있게 된다. 종교적 신념과 가치는 건강행위에 많은 영향을 미친다. 여호와의 증인을 예를 들면 이들은 혈액과 관련된 제품을 수혈받는 것을 금하고 있다. 크리스천 사이언티스트(1866년에 Mary Baker Eddy에 의해 창시된 종교로 심신의 질병은 그리스도의 가르침과 신앙에 의해 고쳐진다고 믿는 종교)들은 의약품 쓰기를 꺼려 하며 안수기도를 믿는다.

간호사는 대상자가 특정한 음식을 피하는 것, 하루에 몇 번씩 기도하는 것, 특별한 의복을 입는 것과 같은 영적 의식을 하고 있는지에 관한 정보를 알아야 한다. 또한 건강행위가 영적 행위를 방해하는지도 물어 보아야 한다. 예를 들면 젤라틴 캡슐은 구약시대의 식습관을 따르는 유대교인이나 제7일 안식교인은 먹을 수 없다. 하루에 세 번 먹는 당뇨식이는 금식을 방해한다. 만성적인 상태를 치료하기 위해 매일 약을 먹는 것은 크리스천 사이언티스트의 믿음에 갈등을 줄 수 있다.

③ **영적 지지** : 영적 지지가 부족한 사람은 위기 동안에 영적 고통의 위험에 있게 된다. 심리적 지지를 제공하는 방법은 다른 철학적 영역에서 도움을 받을 수 있다. 가족 가치관, 믿음 발달단계, 다른 사람으로부터의 영적 지지, 영적 자급(spiritual self-support)에 관해 질문한다. 마지막으로 영적 위기에 처한 대상자를 돕기 위해 간호사 자신의 영성을 평가해야 한다. 영적 자가간호를 보여 줄 수 있는 간호사는 대상자의 삶에서 영적 자가간호의 가치와 실천을 인도할 수 있는 모델로서 역할을 할 수 있다. 간호사는 대상자의 영적 요구를 평가하고 지지하는 방법을 알며 필요할 때 중재할 수 있어야 한다.

PART 3

간호진단

독학사

간호진단의 개념

1 간호진단의 정의

(1) 진단은 어떠한 것의 본질을 규명하기 위한 조심스럽고 비판적인 연구로서, 진단의 사전적 정의는 '문제 또는 상황의 본질이나 원인을 분석하고 해결방안을 기술하는 것'이다.

(2) 간호진단은 실제 또는 잠재적으로 존재하는 간호문제에 대한 서술을 의미한다. 사정 과정에서 수집된 증상을 열거·해석하며 비슷한 증상끼리 묶어서 분류된 증상에 이름을 붙이는 과정이다.

(3) 제9차 NANDA 회의에서는 간호진단을 '실제적 또는 잠재적 건강문제로서 생의 과정에 대한 개인이나 가족, 또는 지역사회의 반응에 대한 임상적 판단이며, 간호사가 책임져야 하는 결과에 도달하기 위한 간호중재 선택의 근거를 제공하는 것'이라고 정의했다.

2 학자들의 정의

(1) Gebbie와 Lanin(1975)

간호사정의 결과로 이루어진 판단이나 결론이다.

(2) Gordon(1976)

간호사의 지식에 의해 치료될 수 있는 실제적 혹은 잠재적 건강문제이다.

(3) Carpenito(1997)

간호사가 건강상태를 유지하거나 건강상태 변화를 예방하거나 경감 혹은 제거하기 위해 명확한 중재의 처방이 필요한 개인이나 집단의 반응이다(건강상태 혹은 실제적·잠재적인 상호작용 양상의 변화).

3 간호진단의 중요성

간호진단은 여러 가지 점에서 간호사와 간호대상자 모두에게 유의하다.

(1) 개별적 간호제공

간호진단은 대상자의 개별적 간호제공에 도움이 된다. 간호진단은 표준화된 간호계획에 의해서는 충족될 수 없는 각 대상자의 특별한 요구에 중점을 두므로 간호사가 간호진단을 기반으로 할 때 개별적인 간호가 이루어지기 쉽다.

예를 들면, '심근경색증'이라는 동일한 의학진단을 가진 두 명의 대상자에게는 유사한 간호중재가 필요할 수 있지만 간호진단에 따른 간호는 다를 수 있으므로 개별적인 간호가 촉진된다.

(2) 책임감과 자율성의 증가

간호진단은 간호실무의 독자적인 영역을 명확히 규명해 주므로 간호전문직의 책임감과 자율성이 증가된다.

(3) 의사소통 수단

① 간호진단은 간호사들과 건강전문가들의 효과적인 의사소통 수단이 된다.

② 간호진단은 많은 양의 정보를 통합해서 간결하게 공통된 진술로 정리하기 때문에 간호진단명을 들었을 때 그 진단의 특징적인 양상을 생각해낼 수 있어서 대상자의 상태를 알리는 신속한 방법이다.

(4) 전산화 촉진

① 간호진단은 간호사가 좀 더 쉽게 간호계획을 세울 수 있도록 하며, 간호계획의 전산화를 촉진한다.

② 간호사가 컴퓨터상에서 진단을 내리면 그 진단에 해당되는 저장된 간호지시 내용이 출력되므로 이를 선택하고 이용할 수 있다.

2

간호진단의 분류체계

01 간호진단의 분류체계

1 Nanda의 분류체계

(1) 초창기 노력

① 1973년 간호진단 분류체계를 개발하기 위한 최초의 National Conference Group 모임은 간호진단을 규명하고, 개발하고, 분류하는 공식적인 작업을 시작하여 1982년 제5차 회의에서 현재 NANDA 분류체계틀인 9개 양상을 제시하였다.

② 1975~1990년 사이에 간호진단이 개발되면서, 간호사를 대상으로 간호진단에 대한 교육을 실시하여 간호진단을 실무에 적용하기 시작하였고, 본격적으로 간호진단 분류체계 개발이 시작되었다.

③ 1992년 Warren과 Hoskins가 발표한 'NANDA Nursing Diagnosis : Definition and classification 1992~1993'과 분류체계위원회가 제9차 학술회의에서 앞으로의 분류체계의 방향을 논의하기 위해 발표한 논문에서 분류체계 개발의 역사를 찾아볼 수 있다.

④ NANDA 분류체계는 과거 20년 동안 발전해 왔고, 제13차 회의 때까지 9가지 인간반응양상별로 진단을 분류한 분류체계Ⅰ에 제시된 간호진단은 148개였으며, 이 분류체계의 유지를 위한 절차를 발전시키려 했다. 이런 절차를 이용해서 탁월한 과학적 검토와 동료학자들의 승인과정을 통해 분류체계는 변화하고 있다.

(2) 최근의 노력

① 2000년 제14차 회의에서 진단분류위원회는 Gordon의 기능적 건강양상틀을 수정한 간호진단 분류체계Ⅱ를 개발하였다. 이는 진단과정 시 고려해야 할 인간반응의 차원인 7개 축으로 고안되었고 13개 영역, 46개 범주 및 155개 진단들로 구성되어 있으며, 각 간호진단은 진단명, 정의, 특성 정의 및 관련/위험요인으로 되어 있었다.

② 2002년에는 167개, 2004년에는 173개, 2006년에는 194개로 되었고, 최근 NANDA 간호진단분류(2009~2014)에서는 215개의 간호진단으로 변화되어 13개 영역, 47개 범주로 구성되었다.

2 간호진단의 구성요소

(1) 1978년 NANDA 간호진단 분류표(Nursing Diagnosis Taxonomy Ⅰ)의 발표

① 간호의 가장 높은 수준으로서 통합된 인간과 건강이라는 2가지 개념이 받아들여졌다. 여

기서 통합된 인간이란 로저스의 이론에서 도출된 개념이다.

② 각 차원의 양상과 조직의 독특성은 인간-환경 상호작용의 9가지 양상으로 나타난다는 것이다.

③ NANDA 진단분류 목록은 1996년 12차 회의까지 총 128개의 간호진단 목록이 채택되었다.

④ 각 명칭은 알파벳 순서로 나열되어 있고 진단의 기간을 간헐적, 만성, 급성, 잠재적 등 4단계로 나누고 있다.

⑤ 진단의 원인을 해부학적·생리적·심리학적·환경적 원인으로 분류하고 양상 및 범주 1, 2, 3, 4까지 5가지 수준의 진단범주로 이루어져 있다.

플러스UP 알파벳 순서에 따른 간호진단의 예

(1) 활동의 지속성 장애(Activity intolerance)
(2) 활동의 지속성 장애 위험성(Activity intolerance, risk for)
(3) 기도개방 유지 불능(Airway clearance, ineffective)
(4) 불안(Anxiety)
(5) 기도흡인 위험성(Aspiration, risk for)
(6) 자율신경성 반사장애(Autonomic dysreflexia)
(7) 자율신경성 반사장애 위험성(Autonomic dysreflexia, risk for)
(8) 신체상 장애(Body image, disturbed)
(9) 체온유지 능력 저하의 위험성(Body temperature, unbalanced, risk for)
(10) 비효과적 모유수유(Breast feeding ineffective)

(2) 2000년 Taxonomy Ⅱ 발표

① 1994년부터 분류위원회는 기존의 분류체계가 추가되는 진단을 범주화하는 데 문제가 있음을 지적하였고, 몇 차례의 회의를 거쳐 2000년에 Taxonomy Ⅱ 구조를 발표하였다.

② 9가지 양상을 삭제하고 새로운 수식어가 사용되었으며 'altered'가 현상의 변화를 충분히 알려주지 않아 'altered'를 없애고 다른 서술용어를 사용하면서 수식어 선정규칙을 조정하였다.

③ Taxonomy Ⅱ는 NLM의 보건의료용어 코드에 관련되는 권장상황에 부합되는 코드구조를 갖는다.

④ Taxonomy Ⅱ 코드구조는 5자리 코드를 가지며 위치에 대한 정보를 갖고 있지 않도록 개편되어 진단코드의 변화 없이도 분류체계의 수정이 가능하도록 바뀌었다.

⑤ Taxonomy Ⅱ는 바람직한 분류체계의 구조를 비로소 갖추게 되었는데, 2009년에는 13개의 영역과 47개의 범주에 155개 진단의 위치를 재조정하였다.

영역(13)	정의	범주(47)
1. 건강증진	• 안녕이나 정상기능 인지 • 안녕이나 정상기능을 조절하고 증진시키기 위해 사용된 전략	• 건강지각 • 건강관리
2. 영양	• 조직의 유지와 회복을 위해 영양소 섭취 • 소화 및 이용하는 활동 • 흡수와 소화를 촉진시키기 위한 에너지 생산	• 섭취 • 소화 • 흡수, 대화, 소화
3. 배설	체내 노폐물의 분비와 배출	• 배뇨계 • 위장관계 • 피부계 • 호흡기계
4. 활동/휴식	에너지원의 생산, 보존, 소비 또는 균형	• 수면/휴식 • 활동운동 • 에너지 균형 • 심혈관계 • 호흡기계 반응 • 자가간호
5. 지각/인지	주목, 지남력, 감각, 지각, 인지 및 의사소통을 포함한 정보과정체계	• 주목 • 지남력 • 감각/지각·인지·의사소통
6. 자아 지각	자신에 대한 인식	• 자아개념 • 자아존중감 • 신체상
7. 역할관계	사람들이나 집단 간의 긍정적·부정적 관계와 그러한 관계를 드러내는 수단	• 돌봄역할 • 가족관계 • 역할수행
8. 성	성정체성, 성기능, 생식작용	• 성정체감 • 성기능 • 생식작용
9. 대처/ 스트레스 내성	생활사건/삶의 과정에 대항하기	• 외상 후 반응 • 대처반응 • 신경행동적 스트레스
10. 삶의 원칙	내재적 가치를 지니거나 진실한 것으로 여겨지는 행위, 관습, 제도에 관한 생각과 행동에 깔려 있는 원칙	• 가치 • 신념 • 가치/신념/행동 일치성

11. 안전/보호	위험, 신체적 외상 혹은 면역체계 손상이 없는 상태; 손실, 안전 및 안정에 대한 보호	• 감염 • 폭력 • 방어과정 • 신체적 손상 • 환경적 위험 • 체온조절
12. 안위	정신적, 신체적, 사회적 안녕감 혹은 편안함	• 신체적 안위 • 환경적 안위 • 사회적 안위
13. 성장/발달	연령에 맞는 신체지수, 신체기관의 발달 및 발달과업 달성	• 성장 • 발달

3 NANDA에서 공인된 진단명의 구성요소

(1) 정의

간호진단에 대한 자세한 설명이다.

(2) 특성

간호진단에서 흔히 나타나는 증상과 징후군의 집합을 의미한다.

(3) 관련/기여 요인

문제발생의 원인이나 기여요인이 될 수 있는 상황적·병태생리적·발달단계적 요인을 확인한 것이며, 진단의 성격이 잠재적인 문제를 다루는 경우에는 관련 요인 대신에 위험요인이 포함된다.

4 NANDA 간호진단의 기술방법

(1) 진단명의 선택

① 실제적 혹은 잠재적으로 존재하는 건강상의 문제에 대한 반응과 형태에 따라 증상을 분류함으로써 이루어진다.

② 사정과정에서 수집된 모든 증상을 열거하고 비슷한 증상끼리 묶는다.

천식환자에게서는 호흡곤란, 불안, 고혈압, 호흡수 28회, 체온 38℃ 등의 증상이 발견될 수 있다. 이 중 호흡곤란과 호흡수 28회는 서로 관련되어 있으므로 묶어본다.

③ NANDA의 간호진단분류 책자에서 호흡곤란 또는 빠른 호흡을 찾아보면 이 증상들은 '비효율적 호흡양상'이라는 간호진단에 해당하는 증상들이다.

(2) 관련 요인(related to)의 사용

① 관련 요인을 사용하여 간호진단의 원인을 규명한다.

② 기술된 간호진단에 기록된 원인을 치료할 수 있도록 간호사는 간호중재를 계획할 수 있어야 한다.

③ 특성은 관련 요인과 연결된다.

예를 들면, 유방암 환자가 항암요법으로 인해 탈모증이 심할 경우 진단분류표를 찾아 '탈모나 외모 변화(관련 요인)와 관련된 신체상 장애(간호진단)'라는 진단명을 선택하게 된다. 또한, 특성 부분인 '탈모 때문에 타인에게 거절당할 두려움이 있음을 호소함'이 덧붙으면 탈모 때문에 타인에게 거절당할 두려움이 있음을 나타내는 '탈모나 외모 변화로 인한 신체상 장애'라는 간호진단이 구성된다.

》 NANDA 간호진단의 구성요소

진단명	신체적 기동성 장애(Impaired physical mobility)
정의	하나 혹은 그 이상의 사지나 몸체를 독립적으로 의도를 가지고 움직이는 데 제한이 있는 상태
특성 정의	• 감소된 반응시간 • 몸을 돌리기 어려움 • 움직임을 대신할 수 있는 것에 집중 • 운동 시 호흡곤란 • 보행변화 • 경련성 움직임 • 총체적 운동 기술수행 능력 제한 • 섬세한 운동기술 수행능력 제한 • 운동 시 떨림이 생김 • 불안정한 자세 • 느린 움직임 • 조정되지 않는 움직임

<table>
<tr><td>관련
요인</td><td>

• 활동을 견디는 힘 결여
• 세포 대사 변화
• 연령에 따른 신체지수가 75% 이상임
• 인지손상
• 강직
• 불안
• 연령에 맞는 활동에 대한 문화적 신념
• 몸 상태가 망가짐
• 참는 힘이 감소함
• 우울한 기분상태
• 근육의 조절력 감소
• 근육의 부피 감소
• 근육의 강도 감소
• 뼈구조의 통합성 상실
• 신체활동의 가치에 대한 지식 부족(예 신체적·사회적)
• 심혈관계의 내구성 제한
• 투약
• 영양실조
• 근골격계 손상
• 신경근육계 손상
• 통증
• 움직임을 시작하기 꺼려함
• 처방에 의한 활동 제한
• 감각지능 장애
• 앉아서 일하는 생활양식

</td></tr>
</table>

02 Gordon의 기능적 건강양상 분류체계

Gordon(1987)은 모든 인간이 그들의 건강, 삶의 질, 잠재력을 성취시킬 수 있는 간호사정의 초점인 특정한 기능적 양상을 가지고 있다고 보고 기능적 건강양상이라고 하는 11개의 사정자료 범주를 규명하였는데, 양상명은 사정자료의 범주에 붙여진 이름이고 사정요소는 간호사가 각 양상에 대한 구체적 정보를 수집하는 것을 돕도록 규명한다.

기능적 건강의 사정은 대상자의 정상 기능, 비정상적 기능 및 비정상적 기능의 위험성에 초점을 두며, 이는 모든 연령의 대상자들과 모든 분야에서 사용될 수 있다.

또한 다른 틀을 이용하여 수집된 사정자료를 조직하고 기록하는 데 기능적 건강양상 틀이 사용되기도 한다.

기능적 건강양상	설명	사정자료
1. 건강지각/ 건강관리	건강과 안녕에 대한 대상자의 인지와 건강을 유지하는 방법	투약처방 이행, 건강증진활동(규칙적 운동, 정기 신체 검진 등) 이용
2. 영양/대사	대사요구에 적절한 음식과 수분 섭취 양상	피부, 치아, 머리, 손발톱 및 점막상태, 키와 체중, 수분과 전해질 균형
3. 배설	정상적 기능인지를 포함한 배설 기능(장, 방광, 피부) 양상	장운동의 빈도, 배뇨상태, 배뇨 시 통증, 대·소변 양상
4. 활동/운동	운동, 활동, 여가, 오락의 양상	운동, 취미, 심맥관계, 호흡기계 상태, 기동력 및 일상활동
5. 인지/지각	감각-지각적·인지적 양상	시각, 청각, 미각, 촉각, 미각 및 통증 지각과 관리 : 언어, 기억 및 의사결정과 같은 인지적 기능
6. 수면/휴식	수면, 휴식, 이완 양상	수면과 에너지의 양과 질에 대한 대상자의 인지와 수면보조제 사용, 습관적인 사용
7. 자아지각/ 자아개념	대상자의 자아개념 양상과 자아 인식 : 정서적 양상	신체적 안위, 신체상, 감정상태, 자기에 대한 태도, 능력인지, 자세, 시선접촉, 목소리 상태와 같은 객관적 자료
8. 역할/관계	대상자의 역할 책임과 관계 양상	현재 주요 역할과 책임(아버지, 남편, 회사원) 인지
9. 성/생식	성적 만족과 불만족의 양상 : 생식 양상과 단계	임신과 출산력, 성기능 장애, 성관계 시 만족
10. 대처/ 스트레스 내성	전반적인 대처양상과 스트레스 내성 견지에서 그 효과성	대상자의 일상적인 스트레스 관리법, 이용 가능한 지지체계, 상황을 조절하거나 관리하는 능력인지
11. 가치/신념	대상자의 선택이나 결정의 지침이 되는 가치, 신념 및 목적의 양상	종교적 관계/건강, 특정한 종교적 관습과 관련된 삶과 가치/신념 갈등 속에서 중요하다고 인지하는 것

03 오마하 분류체계(Omaha Intervention Scheme)

(1) 개발 배경

① 오마하 체계는 간호과정에 기초를 둔 대상자 중심 관리체계로서 오마하 방문간호사협회가 간호실무를 정확하고 가시적으로 명명하기 위해 11년간 수행한 연구이며, 많은 보건의료와 자료처리 전문직이 공동작업한 20년 이상 노력한 결과이다.

② 1970년에 오마하 방문간호사협회의 간호사와 행정가는 대상자에 관한 기록체계를 개선하는 작업을 시작했는데 이것이 오마하 분류체계 개발의 시작이었다. 이후 1975~1993년까지 오마하 방문간호사협회와 미국국립보건원(NIH) 공중보건국 간호과의 연구로 이 분류체계가 개발되었다.

(2) 구성요소 및 사용

① 오마하 분류체계는 문제분류체계(Problem Classification Scheme), 중재체계(Intervention Scheme), 결과에 대한 문제등급 척도(Problem Rating Scale for Outcomes)의 3가지 체계로 구성되며, 구조적이고 포괄적인 실무, 기록, 정보관리에 대한 접근방법을 제시하고 있다.

② 미국뿐만 아니라 국제적으로 널리 활용되고 있으며 가정간호, 공중보건, 학교보건, 임상, 외래 등 여러 분야에서 사용되어 왔다.

③ 오마하 체계는 다양한 환경에서 광범위한 연구와 검증과정을 거쳐 지역사회 간호사들이 대상자의 실제 자료를 이용하여 개발한 것으로, 대상자를 설명하기 위해 일관된 언어를 제공하는 대상자의 문제나 간호진단 목록이다.

④ 오마하 체계는 간호사, 간호관리자, 병원행정가들이 대상자료를 수집, 구분, 분류, 기록, 부호화하고 분석하는 포괄적인 방법을 제공하며, 영역, 문제, 수식어구, 증상/징후의 4가지 수준으로 구성된다.

≫ 오마하 체계 수준

영역 (domain)	지역사회 실무를 나타내는 4가지 일반적 영역-환경적, 심리사회적, 생리적, 건강 관련 행위 영역
문제 (problem)	44개 간호진단명 포함, 대상자의 안녕상태에 현재 또는 잠재적으로 해로운 영향을 주는 문제
수식어구 (modifier)	가족, 개인, 건강증진, 잠재적, 부족/장애/실제적이라는 수식어가 포함되며 대상자의 각 문제는 이들 수식어로 수식된다.
증상/징후 (sign/symptom)	각 문제에 대해 열거되는데 이는 가장 흔히 발생하며 연구결과 간호사가 가장 중요하다고 판단한 증상/징후이다.

(3) 4가지 영역의 간호진단명 예

① 환경적 영역 : 수입, 공중위생, 거주지, 이웃/작업장 안전 등
② 심리사회적 영역 : 지역사회 자원과의 의사소통, 사회적 접촉, 역할 변화, 대인관계, 영적
고뇌, 슬픔, 정서적 안정, 인간의 성, 돌봄 역할/부모 역할, 버려진 아동/성인, 학대 아동
/성인, 성장과 발달, 기타
③ 생리적 영역 : 청력, 시력, 발성과 언어, 치열, 인지, 통증, 의식, 피부, 신경-근육-골격
기능, 호흡, 순환, 소화/수화, 장기능, 비뇨생식기능, 산전/산후, 기타
④ 건강 관련 행위 영역 : 영양, 수면과 휴식 양상, 신체활동, 개인위생, 물질남용, 가족계획,
건강관리 감독, 처방된 투약요법, 기술적 절차, 기타

04 가정간호 진단분류체계[가정간호중재 분류체계 (HHCC; Home Health Care Classification)]

(1) 개발 배경

① HHCC는 가정간호 서비스를 분류하고 코딩하는 새로운 구조를 제공하기 위한 것으로, 조
지타운 대학의 Saba(1991)가 시행한 'Home Health Care Project'의 결과로 646개 가정
간호기관이 참여하면서 개발되었다.
② HHCC는 대상자들에게 제공된 간호에 대해 기대되는 간호결과와 가정간호 서비스를 제
공하는 데 필요한 자원을 결정하기 위해 객관적으로 측정될 수 있는 실제적 자원이용에
관한 자료를 사용해서 대상자를 사정하고 분류하는 방법을 개발한 것이다.

(2) 가정간호 분류체계의 간호구성요소

HHCC의 구조를 보면 20개의 가정간호요소 즉 활동, 배변, 심장, 인지, 대처, 체액량, 건강
행위, 약물, 대사성, 영양, 신체적 조절, 호흡기, 역할 관련, 안전, 자기간호, 자기개념, 감
각, 피부/조직 통합성, 조직관류, 요배설의 중재로 분류되어 있다.
① 활동 : 신체활동에 필요한 에너지의 사용과 관련된 요소 집합
② 배변 : 위장관계와 관련된 요소 집합
③ 심장 : 심장, 혈관, 순환기계와 관련된 요소 집합
④ 인지 : 정신 및 대뇌과정과 관련된 요소 집합
⑤ 대처 : 책임감, 문제, 어려움을 다루는 능력과 관련된 요소 집합
⑥ 체액량 : 체액 소모와 관련된 요소 집합

⑦ **건강행위** : 건강을 지탱하고 유지하고 회복하는 활동과 관련된 요소 집합

⑧ **투약** : 의약품과 관련된 요소 집합

⑨ **대사** : 내분비계 및 면역계 과정과 관련된 요소 집합

⑩ **영양** : 음식 및 영양섭취와 관련된 요소 집합

⑪ **신체조절** : 신체과정과 관련된 요소 집합

⑫ **호흡** : 호흡 및 호흡기계와 관련된 요소 집합

⑬ **역할관계** : 대인 간 업무, 사회적·성적 상호작용과 관련된 요소 집합

⑭ **안전** : 손상, 위험, 상실의 예방과 관련된 요소 집합

⑮ **자가간호** : 개인의 자가간호와 관련된 요소 집합

⑯ **자아개념** : 개인의 정신적 자아상과 관련된 요소 집합

⑰ **감각** : 감각과 관련된 요소 집합

⑱ **피부통합성** : 신체의 점막, 피부, 피하구조와 관련된 요소 집합

⑲ **조직관류** : 조직의 산소화와 관련된 요소 집합

⑳ **배뇨** : 비뇨생식기계와 관련된 요소 집합

(3) 가정간호중재 진술

① 가정간호중재 진술은 연구에서 개발된 체계를 근거로 코딩되었는데 60개의 대분류와 100개의 하위분류 그리고 640개의 간호중재활동으로 구성되어 있다.

② 대분류는 여러 업무를 포함하는 서비스이며, 주어진 범주를 더 정확하게 설명하기 위해 하위분류가 추가된다. 예를 들면, 간호요소의 하나인 '피부통합성'의 대분류는 6가지인데, 그중 상처간호는 이를 더 정확하게 서술한 배액튜브 간호, 드레싱 교환, 절개부위 간호와 3가지 하위분류를 지니며 이들은 상처간호에 사용되는 하나의 서비스이다.

》 가정간호중재 분류의 일례

간호요소	대분류	하위분류
피부통합성	눈간호	백내장 간호
	욕창간호	1단계 욕창, 2단계 욕창, 3단계 욕창, 4단계 욕창
	부종조절	
	구강간호	의치간호
	피부간호	피부손상 조절
	상처간호	배액튜브 간호, 드레싱 교환, 절개부위 간호

간호진단의 과정

진단과정은 간호사가 자료의 양상을 확인하고 결론을 내리기 위해 비판적 사고기술을 사용하는 지적인 활동이다.

1 단서의 확보

(1) 자료의 조직

① 간호사가 초기에 철저한 사정을 하게 되면 그 자료는 자료수집의 양식에 따라 이미 분류되거나 간호의 틀을 이용해서 정확한 형태로 조직된다.

② 선호하는 틀에 따라 기초자료인 모든 정보를 다시 기록하면 자료의 결함과 모순이 단서 간의 관계를 아는 데 도움이 된다.

③ 간호사가 자료조작 시 자료수집 양식과 동일한 틀을 꼭 사용할 필요는 없으나 일반적으로 사정양식의 범주들을 이용해서 자료를 조직하게 되며, 또한 다양한 모형들을 사용하기도 한다.

Gordon의 기능적 건강양상에 따라 조작된 김씨의 자료

■ 상황

30세인 김씨는 객담이 배출되는 기침과 빠르고 힘든 호흡 때문에 병원에 입원했다. 그녀는 2주 동안 감기를 앓아 왔고 힘이 들 때 숨이 찬다고 말하였다. 어제부터 그녀는 고열과 폐에 통증이 시작되었다.

■ 건강지각 – 건강관리
- 자신의 의학적 진단을 앎
- 정확한 병력을 제공함
- synthroid를 복용하고 있음
- 질병과정을 자세히 말함
- "하루 3끼의 식사를 해요."

■ 영양 – 대사
- 키 : 158cm 몸무게 : 56kg
- "감기에 걸린 후 식욕이 없어요."
- "오심 증상이 있어요."
- 구강체온 : 39.4℃
- 피부 탄력성 감소
- 창백하고 건조된 점막
- 뜨겁고 창백한 피부, 상기된 뺨
- 오늘 아무것도 먹지 않음

- ■ 인지 – 지각
  - 시간, 장소, 사람에 대한 지남력이 있음
  - 반응적이나 피곤해 보임
  - 구두적, 신체적인 자극에 적절히 반응함
  - 현재와 과거에 대한 기억이 정상임
  - "조금 허약할 뿐 난 괜찮아요."
  - "힘이 들 때 숨이 차요."
  - "기침할 때 특히 폐에 통증이 있어요."
  - 오한을 경험함
  - 오심을 보고함
- ■ 역할 – 관계
  - 남편과 3살 된 딸과 살고 있음
  - 남편이 출장 중이나 내일 돌아옴
  - 남편이 돌아올 때까지 이웃에게 아이를 맡김
  - 워킹맘
  - 남편이 가사일을 도움
- ■ 자아/지각/자아개념
  - "내일까지 이웃에게 맡겨둔 딸이 걱정돼요."
  - 옷차림은 단정함 : "너무 피곤해서 머리 손질과 화장을 할 수 없어요."
- ■ 대응 – 스트레스 내성
  - 불안함 : "숨을 쉴 수가 없어요."
  - 얼굴 근육의 긴장감과 떨림
  - 일에 대해 염려함 : "일을 만회할 수 없을 거예요."

(2) 개인적 자료와 표준의 비교

① 간호사는 중요한 단서들을 찾아내기 위해 해부학, 생리학, 심리학, 발달이론 등의 지식을 이용하게 된다.

② 모든 자료를 신장, 체중, 검사치, 영양권장량, 사회적 기능 및 대처 기술에 대한 표준과 비교하게 되면 의미 있는 비정상적인 단서가 드러나게 된다.

단서의 유형	단서 관련 자료	표준/기준
우측 호흡음 감소	"숨을 쉴 수가 없어요."	우측 호흡음은 감소되면 안 되고 숨 쉴 때 편안해야 한다.

 단서 상호간의 모순 분석

(1) 중요한 단서들을 묶고 자료의 결함을 확인

① 간호사는 자료를 수집하면서 동시에 해석하고 자료를 확인해야 한다.

② 단서들을 묶기 위해서는 먼저 한 가지 이상의 범주들 혹은 양상들에서 반복적으로 나타나는 단서를 찾아낸다.

예를 들면, Gordon의 사정도구로 측정했을 경우 영양 – 대사 양상에 나타난 '피부 탄력성 감소와 체온 상승'이라는 자료 간에 관계가 있는가를 생각해야 한다는 것이다.

③ 간호사가 단서들을 묶는 형식은 연역적 혹은 귀납적인 추리방법에 의해 좌우된다. 비정상적인 단서를 묶을 때 연역적 방법을 사용할 경우는 사정기틀의 범주에 따라 모든 비정상적인 단서들을 열거하게 된다.

(2) 정해진 틀에 따라 각 묶음들을 범주화함

① 한 가지 양상 내에 한 개 이상의 단서 묶음이 있을 수 있다. 하나의 단서 묶음은 한 개 이상의 양상을 나타낼 수 있고 하나 이상의 문제를 포함하기도 한다. 예를 들면, 아래 표의 묶음 3은 두 가지 문제, 즉 '체액량 문제'와 '잠재적 구강점막 문제'를 포함하고 있다.

② 하나의 단서 묶음이 한 가지 양상에만 해당될 수 있다. 그 단서 묶음에 들어맞을 것으로 여겨지는 모든 양상들을 열거하고 그 단서들의 관계에 대해 깊이 생각하여 구체적인 문제를 인식한 후에 그 양상을 확인하는 것이 더 나을 수 있다.

>> 김씨 자료에서 문제반응을 나타내는 관련 단서들

관련된 단서들(묶음)	기능적 건강 양상	임시적 문제진술(추론)
묶음 1 특별한 단서 없음	건강지각 – 건강관리	강점 : 건강한 생활양식, 치료요법에 대한 이해와 이행
묶음 2 • "감기에 걸린 후 식욕이 없어요." • 이틀 동안 오심 증상 보고 • 오늘 아무 것도 먹지 않음 : 오늘 정오에 마지막 수분 섭취	영양 – 대사	간호진단 영양불균형(영양부족)
묶음 3 • "감기에 걸린 후 식욕이 없어요." • 이틀 동안 오심 증상 보고 • 오늘 정오에 마지막 수분 섭취 • 구강체온 : 39.4℃ • 뜨겁고 창백한 피부, 상기된 뺨 • 점막 건조 • 피부 탄력성 감소 • 2일간 배뇨횟수와 양의 감소	• 영양 – 대사(수분 포함) • 배설	간호진단 체액 부족, 단서들이 배설에 대한 자료를 포함하나 배설 문제는 아님 소변 감소는 체액량 문제의 한 증상임

묶음 4 • 기침으로 인한 수면장애 • "누워서는 숨을 쉴 수가 없어요." "나는 허약해요." • 힘들 때 숨이 참	• 수면 – 휴식 • <u>활동</u>	간호진단 수면양상 장애
묶음 5 • 하루에 synthroid 0.1mg 복용함 • 목 전면부에 오래된 외과적 흉터	영양 – 대사	의학적 치료 대상자가 처방을 이행하고 있는 한 문제가 안 됨
묶음 6 • 기침으로 인한 수면장애 • "누워서 숨을 쉴 수가 없어요." • 힘들 때 숨이 참 • "나는 허약해요." • 반응적이나 피곤해 보임 • 약한 요골 맥박 : 92회	• <u>수면 – 휴식</u> • 활동 – 운동 • <u>인지 – 지각</u>	간호진단 활동 지속성 장애나 자가간호 결핍(허약함 때문에 개인위생에 도움이 필요함) 다른 양상들에 나타난 단서들이 활동/운동 양상의 문제에 기여함
묶음 7 • 오한 증상 • 구강체온 : 39.4℃	• 인지 – 지각 • <u>영양 – 대사</u>	간호진단 문제 : 고체온
묶음 8 • 남편이 출장 중 : 내일 돌아옴 • 남편이 돌아올 때까지 이웃에게 아이를 맡겨 둠	• <u>역할 – 관계</u> • 자아지각 – 자아개념 • <u>대응 – 스트레스 내성</u>	간호진단 문제 : 불안, 역할 – 관계와 대처 – 스트레스 단서들이 불안 초래에 기여함
묶음 9 • 남편이 출장 중 : 내일 돌아옴 • 남편이 돌아올 때까지 이웃에게 아이를 맡겨 둠 • 불안함 : "숨을 쉴 수가 없어요." • 얼굴 근육에 긴장감과 떨림 있음 • 일에 대해 염려함 : "일을 만회할 수 없어요."	• <u>역학 – 관계</u> • 자아지각 – 자아개념 • <u>대응 – 스트레스 내성</u>	간호진단 부모가 일시적으로 아이를 돌볼 수 없음으로 인해 가족과정 중단
묶음 10 • "기침할 때 특히 폐에 통증이 있어요." • 옅은 핑크빛의 객담을 배출하는 기침	인지 – 지각	간호진단 통증

묶음 11 • 뜨겁고 창백한 피부 • 얕은 호흡 • 옅은 핑크빛 객담을 배출하는 기침 • 흡기 시 우측 상하 흉부상 수포음 청진 • 창백한 점막	활동 – 운동 (호흡기계와 심혈관계 상태 포함)	의학적 문제 폐렴 상호 의존적 문제 호흡부전, 감염성 쇼크 간호진단 질병 경과로 인한 비효율적인 기도 청결

3 자료의 종합과 추론

(1) 추론

① 수집된 자료를 분류·확인하여 종합한 관련 자료로 단서를 해석하고 판단하여 대상자의 건강상태나 상황을 정상치나 표준에 비교하여 추론·판단한다.

② 이는 단서들의 묶음이나 패턴으로 추론하는 것을 의미한다. 추론은 단서들에 대한 간호사의 판단 또는 해석이다. 그러므로 단서 없이 추론하면 부적절하거나 위험한 간호를 하는 빌미가 된다.

③ 자료를 진단적 단서로 정하는 것도 복합적인 인지활동이지만 단서의 묶음을 간호진단으로 분류하는 것은 더 어렵다.

(2) 자료의 결함과 모순의 확인

① 사정단계에서 자료가 전부 갖추어졌는지를 확인하는 것이 바람직하나 자료를 묶고 자료 내의 의미를 찾을 때 비로소 그 자료의 결함이 명백해질 수 있다.

② 하나의 단서 묶음 내 정보가 또 다른 단서 묶음 내의 정보와 모순되는가? 또는 객관적인 자료와 대상자의 호소가 일치하지 않는가?를 살펴서 자료의 모순을 찾아내게 된다.

4 가설적 진단

(1) 가설적 진단의 기초

① 대상자의 건강문제와 관련되는 가설적 진단이 유도된 이론적 구성이 파악되어야 하고 이론적 관계와 진단은 가설적 진단의 기초가 된다.

② 원인을 결정하고 문제를 분류하는 것은 자료 해석의 마지막 단계이다. 자료에서 확인된 문제가 무엇 때문에 발생하며, 어느 것이 문제이고, 어느 것이 원인인지, 원인과 문제 사이의 연결은 무엇을 입증하는지 등을 따져봄으로써 간호진단의 가장 적절한 원인을 결정한다. 이때 간호사는 지식, 경험, 자료에 근거해서 추론한다. 문제의 원인은 생리적, 심리적, 사회적, 영적, 환경적 요인들이다.

(2) 대상자의 현 건강상태에 대한 결론

① 각 단서 묶음에 대해 가능한 한 많은 해석들을 생각한 후에 어느 해석이 그 묶음을 가장 잘 설명하는지를 결정한다. 자료의 의미에 대해 너무 빠른 결론을 내려서는 안 되며 자료의 결합을 계속 찾아야 한다.

② 앞에서 나온 표에서 묶음 3에 대한 두 가지 가능한 해석들은 다음과 같다.

　㉠ 김씨의 소변량 감소는 배뇨관 문제를 나타낼 수 있으며, 또한 신장염의 증상들인 오한과 고열을 지닌다. 그러나 이미 의사가 폐렴이라는 진단을 내렸고 김씨가 배뇨관 문제의 어떤 다른 징후들을 나타내지 않았으므로 배뇨관 문제라는 해석은 생각할 수 없는 것이다.

　㉡ 김씨의 소변량 감소는 영양 – 대사 문제의 결과일 수 있다. 고열과 발한으로 인한 체액상실과 부적절한 수분 섭취가 신장이 배설한 수분의 부족함을 의미할 수 있다.

③ 앞에서 나온 자료 묶음 3의 해석들에 대해 다음과 같이 결론을 내릴 수 있다.

　㉠ 배설문제는 없다.

　㉡ 실제적 간호진단은 영양 – 대사 범주 내의 체액량 부족이다.

④ 단서 묶음 5는 의학적 문제이다. 즉, 갑상선 기능저하증은 갑상선 절제술을 받은 결과로 생긴 문제로 의사가 처방한 symthroid에 의해 조절되고 있다.

⑤ 단서 묶음 11은 의사가 이미 진단한 폐렴이라는 의학적 진단을 반영한 것이고 상호 의존 문제, 즉 폐렴의 잠재적 합병증인 호흡부전과 패혈성 쇼크를 포함하고 있다.

5 가설 검정(검증)

(1) 가설 검증의 의미

① 가설의 검정은 이론적 명제를 검정함으로써 명확하고 단정적인 새로운 진단을 기술할 수 있다. 수집한 자료를 조직하고 단서를 찾고 분석하고 해석하는 것은 지식, 개인적 경험, 다른 자원을 필요로 하는 복합적인 인지활동이다.

② 사정자료는 간호진단과 상호 협력문제의 진단을 뒷받침하는 진단적 단서가 된다. 이 과정이 잘못되면 잘못된 진단과 비효율적인 중재를 초래하여 대상자에게 해를 입히며 간호자원을 무용지물이 되게 한다.

(2) 강점의 확인 및 문제의 분류

간호사는 간호계획 시 강점을 보완해서 완전하게 해야 하므로 대상자와 가족에게 과거에 어떻게 성공적으로 대처했으며, 그들의 강점이 무엇이라고 생각하는지를 물어본다.
김씨의 강점 몇 가지를 나열해 보면 다음과 같다.

양상	강점
건강지각 – 건강관리	• 건강한 생활양식을 보임 • 치료요법을 이해하고 이행함
영양 – 대사	• 키에 맞는 정상적인 체중
역할 – 관계	• 지지적인 남편 • 이용가능한 이웃과 도움을 줄 의지가 있음

(3) 원인의 결정

① 위의 묶음 단서 3에서 간호사는 김씨의 구강점막 건조, 소변량 감소, 따뜻한 피부, 피부 탄력성 감소를 관찰할 수 있어서 '체액 부족'이라는 문제를 지닌다고 결론을 짓는다.

② 그러나 체온 상승, 발한, 수분 섭취 부족이 이 문제의 원인임을 관찰할 수는 없으므로 간호사가 이와 유사한 대상자들을 과거에 경험한 것 뿐만 아니라 인체 체액균형의 생리와 고열이 대사에 미치는 영향에 대한 지식에 근거해서 문제와 원인 간의 연결을 추론해야 한다.

③ 간호사는 그 문제에 해당되는 동일한 양상 내에서 원인을 찾아내지는 못할 수도 있다. 다음의 예는 활동 – 운동 양상 내에 있는 하나의 문제가 영양 – 대사, 활동 – 운동, 인지 – 지각 양상들 내의 스트레스 요인에 의해 유발되었음을 보여준다.

	문제	기능적 건강양상
문제	• 비효율적 기도 청결	• 활동 – 운동
원인	• 체액 부족으로 끈끈한 분비물 배출 • 통증, 허약함, 피로 때문에 얕은 흉부 팽창	• 영양 – 대사 • 인지 – 지각 • 활동 – 운동

④ 대상자들이 동일한 문제를 지닐 수 있지만 그 원인들은 다를 수 있다.
예를 들면, A, B, C 3명의 대상자들이 모두 '처방된 약물요법의 불이행'이라는 문제를 지니고 있지만 A 대상자의 원인은 '질병의 부정'이고, B 대상자의 원인은 '잊어버림'이며, C 대상자는 '질병의 부정과 잊어버림'이 원인일 수 있다.

⑤ 간호진단 진술 시에는 독자적인 간호중재에 의해 영향을 받을 수 있는 원인들에 중점을 두어야 한다.

(4) 최종 결정

① 간호사가 문제들과 이용된 틀 내의 양상들이 어느 양상에 해당되는가?에 대한 최종 결정을 한다. 즉, 문제들과 이용된 틀 내의 양상들을 연관시켜 보는 것이 진단진술 시 진단명을 선택하는 데 도움이 된다.

② 단서 묶음 3은 처음에 영양 – 대사 양상과 배설 양상에 관련되는 것으로 여겨진다. 여기에서의 해석은 김씨의 체액량 부족(영양 – 대사)이 그녀의 배뇨량 감소(배설)를 야기하고 있다는 것이므로 체액량 부족이 변화되어야 할 인간반응 문제가 된다. 이 단계에서 간호사는 원인이 아니라 문제의 양상을 분류하는 것이므로 묶음 3은 영양 – 대사 양상에 가장 적합하다.

③ 각 단서 묶음에 대해 이와 같은 동일한 과정을 거쳐서 모든 문제들이 해당되는 적절한 양상을 확인하고 분류해서 그에 따른 진단명을 선택해야 한다.

6 진단 작성 🎯기출

대상자의 문제와 강점을 확인하고 검증한 후에는 그것들을 공식적으로 진술해야 한다. 간호사는 진단명을 선택하기 위해서 단서 묶음들과 진단명의 정의, 특성, 관련 요인을 비교한 후 진단명을 선택해서 간호진단을 진술한다.

(1) 진단명을 선택하는 방법

① 간호사가 정확한 진단명을 선택하기 위해서는 대상자의 단서들을 NANDA 진단명의 정의와 특성 정의에 맞추어 본다.

② 200개 이상의 여러 진단명 중에서 무작위로 찾아내는 일은 실제적이지 못하므로 진단명을 선택하기 전에 자료 분석과 해석 단계에서 각 단서 묶음의 문제와 원인에 대한 가장 정확한 해석을 확인해서 그것이 이용된 기틀이 어느 양상에 해당하는지를 다음과 같이 결정해 둔다.

간호사는 다음의 단서 묶음 11에 대해 다음과 같이 해설을 할 수 있다.

단서 묶음	기능적 건강양상
a. 엷은 핑크빛 객담을 배출하는 기침 b. 얕은 호흡 c. 흉곽의 팽창 d. 흡기 시 우측 흉부상 수포음 청진 e. 창백한 점막 f. 오른쪽 호흡음 감소 g. 뜨겁고 창백한 피부	활동 – 운동

ⓒ 단서 a와 d는 '비효율적인 기도 청결' 진단명의 특성 정의들로 이 문제로 인한 부적절한 산소화가 단서 e를 초래한다. 단서 a, f, g는 비효율적인 기도 청결을 일으키는 의학적 문제인 폐렴의 지표들이다.

ⓛ 체액 부족은 대상자의 점액을 진하게 해서 밖으로 뱉어 내기 힘들게 하며(d, f), 통증과 허약함이 단서 b와 c에 기여한다.

③ 간호사는 위와 같은 해석이 실제적 문제를 나타내고 있고, 이 문제가 간호진단이지 상호의존문제나 의학적 문제가 아니므로 비효율적 기도 청결이라는 비공식적인 문제진술을 하게 된다.

④ 이 문제에 해당하는 적절한 NANDA 진단명을 찾기 위해서는 이 해석과 관련 있는 것으로 여겨지는 진단명을 진단목록에서 찾아야 한다. 김씨의 경우 자료분석이 Gordon의 기능적 건강양상 틀을 이용했기 때문에 활동 – 운동 양상 내에 있는 진단명들을 찾은 것이며, NANDA 200개 이상의 진단명 중에서 묶음 11과 연결이 가능한 것들은 비효율적 기도청결, 비효율적 호흡양상, 가스교환 장애이다.

》 단서 묶음들에 대한 진단진술

단서 묶음	진단진술
묶음 1	문제 : 없음 강점 : 건전한 생활양식, 치료요법을 이해하고 이행함
묶음 2	영양 변화 : 식욕감퇴, 오심, 질병 과정의 이차적인 대사 증가와 관련된 영양 부족
묶음 3	고열, 발한, 오심의 이차적인 수분 상실에 대한 불충분한 섭취와 관련된 체액 부족
묶음 4	기침, 통증, 좌위호흡, 고열, 발한과 관련된 수면양상 장애
묶음 5	의사처방을 따르는 한 문제는 없음
묶음 6	기도개방 유지 불능과 수면양상 장애의 이차적인 활동지속성 장애와 관련된 자가간호 결핍
묶음 7	안위변화 : 고체온
묶음 8	아기돌봄 중단과 관련된 가족과정 중단
묶음 9	호흡곤란과 일/부모 역할에 대한 염려와 관련된 불안
묶음 10	폐렴의 이차적인 기침과 관련된 통증
묶음 11	진한 분비물과 얕은 흉부팽창과 관련된 비효율적 기도 청결

(2) 간호진단의 진술 형식

진단진술은 대상자에 따라 간호진단을 개별화시키고 그 진단에 나타난 원인이나 관련 요인을 변화시키거나 해결할 수 있는 형태로 쓰여야 한다.

① r/t(related to) 양식

　㉠ 진단진술의 기본적인 형태는 '원인구 + 연결구 + 문제구'의 형식을 따르며, 원인구와 문제구의 두 부분이 연결구에 의해 하나의 진단으로 진술된다.

　㉡ 이러한 '원인과 관련된 문제'와 같은 기본적인 두 부분의 진술 형식은 실제적·잠재적 혹은 가능한 간호진단과 같은 건강상태의 진단 유형에 따라 달라질 수 있다.

　㉢ 문제진술은 대상자의 건강상태를 분명하고 간결하게 서술한 것이며, 이를 통해서 대상자의 변화되어야 할 건강상태가 확인되고 그것이 대상자의 목표/간호결과로 제시되어야 한다. 문제진술 시 가능하면 NANDA 진단명을 이용한다.

　㉣ 원인진술은 실제적 문제의 원인이거나 기여하는 요인들을 서술한 것이다. 잠재적 문제는 위험요인의 존재에 의해 진단되므로 대상자의 위험요인을 원인으로 서술한다. 원인으로는 NANDA가 제시한 진단명, 특성 정의들의 일부, 위험요인 혹은 관련 요인과 같은 표준화된 용어나 다른 어떤 것들이 포함될 수 있다.

　㉤ 원인과 문제를 연결하는 연결구로는 '~와 관련된'이라는 말이 사용되어 이 두 부분이 관계가 있음을 나타내 준다.

≫ 두 부분 진단진술형식과 NANDA 구성요소

구성요소	실제적 진단	잠재적 진단	가능한 진단
원인	관련 요인 다른 진단명 특성 정의	위험요인	원인불명
연구결과/문제	~와 관련된/진단명	~와 관련된/진단명	~와 관련된/진단명
진단진술문 예	섬유소 섭취 부족과 관련된 변비	석고붕대의 이차적 부동과 관련된 피부통합성 장애 위험성	원인불명과 관련된 자존감 저하 가능성

　㉥ 진술된 원인에 따라 대상자에 대한 간호중재가 달라질 수 있다.

　　예를 들면, '변의를 무시하는 것과 관련된 대장성 변비'나 '수분 섭취 부족과 관련된 대사성 변비'라는 간호진단들은 진단명의 문제가 동일할지라도 원인적 요소가 다르므로 간호중재가 달라진다. 변의를 무시하는 것 때문에 변비가 발생한 경우에는 '변의가 있을 때에는 반드시 화장실에 가게 한다.'가 간호중재일 수 있으며 수분 섭취가 부족한 것이 원인일 때는 '하루에 2,000mL 이상의 수분을 섭취하게 한다.'가 간호중재이다.

② 세 부분 진술 PES 양식 (기출)

　㉠ 기본적인 두 부분 진술 이외에 증상과 징후를 진단진술의 한 부분으로 포함시키는 세 부분 진술은 P는 문제(problem), E는 원인(etiology), S는 증상과 징후(cluster of signs & symptoms)를 나타낸다.

ⓒ PES 양식은 처음으로 간호진단을 진술하는 초보자에게 권장된다. 징후와 증상은 그 문제가 있음을 나타내는 특성이다. 이 징후와 증상은 사정단계에서 확인된 것이며 왜 그 진단명이 채택되었는지를 확인하고 간호진단에 대한 간호중재를 계획할 때 도움이 된다. 간호진단 아래에 이것을 주관적 자료와 객관적 자료로 분류해서 기록할 수 있다. 실제적 간호진단의 경우에만 대상자의 징후와 증상의 확인이 가능하므로 이용할 수 있고, 잠재적 문제의 경우 발생한 증상과 징후가 없으므로 진단기술할 때 'S'를 생략한 PE 양식으로 기록한다.

ⓒ PES 양식은 실제적 문제인 경우 유용하지만 간호진단이 너무 길어지는 단점이 있어 건강문제와 관련 요인 두 부분으로 간호진단을 진술한다. 또한 PES 양식은 우리나라 어순과 다르므로 '증상, 원인, 문제'의 순(SEP)으로 기록한다.

≫ PES 양식

형식	원인	연결구	문제	증상/징후
구성요소	관련 요인	~와 관련된	실제적 진단명	특성 정의
진단진술	진단에 대한 미해결된 분노	~와 관련된	불이행(당뇨식이)	• "약 먹는 것을 잊었어요." • 체중 : 5kg 증가

간호진단을 진술함에 NANDA에서 공인된 진단 목록을 참고하는 것이 가장 간편한 방법이나 아직도 NANDA의 진단 목록에 포함되지 않은 진단이 많기 때문에 주어진 상황을 진단의 기술지침에 맞추어 작성해야 한다.

③ **상호 의존문제의 진술**

㉠ 상호 의존문제는 간호사가 독자적으로 치료할 수 없는 질병, 검사 혹은 치료의 합병증이다. 간호사는 이런 문제를 감시하고 주로 예방에 초점을 두고 있다. 이 문제의 원인들은 질병, 치료, 병리일 수 있다. 간호사가 보편적인 원인과 문제의 진술 형식을 이용한다면 원인은 의학적 중재의 필요성을 나타내 주며, 문제진술은 감시해야 할 가능한 합병증과 그것을 야기하는 질병, 치료 혹은 다른 요인들을 포함해야 한다.

㉡ Carpentino는 모든 상호 의존문제를 진술 시 '잠재적 합병증'이라는 어구를 사용할 것을 제안한다.

형식 :	질병 혹은 치료의 잠재적 합병증	구체적 합병증
	↓	↓
진술 :	두부손상의 잠재적 합병증	두개강 내압 상승

7 간호진단의 평가

간호사는 진단진술 때 올바른 양식을 이용하는 것 외에도 그 내용의 질, 즉 진단들의 의미를 깊이 숙고해야 하므로 진단을 진술한 후에 다음과 같은 기준에 따라 평가해야 한다.

(1) 진단진술이 대상자 상황을 분명하게 묘사하고 있는가?

① 진단진술 시 사투리와 약어 사용을 피한다.

② 일반적으로 다른 전문가들도 이해할 수 있는 용어를 사용해야 한다.

(2) 간호진단 진술이 간결한가?

① 장황하고 산만한 진술이 아닌 간결한 진술을 한다.

② NANDA 진단명을 이용하여 문제를 간결하게 진술하는 데 도움을 받을 수 있다.

③ 원인적 요인들이 길고 복잡하면 '복합요인과 관련된'의 어구를 사용한다.

④ PES 형식으로 인해 진술이 길어질 경우 증상과 징후를 진단진술 아래에 열거한다.

원인	연결구	문제	증상과 징후
남편의 거절에 의해 악화된 지속적인 실패감	관련된	만성적 자존감 저하	• 비판에 민감함 • "내 자신을 관리할 수 있을지 모르겠어요." • 긍정적인 회환을 거부함 • 눈을 마주치지 않음

↓

복합요인과 관련된 만성적 자존감 저하

(3) 진단진술이 정확하고 타당한가?

① 대상자의 증상과 징후를 NANDA의 특성 정의와 맞추어 본다.

② 잠재적인 문제인 경우는 대상자의 위험요인들과 NANDA의 위험요인들을 맞추어 본다.

③ 단서 묶음들을 NANDA 진단명의 정의와 맞추어 본다.

④ 대상자와 진단의 타당성을 확인한다.

(4) 진단진술이 서술적이고 구체적인가?

① 진단진술은 대상자의 문제를 완전히 서술해야 한다.

② NANDA 진단명에 다음의 내용을 첨가하면 항상 더 구체적으로 진술될 수 있다.

　㉠ 진단명의 정의에 대한 지식

　㉡ 완전한 문제진술에 원인을 첨가

　㉢ 대상자의 특성 정의를 첨가

　㉣ 수식어 첨가(예 중정도)

　㉤ 원인에 '이차적인' 어구 첨가

　㉥ 콜론과 더 구체적인 문제 첨가

간호진단의 유형

1 실제적 문제에 입각한 간호진단

현존하는 건강문제를 다루는 것으로서, 충족되지 않은 욕구나 필요성을 대상자 중심으로 간결하고 명료하며, 정확하고 적절한 진단을 내려야 한다.

2 잠재적 문제에 입각한 간호진단

현존하는 문제가 아닌 발생 가능한 건강문제에 대한 위험요인이 존재한다. 잠재성 간호진단이 주어진 환자는 적절한 간호중재가 실시되지 않을 경우 실제적인 문제가 발생한다.

3 건강증진 간호진단

(1) 비효과적 건강유지(Ineffective health mainternance)

① 정의 : 건강 유지상의 필요한 도움을 확인하고 관리하거나 찾을 능력이 없는 상태

② 특성 정의
- 환경 변화에 대한 적응 행위의 부족을 드러냄
- 건강 행위를 증진시키려는 관심 표현이 부족함
- 건강 추구 행위 부족의 과거력이 있음
- 기본적인 건강 실천에 대한 책임감이 없음
- 기본적인 건강 실천에 관한 지식부족을 드러냄
- 개인적 지지 체계의 손상

③ 관련 요인
- 인지적 손상
- 복합적인 슬픔 반응
- 미세한 운동기술의 감소
- 큰 운동 기술의 감소
- 적절한 판단 능력의 장애
- 가족의 비효과적인 대응
- 개인의 비효과적인 대응
- 자원의 부족
- 미세한 운동기술의 부족

- 큰 운동기술의 부족
- 지각의 손상
- 영적 번뇌
- 성취되지 못한 발달 과업

(2) 비효과적 자기 건강관리(Ineffective self health management)

① 정의 : 질병과 그 후유증을 치료하기 위한 치료적 요법의 조절이 안 되고 일상생활로 통합이 안 되어 구체적인 건강목표를 달성하기 어려운 상태

② 특성 정의
- 일상의 삶에 치료 요법을 통합시키지 못함
- 위험요소를 감소시키는 행동을 취하지 못함
- 일상생활에서 건강목표 달성에 비효과적인 선택을 함
- 질병의 관리 요구를 말로 표현함
- 처방 요법이 어렵다고 표현함

③ 관련 요인
- 보건의료체계의 복잡성
- 치료적 요법의 복잡성
- 의사 결정 갈등
- 경제적 어려움
- 과도한 요구가 있음(예 개인적, 가족적)
- 가족 갈등
- 가족의 건강관리 유형
- 행동을 취하도록 유도하는 신호가 불충분함
- 지식부족
- 요법(치료)
- 지각된 장벽
- 무력감
- 지각된 심각성
- 지각된 민감성
- 지각된 이득(혜택)
- 사회적지지 부족

(3) 가정유지장애(Impaired home maintenance)

① 정의 : 안전한 성장을 촉진하는 직접적인 환경을 독자적으로 유지할 능력이 없는 상태

② 특성 정의
　　㉠ 객관적
　　　　• 정돈되지 않은 주위 환경
　　　　• 부적절한 실내 온도
　　　　• 불충분한 의복
　　　　• 불충분한 이불
　　　　• 불충분한 필요 장비
　　　　• 불쾌한 악취
　　　　• 무리하게 일을 하는 가족 구성원들(예 지치거나 화가 남)
　　　　• 해충이 있음
　　　　• 비위생 때문에 발생하는 장애가 반복적으로 생김
　　　　• 비위생 때문에 발생하는 감염이 반복적으로 생김
　　　　• 음식조리기구가 없음
　　　　• 깨끗하지 못한 환경
　　㉡ 주관적
　　　　• 가족 구성원이 재정적인 위기에 대해 말함
　　　　• 가족 구성원이 가정을 편안하게 유지하는 데에 어려움을 표현
　　　　• 가족 구성원이 심각한 부채에 대해 말함
　　　　• 가족원들은 가정 유지에 도움을 요청함
③ 관련 요인
　　• 지식의 부족
　　• 질병
　　• 불충분한 지지 체계
　　• 외상
　　• 기능 손상
　　• 가족의 불충분한 유기적 구조
　　• 불충분한 재정
　　• 역할 모형의 부족
　　• 주변 자원들에 익숙하지 못함

(4) 비효과적인 가족 치료법 관리(Ineffective family therapeutic regimen management)
　① **정의** : 질병과 그 후유증을 치료하기 위한 프로그램을 가족 과정에 통합하고 조정하는
　　데에 어려움이 있는 상태

② 특성 정의
- 가족 구성원의 질병 증상의 가속화
- 건강목표를 달성하는 데에는 부적절한 가족 활동들
- 위험요인을 감소시키는 활동을 취하지 못함
- 질병에 대한 주의(관심) 부족
- 질병관리 요구를 말로 표현함
- 처방된 요법의 어려움을 말로 표현함

③ 관련 요인
- 보건의료체계의 복잡성
- 치료법의 복잡성
- 의사결정의 갈등
- 경제적 어려움
- 지나친 요구
- 가족의 갈등

4 증후군 간호진단

(1) 외상 후 증후군(Post-trauma syndrome)

① 정의 : 외상이나 불가항력적인 사건에 대한 부적응 반응이 지속적으로 나타나는 상태
② 특성 정의

- 공격성
- 정신병
- 기분상태 변화
- 분노
- 불안
- 회피
- 강박적 행동
- 부정
- 우울
- 분리
- 집중 곤란
- 유뇨증(어린이)
- 지나치게 놀람
- 두려움
- 환각의 재현
- 위장장애
- 슬픔
- 죄책감
- 두통
- 강박적 꿈
- 악몽
- 심계항진
- 무감각
- 억압
- 물질남용
- 부끄럼

③ 관련 요인

- 학대(신체적/정신사회적)
- 전쟁포로로 잡힘
- 범죄의 희생자
- 재해
- 유행병
- 평상시 사람들이 경험할 수 없는 사건
- 심각한 사고
- 사랑하는 사람에 대한 심각한 상해
- 자신에 대한 심각한 상해
- 자신에 대한 심각한 위협
- 신체적, 정신사회적 학대
- 많은 사람의 죽음을 동반한 비참한 사건
- 유행성 질환
- 가정의 갑작스런 파괴
- 지역사회의 갑작스런 파괴
- 고문
- 다양한 죽음을 포함한 비극적 사건
- 전쟁
- 절단 목격
- 변사체 목격

(2) 강간상해 증후군(Rape-trauma syndrome)

① **정의** : 희생자의 의지나 동의 없이 강압적이고 폭력적인 성폭행에 대해 지속적으로 부적응 반응을 보인 상태

② **특성 정의**

- 공격성
- 흥분
- 불안
- 관계변화
- 혼동
- 부정
- 의존
- 우울
- 분열
- 해리성 장애
- 당황
- 두려움
- 죄책감
- 무력감
- 굴욕감
- 의사결정 부전
- 자존감 상실
- 기분의 현저한 변화
- 근육 경련
- 근육 긴장
- 악몽
- 편집증
- 공포증
- 신체적 외상
- 무력감
- 복수심
- 자기 비난
- 성기능장애
- 수치심
- 쇼크
- 수면 장애
- 물질 남용
- 자살 기도
- 취약성

③ **관련요인**

- 강간

(3) 환경변화 스트레스 증후군(Relocation stress syndrome)

① 정의 : 다른 환경으로 이동하게 될 때 발생되는 생리적 또는 사회심리적 혼란 상태

② 특성 정의

- 정신착란
- 분노
- 불안(예 분리)
- 의존
- 우울
- 두려움
- 좌절
- 질병 증가
- 신체적 증상 증가
- 요구 증가
- 불안정
- 외로움
- 자존감 상실
- 자아가치감 상실
- 비관
- 수면장애
- 옮기기 싫다고 말함
- 걱정

③ 관련요인

- 건강상태 저하
- 무력감
- 예측할 수 없는 경험
- 정신사회적 건강 부전
- 격리
- 적절한 지지체계의 부족
- 출발 전 상담 부족
- 언어장벽
- 환경 이동
- 수동적 대응

간호진단의 구조

(1) 문제

개인이나 가족 또는 지역사회의 건강문제를 이르는 것으로 실제적 문제, 잠재적 문제, 가능한 문제를 들 수 있다.

(2) 원인

대상자의 건강문제를 일으킬 핵심적 요인을 밝히는 것으로 간호진단을 개별화하고 계속적인 간호계획을 세우는 데 도움을 준다.

(3) 증상과 징후

진단의 특징적인 증상과 징후를 통하여 건강문제를 구별하고 진단의 근거를 지지할 수 있다. 간호진단에 쓰이는 증상과 징후에 알맞은 진단을 적용한다.

독학사

PART 4

간호계획

독학사 4단계

우선순위 결정

1 개념

① 우선순위의 결정과정은 간호진단의 목록을 작성하는 것으로 시작된다.
② 간호계획의 첫 단계인 우선순위 결정은 간호진단의 중요성 여부에 따라 순서를 정하는 것이다. 즉, 간호계획에서 어떤 순서로 대상자의 문제를 해결해야 하는지를 정하는 것이다.
③ 한 대상자에게 2가지 이상의 간호진단이 있을 때에는 우선순위를 정해야 한다. 우선순위가 높은 문제는 즉각적인 간호계획의 치료의 대상이 된다.

2 우선순위의 결정 순서

① 우선순위는 환자의 생명 위협의 정도가 강한 것부터 건강유지, 증진, 복지의 순으로 간호문제의 긴박성이나 심각성에 따라 환자가 중요하다고 생각하는 문제 그리고 실제적 문제를 잠재적 문제보다 우선적으로 순서를 정한다.
② 순서를 정하는 것은 즉각적인 해결이 필요한 문제와 좀 기다려도 대상자에게 해를 주지 않는 문제를 결정하는 것으로, 다른 문제를 생각하기 전에 반드시 한 문제가 완전히 해결되어야 함을 의미하지는 않는다. 여러 간호진단이 동시에 초점이 되는 경우도 흔히 볼 수 있다.
③ 우선순위를 결정하는 데에는 매슬로의 인간욕구 계층이론을 유용하게 이용할 수 있다. 이 이론은 상위수준의 욕구가 충족되려면 그 이전에 하위수준의 욕구를 먼저 충족시켜야 한다는 가정이 있다.
④ 생리적 욕구들이 안전의 욕구보다 우선하며, 애정의 욕구, 존경의 욕구, 자아실현의 욕구가 그 뒤를 따른다. 그러나 급박한 생리적 욕구는 아니지만 대상자의 심리적·사회문화적·발달적 또는 영적 욕구에 우선순위를 두어야 하는 상황에 직면할 수도 있다. 그러므로 간호사는 단지 생리적인 간호진단만이 높은 우선순위가 될 수 있다는 생각은 버려야 한다.

3 우선순위 결정 때 고려해야 할 사항

① 생명이나 건강에 위협을 주는 문제
  ㉠ 생명에 위협을 주는 즉각적이거나 실제적인 문제가 건강에 위협을 주는 실제적이거나 잠재적인 문제보다 선행된다.
  ㉡ 또한 심각한 기능상실이나 쇠약상태 같은 생명에 위협을 주는 문제를 포함하는 진단이 가장 먼저 고려되어야 한다. 생명에 위협을 주는 문제(심장, 호흡 또는 뇌기능의 상실)

② 시간적, 인적, 물적 건강관리체계 자원을 신중하게 검토
    ㉠ 간호사가 대상자를 간호하는 데 소요되는 시간이 간호진단의 우선순위를 결정하는 데 영향을 주며, 단기간 간호하여 특정한 효과를 얻을 수 있는 간호진단이 가장 우선적으로 중요하다.
    ㉡ 인적 자원에서 간호사는 대상자의 문제를 해결하는 데 관여하는 사람 수, 그들의 질적 수준과 기술이 적절한지 결정한다. 비용, 기구와 소모품 같은 물적 자원도 간호중재를 성공적으로 이끄는 데 충분히 있어야 한다.

③ 대상자의 문제 우선순위 결정에 참여
    ㉠ 간호사는 대상자와 더불어 우선순위를 결정하기 때문에 대상자의 건강문제와 관련된 상황에 대한 대상자 자신의 이해 정도, 건강문제 해결에 대한 대상자의 가치관, 사고와 감정, 환자의 일반적인 건강상태, 문제를 해결할 대상자의 능력 등을 고려해야 한다.
    ㉡ 대상자도 자신의 건강문제, 그와 관련된 상황에 관해 적절한 지식이 있어야 한다. 간호사는 대상자의 지식수준을 사정하고 그들이 우선순위를 결정하는 데 필요한 적절한 정보를 제공할 책임이 있다.

④ 과학적 실무원칙은 우선순위의 결정에 합리적 근거 제공
    ㉠ 우선순위를 결정할 때 이론, 이론적 틀, 모델, 원칙 등을 이용하면 쉽다. 진단의 상대적 우선순위를 평가하기 위해 자주 이용되는 모형은 매슬로의 인간욕구 계층이론이다.
    ㉡ 개인을 간호대상으로 할 때 생리적 원리는 간호문제의 우선순위를 결정하는 데 도움이 되며 간호사가 생명에 위협을 주는 간호문제에 즉각적인 관심을 갖는 지침이 된다. 예를 들면, 활력증상을 변하게 할 수 있고 뇌손상을 일으킬 수 있는 뇌내압 상승이 개인위생에 대한 요구보다 우선해야 하며, 순환계와 심장에 위협을 가져올 수 있는 혈압 상승이 당뇨의 기준치에 관한 학습요구보다 우선한다.

≫ 합리적 근거를 이용하여 환자의 건강문제에 대해 우선순위를 결정한 예시

간호진단	우선순위	합리적 근거
균형식이에 관한 지식 부족과 관련된 영양 과다	3	우선순위 2번과 동시에 다룰 수 있는 잠재적인 건강문제
혈압 상승과 관련된 순환상태 변화	1	이 시점에서 생명에 가장 위협을 주는 문제
첫 임신과 무지로 인한 공포와 관련된 불안	2	정신건강에 위협을 주고 신체적 건강에 잠재적 위험을 주는 문제

기대목표

1 목표의 설정

(1) 수행, 조건, 기준의 3요소가 포함되어야 정확한 의사소통이 이루어진다.

① 수행

    ㉠ 대상자에게서 나타날 수 있는 모든 활동으로, 목적에서 진술된 내용이 암시적일 때는 지시적 행위를 추가로 기준에 설정하여 평가내용을 명확히 한다.

    ㉡ 직접적으로 관찰 가능한 수행행동을 나타내는 동사는 "열거하다, 기록하다, 분류하다" 등이다.

    ㉢ 직접관찰이 불가능한 수행을 나타내는 동사는 "확인하다, 해결하다, 사용하다" 등이다.

② 조건

    ㉠ 목적을 달성하기 전에 대상자가 기대했었던 경험, 수단, 자원, 환경조건 등을 포함하여 목적수행 여부를 나타낸다.

    ㉡ 대상자가 어떤 조건에서 목적을 완벽하게 수행하는가를 나타내는 것으로서 조건은 목적을 달성하기 전에 대상자가 기대했었던 경험, 목적을 수행하는 수단, 사용할 수 있는 이용 가능한 자원, 대상자가 수행할 수 있을 것이라는 환경적인 조건 등을 포함한다.

      ⓐ 목적 달성하기 전의 경험

      당뇨교실에 2번 참여한 후에 대상자는 당뇨병의 2가지 중요한 종류의 이름을 말할 것이다.

      ⓑ 목적 수행하는 동안 유용 가능한 자원

      다양한 종류의 음식식단을 주면 대상자는 하루에 섭취해야 할 2,000cal를 낼 수 있는 음식에 원을 그릴 것이다.

      ⓒ 수행하는 동안의 환경조건

      집에 있을 때 대상자는 당뇨협회의 권유에 따라 음식섭취를 2,000cal로 유지할 것이다.

③ 기준

    수행된 행위를 평가할 때의 표준으로 속도, 정확성, 질, 기준-준거를 포괄하고 있다.

    ㉠ 속도 : 합리적인 시간 제한을 설정하고 대상자의 건강상태, 간호사의 능력과 제한점을 제시한다.

    대상자는 3일 이내 침상 안정의 4가지 합병증을 명명할 것이다.

    ㉡ 정확성 : 수행의 구체적인 정도를 양적으로 나타낸다.

    대상자는 고혈당의 4~5가지 증상을 열거할 것이다.

ⓒ 질 : 주어진 수용 가능한 절차에서 기대되는 표준을 나타낸다.

대상자는 무균법을 사용하여 인슐린 주사를 할 것이다.

ⓔ 기준 – 준거 : 책, 팸플릿, 기타 자원을 하나의 지침으로 사용한다.

대상자는 암협회에서 제시한 유방의 자가검진 내용을 기술할 것이다.

(2) 목표설정 지침

① 목표는 진단과 관련하여 결정된다.

② 목표는 관련된 진단명에 적절해야 한다.

③ 목표는 달성 가능한 것이어야 한다.

④ 목표는 과학적 실무원칙에 적용되어야 한다.

(3) 대상자 목표진술

일부 문헌에서는 이들 용어를 구별하여 서술하는데 '목표'는 간호중재의 바람직한 효과를 광범위하게 진술한 것으로, '기대되는 결과', '예측되는 결과', '성과 준거'는 목표가 성취되었는지를 평가하기 위해 사용하는 더 구체적이고 측정 가능한 기준으로 정의한다.

≫ 목표와 구체적인 성과 준거

목표	구체적인 성과 준거
효율적인 기도 청결	3월 1일까지 청진 때 폐음이 깨끗할 것이다.
통증 감소	통증점수가 10점 척도에서 5점 이하로 감소할 것이다.
영양상태 호전	3월 1일까지 체중이 3kg 증가할 것이다.

구체적이고 측정 가능한 목표 진술문의 구성요소는 주어(대상), 행동동사, 실시기준, 목표시기를 포함해야 한다. 특별한 조건에 대한 요소도 필요할 수 있다.

(4) 목표진술문의 구성요소

주어 (대상)	목표 시기 (표적시간)	특별한 조건	실시 기준 (수행 기준)	행동동사
대상자	퇴원 전	대장암 수술 후 관리에 관한 교육에 참석한 후	일상생활 활동에서의 올바른 식이요법과 관리법을 5가지 이상	열거할 수 있다.

(5) 장기목표와 단기목표

① 장기목표

㉠ 대상자가 몇 주 또는 몇 개월 이내에 달성할 것으로 기대하는 목표이다. 전반적인 방향이나 간호의 최종 결과를 말한다.

ⓛ 장기목표는 퇴원 후 문제해결에 적합하고 예방, 재활, 퇴원, 건강교육에 초점을 맞춘다. 따라서 장기 건강관리 시설에 있는 모든 대상자가 재활 단위, 정신건강 단위, 지역사회 간호현장, 이동의료 서비스의 일부 대상자에게 적절하다.

② 단기목표

㉠ 대상자가 며칠, 몇 시, 몇 분 안에 달성하거나 장기목표를 달성하기 위한 단계적인 목표이다. 단기목표는 단기간 치료가 필요한 환자, 달성하기 힘든 장기목표에 좌절하고 단기목표 달성으로 성취감을 느낄 필요가 있는 환자에게 적합하다.

㉡ 생존을 다투는 단기목표는 몇 분 안의 것으로 진술될 수도 있으므로 대상자의 즉각적인 요구에 초점을 두고 있는 병원 같은 응급간호 상황에서 유용하다.

㉢ 단기목표를 중심으로 간호계획을 세우면 더 구체적이고 정확한 계획이 가능하다.

간호수행계획

01 간호중재의 개념

1 간호중재의 정의

① 간호중재는 간호실무에서 가장 핵심인 실천영역으로서 간호사들이 지속적으로 했던 업무, 즉 건강을 회복하고 지지하며 유지하기 위한 모든 업무가 곧 간호중재이다. 중재는 일반적으로 인간이 무엇인가를 행동에 의해서 실행하는 것이므로 간호중재는 모든 전문분야와 실무환경에서 간호사들이 수행하는 것을 의미한다.

② 간호중재는 간호사가 대상자의 결과를 호전시키기 위해 지식과 임상적 판단을 근거로 수행하는 처치를 말한다.

③ 고든(Gordon)과 캠벨(Cambell)은 독자적인 간호중재란 간호대상자가 현재의 상태에서 특정한 결과를 추구하는 방향으로 이동하도록 돕는 간호사의 활동으로 정의하였다.

④ 베놀리알(Benolial) 등은 치료적 간호전략, 미국간호협회(ANA)는 간호행위, 유라와 왈시(Yura & Walsh)는 수행이라고 표현하였다.

⑤ 블레체크(Bulechek)와 맥클로스키(McClosky)는 간호진단과 정해진 목표에 따라 예견된 방법으로 간호사가 대상자의 이익을 위해 실시하는 자율적 행위가 간호중재이며, 간호사가 대상자의 기대되는 결과에 도달하기 위해서 임상적 판단과 과학적 지식을 기반으로 수행하는 모든 종류의 활동이라고 하였다. 간호중재는 직접간호와 간접간호, 간호사가 주도하는 처치, 의사가 주도한 처치, 타 의료요원이 주도한 처치 모두를 포함한다.

⑥ 스나이더(Snyder)는 간호중재란 간호진단에 근거한 간호사 중심의 자율적이고 독자적인 활동으로서 간호의 영역 내에서 대상자가 목표를 달성할 수 있도록 돕는 간호사의 활동이라고 하였으며, 이를 움직임 중재, 인지적 중재, 감각적 중재 및 사회적 중재 4가지 항목으로 분류하였다.

2 간호중재의 영역

① 의존적 간호중재
　　㉠ 의사의 지시나 처방에 따라 수행하는 간호활동으로 특수한 간호지식과 기술을 요하지만 의사가 명시한 지시에 따라서만 수행될 수 있다.
　　㉡ 약물투여는 의존적 간호활동의 예로 의사는 처방하고 간호사는 처방된 대로 약을 투여하며 약의 효과와 부작용을 감시한다.

ⓒ 의사의 지시를 수행할 때 간호사는 간호사정과 평가의 독자적 기능을 동시에 실천해
야 한다.
② **독자적 간호중재** : 독자적 중재는 다른 사람의 감독이나 지시 없이 면허와 법으로 허용될
수 있는 범위 내에서 시행되는 전문적 간호활동이며 과학적 근거에 기초한 자율적인 행
위이다. 예를 들면, 뼈 돌출 부위에 압력의 효과를 최소화시키기 위해 대상자를 체위 변
경을 시킨다거나 영양, 일상생활 활동을 조절하기 위해 대상자를 교육하는 것 등이다.
③ **협동적 간호중재**
㉠ 협동적 중재는 여러 건강전문가들의 지식과 기술을 필요로 하는 치료이다. 예를 들면,
최근에 뇌졸중으로 인해 편마비가 왔고 오래전부터 치매가 있어 온 노인이 있다. 이
대상자는 인지 기능에 제한이 있고 감각 및 기동성 장애와 관련된 문제 위험성이 있으
며, 일상생활 활동을 독립적으로 완수하지 못하는 상태이다.
㉡ 이 대상자가 현재의 건강상태를 유지하려면 욕창예방을 위한 간호중재, 부동으로 인
해 초래되는 근골격계 변화를 예방하기 위한 물리치료 중재, 식사와 개인위생 요구를
위한 작업치료 중재가 필요하다. 이 대상자에게는 여러 건강전문가들의 협동적 중재
가 필요한 것이다.

3 간호중재 선택 시 고려할 요소

(1) 간호진단의 성격
① 직접적 중재의 선택
㉠ 원인요소가 정확하여 중재가 성공적인 경우 환자의 상태가 호전될 수 있다. 간호진단
에 제시된 관련된 원인을 변화시키기 위한 목적으로 직접적 중재를 선택할 수 있다.
㉡ 호전된 환자의 변화는 진단과 연관된 특기할 만한 증상과 징후의 변화로 측정할 수
있다.
② 예방적 중재의 선택
㉠ 원인요소가 변화될 수도 없고 변화되지도 않으나 그 증상과 징후를 처리해야 하는 경
우와 감소된 식욕, 지속적인 오심, 구토의 소견 등의 경우에는 환자의 잠재적인 문제
를 해결하기 위한 목적으로 간호중재를 선택할 수 있다.
㉡ 미래에 건강문제를 일으킬 가능성 있는 위험요소가 있는 환자에게는 위험요소를 변화
시키거나 감소시키기 위한 조치가 필요하다. 잠재적 진단에 대한 중재로 위험요소를
변화시키거나 감소시키기 위하여 예방적 중재가 필요하다.
③ 안녕상태(Well-being)와 건강 지향을 위한 선택
㉠ 환자의 안녕과 건강 지향적 진단에 따라 선택이 달라질 수 있다. 건강문제가 없는 환
자일지라도 그의 안녕상태를 더 높은 수준으로 끌어 올릴 수 있다.
㉡ 환자의 안녕상태와 건강 지향을 위하여 질병의 예방에서 나아가 안녕상태 정도를 증

진시키는 데 있다.

ⓒ 안녕상태와 관련된 중재인 교육, 운동, 영양, 스트레스 중재는 개인의 목표와 관련되어야 하며 거기에는 가시적인 간호진단이 필요하지 않다.

(2) 중재와 관련된 연구

① 중재와 관련된 연구 결과는 간호중재 선택의 준거가 된다.

② 중재 연구는 시간과 비용이 많이 들지만 간호실무에 더 과학적인 근간을 제공하기 위해 더 많이 필요하다.

(3) 중재의 실행 가능성

① 중재행위에 대한 논리적 타당성에 관한 측면이 고려되어야 한다.

② 간호사는 특정한 상황에 맞는 가장 적절한 중재를 선택하기 위하여 충분한 과학적 근거를 탐색해야 하며 실행 가능성을 평가하려면 많은 것을 고려해야 한다.

③ 중재를 위한 고려사항

ⓐ 간호중재 중 어떤 것이 먼저 시행되어야 하는지

ⓑ 간호중재가 전체적 간호의 계획에 부합되는지

ⓒ 간호중재의 수가는 어떠한지

ⓓ 간호비용 지불능력은 있는지

ⓔ 간호중재에 소요되는 시간은 어떠한지

ⓕ 간호사와 대상자 및 환자 가족이 그 시간을 필요로 하는지

(4) 중재의 수용 가능성

① 환자가 중재를 수용할 가능성을 파악해야 한다.

② 가능하면 언제나 환자와 같이 간호중재의 목표를 설정하고 목표의 우선순위를 결정하는 것이 중요하다.

③ 간호사는 중재를 권장하거나 중재의 선택을 환자에게 권할 수 있다.

④ 각각의 중재에 대한 환자의 반응과 환자에게 어떤 영향을 미치는지 살펴보아야 한다.

⑤ 환자의 가치관, 믿음, 문화적 배경 등을 고려해야 한다.

(5) 간호사의 능력

① 중재에 대한 과학적 지식이 필요하다.

② 수기적 기술과 대인관계 기술을 습득해야 한다.

③ 의료전달체계의 여러 제도와 기관을 파악할 줄 알아야 한다.

④ 환자별로 간호진단을 개별화하는 능력이 배양되어야 한다.

⑤ 임상적인 의사결정 능력이 요구된다.

⑥ 간호중재에 따른 가능한 위험성이나 기대되는 장기적인 효과를 규명할 수 있어야 한다.

⑦ 충분한 지식과 기술 및 경험이 요구된다.

4 간호중재 개발의 필요성

(1) 간호본질의 확립

① 간호중재를 개발해야 하는 가장 기본적인 이유는 간호본질을 확립하기 위함이다. 본질은 어떤 것의 기본이 되는 질적인 속성을 의미한다.
② 독자적인 간호중재는 간호사 행위의 핵심이며, 간호의 질적인 속성을 대변하는 것이므로 간호의 힘이 되고 본질을 확립할 수 있는 중재개발이 필요하다.

(2) 전문직으로서의 간호위치 정립

① 간호중재 개발은 전문직으로서의 간호의 위치를 정립하는 데 매우 중요하다. 간호가 전문직으로 인정받는 데 필요한 독립적인 지식체를 바탕으로 한 독자적인 업무가 다른 의료 분야에 비해 덜 규명되었기에 대상자에게 전문적 역할과 권한을 완전히 인정받지 못하고, 업무 수행의 자율성도 보장받지 못하고 있는 실정이다.
② 간호가 전문직으로서의 위치를 확고히 하기 위해서는 무엇보다도 독자적인 지식체를 근거로 하는 자율적인 업무가 마련되어야 한다는 점에서 볼 때 중재 개발이 중요하고 시급하다.

(3) 보건의료체계 내 독특한 간호의 위치 확립

① 현대사회는 대상자의 요구 변화와 의료기술의 발달로 인해 건강 관련 전문인들의 간호대상자에 대한 접근을 다각적으로 요구한다.
② 간호사가 다양한 전문인들 중에서 인정받으려면 전문성이 뚜렷한 간호중재를 과학적으로 체계화하고 그러한 독특한 간호중재들이 대상자에게 미치는 긍정적인 결과가 학제 간에 인정될 때 비로소 간호의 위치가 확고해질 수 있다.

(4) 대상자의 삶의 질 향상

① 간호중재의 개발은 간호의 궁극적인 목적인 대상자의 삶의 질을 높이는 데 중요한 역할을 한다. 삶의 질은 신체적, 정신적, 사회적, 경제적 영역에서 각 개인이 지각하는 주관적인 안녕상태로 정의할 수 있으므로 삶의 질은 단순히 질병에서의 회복 혹은 문제해결이라는 의학적 접근만으로는 얻을 수 없다.
② 신체적 문제뿐만 아니라 심리적, 사회적, 영적 영역의 실제적·잠재적 문제까지 통합적으로 접근하는 간호중재는 대상자의 삶의 질을 높이는 데 결정적인 역할을 할 수 있다.

5 간호중재 분류의 필요성

(1) 간호처치의 명명의 표준화

① 지금까지 간호행위(action), 간호활동(activity), 간호치료(treatment), 치료적 간호(therapeutic), 간호처방/지시(order), 간호적용(implementation) 등의 다양화된 간호중재가 표준화되어 체계화되었다.

② 간호사가 간호처치를 수행할 때 그들의 특정 행위를 기술하는 데 사용하는 언어를 표준화하였다.

(2) 간호중재를 체계적으로 기록함

흔히 간호사들의 직관에 의존하던 우선순위 결정이 간호중재의 분류로 과학적으로 이루어지게 되었다.

(3) 간호진단, 간호치료, 간호성과와 연계된 지식의 확장 기대

① 간호언어는 간호지식을 체계화하고 간호실무를 향상시킴으로써 간호직이 환자에게 유익한 결과를 가져오는 전문직이라는 인식을 더욱 증대시키게 될 것이다.

② 간호진단과 중재, 결과를 연결하는 데 도움이 되는 데이터베이스를 만들기 위해서는 이들 각 영역에서 표준화된 전문용어 사용이 필요하다.

(4) 간호학생의 교육을 향상시킴

간호학생에게 의사결정 과정을 습득케 한다.

(5) 간호수가 결정과 간호자원 계획에 도움

① 표준화되지 않은 환자분류체계 이용은 간호수가를 비교할 수 있게 하는 대형 자료세트를 구축하는 데 주요 장애 요인이다.

② 수행된 간호중재에 기초하여 간호수가를 결정하려면 표준화된 중재분류가 요구된다. 특정 간호중재에 관한 수가 결정은 간호중재의 비용-효과 분석을 가능하게 한다.

③ 간호중재가 규명되고 각 간호중재의 소요시간, 비용, 중재의 효과에 연구가 이루어지면 이들 정보는 간호행정자에게 중재를 수행하는 데 필요한 인력과 자원을 더 효율적으로 계획하는 데 도움을 줄 것이다.

(6) 간호의 독특성을 나타내는 언어의 개발

① 모든 간호가 환자에게서 비롯된 결과로 설명되려면 간호성과가 간호중재 분류에 포함되어야 한다.

② 간호중재 분류체계는 간호가 지니고 있는 전문적인 독특성을 나타내는 언어를 개발하게 된다.

6 **간호중재와 관련된 주요 용어와 영역**

(1) 간호중재(Nursing intervention)

간호사가 환자/대상자의 결과를 향상시키기 위해 임상경험에 따른 판단과 지식을 기반으로 하는 처치로서 다음의 내용을 모두 포함한다.

① **직접적 간호중재** : 환자와 상호작용하는 간호행위로서 직접 간호하는 행위이다. 상담하는 행위들을 지칭하며, 생리적·사회 심리적인 간호행위를 모두 포함한다.

② **간접적 간호중재** : 환자를 위해서 수행되나 환자와 떨어진 상태에서 행해지는 행위이다. 환자 간호를 위한 환경 관리, 다른 분야와 협력하려고 수행되는 행위가 포함된다. 이러한 간호행위는 간접간호중재의 효과를 증대시킨다.

③ **간호사가 주도하는 처치** : 간호진단에 기초하여 간호사가 주도하는 중재이다. 과학적 원리에 근거하여 행해지는 자율적인 행위, 간호진단과 예견된 결과와 관련지어 대상자를 위하여 수행된다.

④ **의사가 주도하는 처치** : 의학적 진단에 기초하여 의사가 주도하나 의사의 처방으로 간호사가 수행하는 중재이다. 간호사는 약사나 호흡치료사 같은 다른 의료팀이 주도하는 처치를 수행할 수도 있다.

⑤ **간호활동(Nursing activities)** : 간호사들이 간호중재를 수행하기 위해 취하는 구체적인 행동이나 행위이며, 환자/대상자를 도와서 바람직한 결과에 이르게 한다. 간호중재를 수행하기 위해서는 일련의 간호활동이 필요하다.

⑥ **간호중재 분류** : 간호활동들의 관계에 근거하여 간호활동을 그룹이나 세트로 정돈하여 배열하고 이러한 그룹에 간호중재명을 부여하는 것이다.

⑦ **간호중재 분류체계** : 개념적인 유사성에 근거하여 간호중재명을 체계적으로 조직하는 것이다. 간호중재 분류체계는 '영역, 군, 중재'의 3개 수준이다.

(2) 간호중재 영역

① **생리학적(기본) 간호중재 영역** : 활동과 운동관리, 배설관리, 부동의 관리, 영양의 지지, 신체적 안위, 자기간호의 촉진

② **생리학적(복합영역) 간호중재 영역** : 전해질과 산·염기관리, 약물관리, 신경계 관리, 수술 전후 간호, 호흡관리, 피부/상처 관리, 체온조절, 조직관류 관리

③ **행위 간호중재 영역** : 행동요법, 인지요법, 의사소통의 강화, 대처 보조, 환자교육, 정신적 안위 증진

④ **가족 간호중재 영역** : 출산간호, 가족간호

⑤ **건강체계 간호중재 영역** : 건강체계 관리

⑥ **안전 간호중재 영역** : 위기관리, 위험관리

7 표준화된 간호용어 분류체계가 간호에 필요한 이유

(1) 분류체계는 기억, 사고, 의사결정을 구조화하므로 그것의 체계적인 조직에 따라 지식체가 구조화되면 지식 안의 관계들과 부족한 부분을 확인할 수 있다. 현존하는 간호분류체계들은 간호의 실무수준 이론을 구성하는 데 필요한 주요 개념을 이미 수집해서 조직해 오고 있기 때문에 간호지식을 확장시키는 데 기여하고 있다.

(2) 컴퓨터 정보체계와 전산화된 대상자 기록은 숫자적인 코드로 전환될 수 있는 표준화된 용어가 필요하고, 간호자료와 문서를 대상자 기록과 연구 데이터베이스에 포함시키려면 공통적인 간호용어가 필요하므로, 간호분류체계는 기록의 전산화에 도움이 된다.

(3) 표준화된 공통 용어는 모든 간호사들이 서로 간에 혹은 다른 의료요원들과 의사소통을 돕고 간호사들 자신이 대상자를 위해 한 일을 서술해서 그 일에 따라 대상자 결과에 차이가 있음을 보여주는 데 사용될 수 있다. 간호가 한 학문 분야로 살아남기 위해서는 간호의 기여도를 반영한 표준화된 간호용어들에 의해 결정된 연구를 근거로 한 결과들이 필요하기 때문이다.

(4) 각 학문 분야는 임상적 실무를 규정하고 평가하는 데 필요한 자료의 구성요소들을 열거해야 한다. 간호에 대한 자료의 구성요소들은 진단, 중재 및 결과이다. 표준화된 간호용어들이 임상기록체계에 포함될 때 간호중재의 효과성 평가 자료를 얻을 수 있으므로 간호의 질을 향상시킬 수 있다.

02 간호중재분류(NIC; Nursing Intervention Classification)

1 개발과정

① 1987년에 시작된 이 연구는 3단계로, 1단계−분류(classification)의 수립, 2단계−분류체계(taxonomy)의 구성, 3단계−실무 검증 및 정련화를 거쳐 진행되어 왔으며 각 단계마다 다양한 연구방법들이 사용되었다.

② NIC는 실무 및 방법론적 측면에서 다양한 영역의 전문성을 대표하는 대규모 연구팀에 의해 개발되었으며, NIC의 유지를 위한 계속적인 연구가 Iowa 간호대학의 간호분류센터에서 진행 중이다.

③ 이 연구는 National Institutes of Health의 National Institute of Nursing Research로부터 7년 동안 연구비를 지원받아 진행되었으며, 또한 Rockfeller 재단과 Iowa대학으로부터도 지원을 받았다.

④ 미국간호협회는 NIC를 통합된 간호용어로 공인했고, 미국간호연맹은 40분짜리 비디오를 만들었다. 수많은 건강관리기관이 간호표준, 간호계획, 간호조정체계를 위한 NIC를 채택

하고 있으며, 많은 교육기관도 NIC를 채택하고 있고 주요 교과서에도 사용되었다.
⑤ 간호연구가들도 간호의 효과성을 연구하기 위해 NIC를 사용하고 있으며, NIC는 ICN의 간호실무에 관한 국제 분류에서 중요한 부분을 차지한다.

2 정의

① 모든 전문 분야와 실무환경에서 간호사들이 수행하는 631개의 간호중재 등이 체계적으로 조직화되었고 포괄적으로 표준화된 목록을 말한다. 이 NIC에 제시된 모든 중재들은 각각 간호중재의 명칭, 정의, 중재를 수행하는 간호사의 간호활동 목록 및 참고문헌으로 이루어져 있다.
② 이에 대한 중재의 예로 간호진단 '신체적 기동성 장애'의 한 가지 중재인 운동요법 : 보행의 활동 내용이 아래 제시되어 있다.

신체적 기동성 장애에 대한 간호활동(2008)
간호진단 : 신체적 기동성 장애
간호결과 : 이동(ambulation), 걷기(walking)
간호중재 : 운동요법(exercise, therapy), 보행(ambulation)
간호활동 : 1. 조이지 않는 옷을 입게 함 2. 보행을 촉진, 상해를 예방할 수 있는 신발을 신도록 도움 3. 가능하다면 높이를 낮출 수 있는 침대 제공 4. 손이 닿기 쉬운 곳에 침대 위치변경 스위치를 놓음 5. 자세적응을 촉진시키기 위해 침대의 한쪽 면에 앉도록 도움 6. 보행계획에 관해 물리치료사에게 의뢰 7. 보조장치 이용 가능성에 대해 지도 8. 이동 시 자신의 체위를 어떻게 유지하는가에 대해 교육 9. 이동과 기동 시에 보행벨트를 사용하게 함 10. 이동 시 대상자를 도움 11. 불안정하면 보행을 위해 보조적인 장치 제공 12. 초기 보행 시 대상자 지지 13. 안전한 이동과 보행기술에 대해 대상자와 보호자 교육 14. 목발이나 다른 보행 보조장치 사용 시 대상자 모니터 15. 보행을 위한 거리를 점차 증가시켜 나갈 수 있도록 지지 16. 안전한 범위 안에서 독립적으로 기동할 수 있게 격려

3 NIC의 구조

① NIC는 처음에는 독자적 간호중재와 협동적 간호중재 그리고 일반적 간호실무와 세분화된 간호실무 분야의 중재들을 유사성을 중심으로 그룹 지어진 6개 영역, 26개 범주 및

336개의 간호중재의 구조였으나, 1996년에는 6개 영역, 27개 범주 및 433개의 간호중재로 보완되었다.

② 2000년 NIC는 추상성 수준에 따라 3개의 분류구조를 지녔는데 추상성 수준이 가장 높은 7개 영역, 중간 수준인 30개 범주, 가장 낮은 수준인 486개의 간호중재로 구성되었다.

③ 최근에는 7개 영역(level), 28개 범주(classess)와 631개 중재(intervention)가 알파벳순으로 정리되어 있다.

④ NIC의 각 중재는 각 영역(1~6)과 항목(A~Z, a~d)이 코드화되어 전산화를 쉽게 해주는 고유번호를 가지고 있으며 간호중재의 7개 영역별 28개 범주를 나열해 보면 다음과 같다.

수준 1 : 영역(Domain)	수준 2 : 범주(Classes)
영역 1. 생리학적(기본) 신체기능을 지지하는 간호	A. 활동과 운동관리 　　신체활동, 에너지 보존과 소비를 돕는 중재 B. 배설관리 　　규칙적인 대변과 소변 배설 양상을 수립하고 변화된 양상으로 인한 합병증을 관리하는 중재 C. 부동관리 　　제한된 신체 움직임과 후유증을 관리하는 중재 D. 영양지지 　　영양상태를 수정하여 안위를 증진시키는 중재 E. 신체 안위 증진 　　신체요법을 사용하여 안위를 증진시키는 중재 F. 자기간호 촉진 　　일상생활 활동을 제공하고 돕는 중재
영역 2. 생리학적(복합적) 항상성 조절을 지지하는 간호	G. 전해질과 산·염기 관리 　　전해질/산·염기 균형을 조절하고 합병증을 예방하는 중재 H. 약물관리 　　약품의 바람직한 효과를 촉진하는 중재 I. 신경계 관리 　　신경계 기능을 최대화하는 중재 J. 수술 전후 간호 　　수술 전, 수술 동안, 수술 직후에 간호를 제공하는 중재 K. 호흡관리 　　기도 개방성과 가스교환을 증진시키는 중재 L. 피부/상처 관리 　　조직 보존을 유지하고 회복시키는 중재
영역 3. 행동학적 정신사회적 기능을 지지하고 생활양식의 변화를 촉진시키는 간호	O. 행동요법 　　바람직한 행동을 강화시키고 바람직하지 않은 행동을 변화시키는 중재 P. 인지요법 　　바람직한 인지 기능을 강화하거나 증진시키고 바람직하지 않은 인지 기능을 변화시키는 중재

	Q. 의사소통 강화 　구두와 비구두 메시지를 보내고 받아들이는 것을 촉진시키는 　중재 R. 대처보조 　그 사람 자신의 강점을 강화하고 기능상의 변화에 적응케 하 　거나 더 높은 수준의 기능에 도달하도록 돕는 중재 S. 대상자 교육 　학습을 촉진하는 중재 T. 심리적 안위 증진 　심리적 기법을 사용하여 안위를 증진시키는 중재
영역 4. 안전 위험에 대한 보호를 지지 하는 간호	U. 위기관리 　정신적이고 생리적인 위기에서 즉각적인 단기간의 도움을 제 　공하는 중재 V. 위험관리 　위험 간호활동을 시작하고 위험을 계속 모니터하는 중재
영역 5. 가족 가족을 지지하는 간호	W. 출산간호 　출산 기간 동안 생기는 정신적·생리적 변화를 이해하고 대처 　하는 것을 돕는 중재 Z. 양육간호 　아이들을 키우는 것을 보조하는 중재 X. 수명관리 　가족 단위의 기능을 촉진하고 가족 구성원의 건강과 복지를 　증진시키는 중재
영역 6. 건강체계 건강관리 전달체계의 효 과적인 이용을 지원하는 간호	Y. 건강체계 조정 대상자/가족과 건강간호체계 사이에서 중재를 돕는 중재 　a. 건강체계 관리 　　간호를 수행하기 위한 지지 서비스를 제공하고 증진시키는 　　중재 　b. 정보관리 　　건강간호제공자 사이의 의사소통을 돕는 중재
영역 7. 지역사회 지역사회의 건강을 지지 하는 간호	c. 지역사회 건강증진 　지역사회 전체의 건강을 증진하는 간호 d. 지역사회 위험관리 　지역사회 전체의 건강위험요인을 찾도록 돕거나 예방하는 　중재

4　NIC 간호중재 분류체계의 장점

① 간호중재를 종합적으로 다루고 있으며, 실무로부터 연역적으로 조사된 자료를 사용하여
　최신의 간호실무와 연구를 반영한다.

② 사용하기 쉬운 구조로 구성되고 분명하고 임상적으로 의미 있는 언어를 사용하며 간호진단과 연계되면서 개발되어 미국간호협회의 인정을 받았다.

5 NIC 개발의 의의

① 간호치료의 명명에 대한 표준화를 들 수 있다.
② 간호중재에 대한 기록을 체계적으로 할 수 있게 한다.
③ 간호진단, 간호치료, 간호성과와 연계된 지식의 확장을 기대할 수 있다.
④ 간호진단과 간호지침에 관한 전산화를 활성화시킬 수 있다.
⑤ 간호수가의 결정에 도움이 된다.
⑥ 간호의 독특성을 나타내는 언어가 개발된다.

03 간호결과분류[간호결과 분류체계(NOC; Nursing Outcomes Classification)]

1 개발과정과 역사

① 간호사들이 제공한 간호중재에 대한 대상자들의 반응인 간호결과의 규명과 측정을 위한 표준화된 용어의 개발이 필요하다고 생각되어, 1991년 간호에 민감한 대상자 결과에 대한 분류체계를 개발하기 위해 Marion Johnson과 Meridean Mass가 이끄는 연구팀이 아이오와(Iowa) 대학에서 구성되었다.
② 이 대규모 연구팀은 Sigma Theta Internatinal과 NINR로부터 연구에 필요한 자금지원을 받아 NIC 개발을 할 때에 사용되었던 과정과 유사한 일련의 연구단계들을 거쳐서 간호중재에 민감하게 나타나는 대상자들의 반응을 개념화하고 명명하여 분류한(NOC ; Nursing Outcomes Classification)를 개발하였다.
③ 처음에는 간호중재 후 대상자 상태의 변화를 측정하고 평가할 수 있는 190개 결과를 포함한 NOC를 발표하였고, 2000년에 NOC는 7개 영역, 29개 범주 및 260개 결과로 보완되었다. 최근 2008년에 NOC는 7개 영역, 38개 범주, 385개 간호결과들로 구성되어 있다.

2 간호결과 분류의 필요성

Johnson과 Maas(1997)는 간호결과 분류의 필요성을 다음과 같이 제시한다.
① **공통된 간호용어 개발** : 간호전문직은 간호진단, 간호중재뿐 아니라 간호결과에 대한 공통된 용어와 측정방법의 규명, 검증과 적용을 필요로 한다.

② **전산화된 간호정보체계** : 간호정보체계 구축을 위해서는 간호에 관한 표준화된 언어가 필요하다. 표준화된 언어와 분류체계 사용은 국가 간에 간호자료를 합성 가능하게 하고, 국내적으로는 지역사회와 국가의 보건의료 데이터베이스에 더욱 포괄적인 간호자료를 포함시킬 수 있게 한다.

③ **통일된 간호자료 세트** : 데이터베이스를 개발하려면 공통된 언어와 자료를 조직하는 표준화된 방법이 필요하다. 간호정보를 조직하고 표준화하는 첫 번째 단계는 자료에 대한 의미 있는 범주를 개발하고 통일된 용어 확립이다. 최소 간호자료 세트(NMDS) 중 간호범주에는 간호진단, 간호중재, 간호결과, 간호강도의 4가지 요소가 포함되며 이들 요소에 관한 표준화된 개발이 필요하다.

④ **전국적인 자료세트** : 대부분의 자료세트에는 간호실무를 반영하는 정보가 포함되지 않아 간호실무의 효율성과 환자 결과에 대한 기여를 지지하는 자료가 부족한 실정이다. 그러므로 표준화된 간호자료 세트 확립이 필요하며 그 요소로서 간호결과 분류가 필요하다.

⑤ **간호의 질 평가** : 건강 관련 조직이 효율성을 높이기 위해 구조조정을 할 때 간호에 따라 영향을 받는 환자 결과에 관한 정보를 필요로 한다.

⑥ **간호혁신 평가** : 간호혁신(nursing innovations)은 임상적인 문제를 해결하기 위해 수행되는 새로운 중재나 수정된 중재이며 아니면 기존 중재를 새로운 방법으로 사용하는 것이다.

⑦ **간호지식체 개발에 기여** : 공통된 언어를 사용하는 표준화된 데이터베이스는 이런 분석을 하는 데 필요한 정보를 얻는 가장 실용적인 방법이다. 간호결과는 간호진단, 간호중재와 연결되어 간호지식체를 구성하게 된다.

3 NOC의 구조

① NOC는 대상자 및 가족 간호 제공자들에 대한 결과를 포함하고 있으며, 간호중재에 반응을 보일 것으로 기대되는 지표들을 사용하여 대상자나 간호제공자의 상태를 서술하고 있다.

② NOC는 간호결과의 추상성 수준에 따라 3단계로 영역(domain), 범주(class), 명칭(label)으로 다음과 같이 나누어져 있다.

가장 높은 추상성 수준	영역
높은 추상성 수준	범주
중간 정도 추상성 수준	명칭
낮은 정도 추상성 수준	지표
경험적 수준	측정 척도

③ NOC는 NIC와 같이 사용의 편리를 위해 7개 영역들과 38개 범주들로 분류되어 있으며 각 영역(1~7)과 범주(A~Z, a~e)는 코드화되었고, NOC의 결과도 전산화를 쉽게 해 주는 고유번호를 가지고 있다.

④ NOC에서 코드화가 중요한 이유는 각 분류체계의 요소를 표현하고 있고, 컴퓨터 시스템에서 NOC의 사용을 촉진시키며, 대규모의 지역적·국가적 건강 관련 데이터베이스와 연결될 수 있는 간호자료 세트를 개발 가능하게 하고, 대상자 간호의 질을 향상시키기 위한 대상자 결과의 평가를 촉진시키는 역할을 하기 때문이다. NOC의 코드화 체계는 영역, 범주, 명칭, 지표, 측정척도 그리고 사용자가 매긴 실제적인 점수를 포함한다.

⑤ NOC 간호결과는 NANDA 간호진단 및 NIC의 간호중재와 연결되어 있으며, 새로운 간호결과, 변경을 위한 제안을 제출하는 양식 및 검토체계도 갖추어져 있다.

》 간호결과 분류체계(NOC)

	수준 1 영역(Domains)	수준 2 범주(Classes)
영역 1	1. 기능적 건강 생활의 기본적인 일에 대한 능력과 수행을 서술하는 결과	A. 에너지 유지 개인의 에너지 회복, 저장, 소비를 서술하는 결과 B. 성장과 발달 개인의 신체적·감정적·사회적 성숙을 서술하는 결과 C. 기동성 개인의 신체적 기동성이나 제한된 움직임의 후유증을 서술하는 결과 D. 자기간호 기본적·도구적 일상활동을 수행하는 개인의 능력을 서술하는 결과
영역 2	2. 생리적 건강 인체의 기능을 서술하는 결과	E. 심폐기계 개인의 심장, 폐, 순환, 조직 확산의 상태를 서술하는 결과 F. 배설 노폐물을 배출하고 배설하는 양상과 상태를 서술하는 결과 G. 수분과 전해질 개인의 수분과 전해질 상태를 서술하는 결과 H. 면역반응 항원에 대한 혹은 신체에 의해 항원으로 인지된 것에 대한 개인의 생리적 반응을 서술하는 결과 I. 대사조절 신체대사를 조절하는 개인의 능력을 서술하는 결과 J. 신경인지적 개인의 신경학적, 인지적 상태를 서술하는 결과 K. 섭취와 영양 개인의 섭취와 영양 패턴을 서술하는 결과 a. 치료적 반응 치료, 치료제 혹은 치료방법에 대한 개인의 전신적 반응을 서술한 결과

		L. 조직통합 개인 신체조직의 상태와 기능을 서술하는 결과 Y. 감각기능 개인의 인지와 감각정보의 사용을 서술하는 결과
영역 3	3. 정신사회적 건강 심리적·사회적 기능을 서술하는 결과	M. 정신적 안녕 개인의 정서적 건강을 서술하는 결과 N. 정신 사회적 적응 변화된 건강이나 심리적·사회적 생활환경에 대한 개인의 적응을 서술하는 결과 O. 자기통제 자신이나 타인에게 정서적·신체적으로 해로울 수 있는 행위를 절제하는 개인의 능력을 서술하는 결과 P. 사회적 상호작용 다른 사람들과의 관계를 서술하는 결과
영역 4	4. 건강지식 및 행위 건강과 질병에 대한 행동	Q. 건강행위 건강을 증진, 유지, 회복하려는 개인의 행동을 서술하는 결과 R. 건강신념 건강행위에 영향을 미치는 개인의 생각이나 인식을 서술하는 결과 S. 건강지식 건강을 유지, 증진, 회복하기 위한 개인의 이해 정도와 정보를 적용시킬 수 있는 기술을 서술하는 결과 T. 위험 통제 및 안전 확인 가능한 건강위협요인을 피하거나, 제한하거나, 통제하기 위한 활동이나 개인의 안전상태를 서술하는 결과
영역 5	5. 인지된 건강 개인의 건강과 건강관리에 대한 느낌을 서술하는 결과	U. 건강과 삶의 질 개인의 건강상태 인지와 이에 연관된 생활환경을 서술하는 결과 V. 증상상태 질병상해나 상실에 대한 개인의 적응을 서술하는 결과 e. 간호에 대한 만족 제공받은 건강관리의 질과 적절성에 대한 개인의 인지를 서술하는 결과
영역 6	6. 가족건강 가족 전체나 가족 구성원들 일원의 건강상태, 행위 및 기능을 서술하는 결과	W. 가족간호 제공자 이행 의존적인 아동이나 성인을 돌보는 가족구성원의 적용과 수행을 서술하는 결과 Z. 가족 구성원 건강상태 가족 구성원의 신체적, 심리적, 사회적, 영적 및 정서적 건강을 서술하는 결과

		X. 가족안녕 하나의 단위로써 가족환경, 전반적인 건강상태 및 사회적 적응을 서술하는 결과 d. 양육 아동의 적절한 성장과 발달을 증진시키는 부모의 행동을 서술하는 결과
영역 7	7. 지역사회 건강 집단이나 지역사회의 건강, 안녕 및 기능을 서술하는 결과	b. 지역사회 안녕 집단 혹은 지역사회의 전반적인 건강상태와 사회적 적응을 서술하는 결과 c. 지역건강 보호 건강위험요소를 제거하거나 감소시키고 건강위협요소에 대한 지역사회의 내성을 증가시키려는 지역사회의 구조와 프로그램을 서술하는 결과

04 국제간호실무분류[국제간호실무 분류체계(ICNP; International Classification for Nursing Practice)]

1 개발 배경

① 국제간호협회(ICN)에서는 전 세계가 인정하는 간호분류체계로 기존 간호분야 분류체계를 통합하는 포괄적인 분류체계로서 세계보건기구(WHO)의 국제질병 분류체계인 ICD(International Classification of Disease)에 간호부분을 추가하여 보완할 목적으로 국제간호실무 분류체계 개발을 시작했다.

② 1989년 서울 국제대표자회의에서 ICNP의 필요성을 처음으로 세계간호연맹에 제안하여 오랜 연구 끝에 1996년에 ICNP 알파버전이 발표되었다. 1999년에는 알파버전을 평가하여 베타버전이 완성되어 발표했다.

2 ICNP의 효과

간호자료 기술, 조직에 사용할 수 있는 명명법, 용어와 분류를 제공한다. 건강 관련 의사 결정과 정책결정 과정의 용도로 도구를 제공한다.

3 ICNP 개발의 목적

① 간호사가, 간호사와 다른 인력 사이에 의사소통을 증진하기 위한 간호실무 공통 용어를 설정하기 위함이다.

② 다양한 상황에서 개인, 가족의 간호관리 기술을 제공하기 위함이다. 임상집단, 환경, 지역적 영역과 시간에 걸친 간호자료 비교를 위해서이다.
③ 간호진단에 기초한 간호요구에 따라 환자에 대한 간호치료, 관리와 자원분배의 준비에 대한 경향을 기술하거나 계획하기 위해서이다.
④ 간호정보체계(NIS ; Nursing Information System)와 다른 건강관리정보체계(HCIS ; Health Care Information System)에서 이용할 수 있는 상술된 자료와 연결하여 간호연구를 자극하기 위함이다.
⑤ 건강정책결정에 영향을 미치기 위한 간호실무에 대한 자료를 제공하기 위해서이다.

4 최근 ICNP의 개발 경향

① 제4세대 분류체계 : poly-hierarchial, multi-axial 분류체계
② 분류체계에 포함시킬 개념의 결정
③ 분류 때 사용할 개념의 특성 제시
④ 개념을 나타내는 특성 간의 조합을 구성하여 타당성 여부 제시 등의 원칙을 적용하여 간호진단과 간호중재 분류체계를 개발 중이다.

5 ICNP의 간호현상 핵심 분류틀

간호현상은 다음의 8개 축의 값으로 서술할 수 있다. 예를 들어, 피부손상의 경우 초점축의 값이 피부이고 판단축의 값이 손상인 간호현상이다.

》 간호현상 축

축	상위계층 분류
A : 간호현상의 초점(focus)	인간(개인/집단), 환경(자연/인위적 환경)
B : 판단(judgement)	예/아니오, 변화, 감소, 부족, 장애, 손상 등
C : 빈도(frequency)	계속적, 간헐적
D : 기간(duration)	급성, 만성
E : 위상(typology)	수평, 수직, 측면, 전체, 중심성, 총체/부분, 안/밖, 앞/뒤
F : 신체 부위(body site)	입, 귀, 코, 손, 발 등
G : 가능성(likelihood)	~의 위험, ~의 가능성
H : 대상자(bearer)	개인, 집단(가족/지역사회)

6 ICNP의 중재활동 분류(Classification of Nursing Interventions, Action Types)

① ICNP에서 간호행위는 실무에서 간호사의 행동으로 정의된다.
② 간호중재는 간호결과를 초래하기 위해 간호진단에 대한 반응으로 수행된 행위로서 간호행위 분류축에 포함된 개념으로 구성된다고 본다.

③ 간호행위 분류체계는 8개 축의 값으로 서술될 수 있다.

》 간호중재 축

축	상위계층 분류
A : 활동의 종류(action type)	관찰, 관리, 수행, 돌봄, 정보 제공
B : 대상(target)	간호현상의 초점, 기타 대상
C : 수단(means)	도구와 서비스
D : 시간(time)	사정과 기간 등
E : 위상(typology)	수평, 수직, 측면, 전체, 중심성, 총체/부분, 안/밖, 앞/뒤
F : 위치(location)	신체 부위, 장소(병동, 외래, 사고현장, 건강센터, 간호클리닉, 가정 등)
G : 경로(routes)	경막 외, 척수 내, 구강, 설하, 근육, 정맥 등
H : 수혜자(beneficiary)	개인, 집단(가족, 지역사회)

④ 간호중재 축 중에서 '활동의 종류'의 세부적인 하부 계층은 다음과 같다.

　㉠ **관찰(Observation)** : 규명, 결정, 모니터, 사정

　㉡ **관리(Managing)** : 조직화, 제공

　㉢ **수행(Performing)** : 개인위생, 몸단장, 목욕, 보온, 식사, 체위, 신체부분 조작, 운동과 동작, 자극, 환부의 절개와 봉합, 환기, 기구의 삽입·설치·제거

　㉣ **돌봄(Caring)** : 돕기, 치료, 오염예방, 관계 유지

　㉤ **정보제공(Informing)** : 교육, 안내, 서술

PART 5

간호수행

독학사

4단계

간호수행의 단계

간호수행의 과정은 간호계획을 검토하고 대상자를 재사정해서 간호요구를 확인하는 간호사의 준비단계, 대상자의 건강목표 달성에 필요한 계획된 간호지시를 직접 실행하거나 다른 사람에게 위임하는 실제적인 실행 혹은 위임단계 그리고 수행한 간호활동들과 그에 따른 대상자 반응에 대한 기록을 하는 단계로 구성된다. 그러므로 간호사는 간호지시를 수행하는 동안 대상자와 접촉할 때마다 계속해서 재사정하고 간호활동에 대한 대상자의 반응과 새로운 문제의 발생 등에 대한 자료를 수집해야 한다.

01 준비 단계

1 간호계획을 검토하고 대상자를 재사정하여 간호요구를 평가한다.

간호수행에 대한 준비는 실제로 간호과정의 계획단계 검토에서 시작된다. 대상자의 상태나 상황은 언제든지 변화될 수 있으므로 간호사는 중재 직전에 간호계획상에 쓰여진 간호지시가 대상자에게 여전히 필요한지를 재사정해야 한다. 그래서 사정자료에 기반을 둔 간호진단인지, 우선순위나 설정된 간호결과가 문제해결에 부합된 것인지, 간호지시내용이 안전하고 과학적이며 개별화된 것인지를 평가해야 한다. 예를 들면 '불안과 관련된 수면장애'라는 간호진단을 가진 대상자를 위해 이완요법이라는 중재를 계획했는데 대상자가 자고 있는 것을 관찰했다면 간호사는 이 중재를 생략한다.

2 간호수행에 필요한 간호사의 지식과 기술을 준비한다.

간호사는 자신이 수행할 간호활동을 분명히 알고 준비해야 하므로 간호중재 시 혼자서 수행할 수 있는 것과 어떤 도움이 필요한 것들을 확인해야 하며, 다음과 같은 경우에서 도움을 요청해야 한다.

1. 간호지시를 수행할 지식이나 기술이 부족해서 혼자서 안전하게 수행할 수 없는 경우이다. 예를 들면 간호사가 처음으로 목발 사용법이나 산소마스크 사용법을 대상자에게 교육시켜야 할 경우 이 중재를 시도하기 전에 동료에게 도움을 요청하거나 서면화된 절차를 검토해야 한다.
2. 혼자서 간호활동을 안전하게 수행할 수 없는 경우이다. 예를 들면 몸집이 크고 움직일 수 없는 대상자를 침대에서 의자로 이동할 때는 도움을 구해야 한다.

3. 대상자의 스트레스를 감소시켜야 할 경우이다. 예를 들면 움직일 때 통증을 경험하는 대상자의 체위변경 시에는 도움을 요청하는 것이 대상자의 통증을 최소화할 수 있을 것이다. 간호사는 자신이 부적절하거나 잠재적으로 해로울 수 있다고 생각되는 간호지시나 의사지시에 의문시할 윤리적, 법적인 책임을 지녀야 한다.

3 대상자를 준비시킨다.

간호사는 수행 직전에 중재가 대상자에게 여전히 필요한지를 재사정해야 한다. 대상자의 상태나 상황은 수시로 변할 수 있다. 예를 들어 '불안과 새로운 환경과 관련된 수면장애' 라는 간호진단을 지닌 대상자의 경우 간호사가 병실을 방문했을 때 대상자가 자고 있는 것을 발견했다면 이완술로 계획했던 등마사지는 필요없게 된다.

또한 간호사는 대상자가 심리적으로 준비가 되어 있지 않을 때 중재를 실시하는 것은 시간낭비이므로 가장 효과적인 시기를 선택하는 것이 중요하다. 예를 들어 고혈압 대상자의 식이요법에 대한 교육을 할 시간에 병실에서 대상자가 화를 내고 있다면 간호사는 그 상태에서 새로운 정보를 받아들일 수 없을 것으로 판단해서 교육을 연기해야 한다.

대상자에게 수행될 활동과 그 활동의 기대되는 결과가 무엇이고, 그 활동 시 대상자의 느낌과 대상자가 해야 할 행위가 무엇인지 등에 대한 설명을 해주며, 대상자의 신체적 준비 뿐만 아니라 프라이버시를 제공하는 것도 중요하다. 예를 들어 관장을 실시할 때 간호사는 사전에 관장의 목적을 설명해주고 칸막이 사용과 적절한 체위를 취하도록 하며, 절차상의 협조사항 등을 설명해주어야 한다.

4 물품과 기구를 준비한다.

간호사는 대상자에게 자기 전에 수행에 필요한 모든 기구와 물품을 준비하여 대상자에게 가해지는 스트레스를 최대한도로 줄이면서 중재절차가 대상자에게 효율적으로 진행될 수 있도록 해야 한다. 간호사는 드레싱 교환을 위한 물품, 절개부위 봉합제거에 필요한 장비, 침상교환을 위한 침구, 교육을 위한 자료를 준비한다. 예를 들어 인공배뇨법을 실시하기 위해 멸균된 장갑을 끼는 과정에서 장갑이 오염되었을 경우 여분의 장갑이 준비되어 있지 않아서 이 처치를 중간에 멈추어야 한다면 대상자에게 스트레스를 주게 되고 비효율적이 된다.

5 환경을 준비한다.

간호중재 시에 적절한 실내 환경 측 조명을 확인하고 자리 배열을 고려한다든지, 문을 닫아서 방해받지 않도록 하고 소음조절 등 환경을 준비해야 한다.

1 적절한 위임

적절한 위임은 정확한 업무를 정확한 사람에게 분담시키는 것을 의미한다. 간호사가 간호보조인력에게 업무를 위임할 때는 꼭 업무를 수행할 수 있고 동기화된 사람에게 해야 한다. 이는 간호사가 간호보조인력의 배경, 경험, 지식, 기술, 장점 및 실무의 법적 지위를 알아야 한다는 것을 의미한다.

1. 위임이 가능한 활동
- 간호사의 업무범위와 간호보조인력의 업무와 훈련기준 안에 있는 활동
- 자주 반복되는 대상자의 일상 간호
- 최소한의 문제해결능력이 필요한 활동
- 결과를 예상할 수 있는 활동
- 대상자를 해칠 가능성이 적은 활동
- 거의 표준절차에 따라 수행되는 활동
- 간호하는 자의 판단이 필요 없는 활동
- 반복된 간호사정이 필요 없는 활동

2. 위임이 가능한 대상자
- 자가간호활동에 많은 도움이 필요 없는 대상자
- 비교적 안정적인 대상자

3. 위임이 가능한 직원
- 활동 시 기술을 시범보였던 간호제공자
- 그 활동을 자주 수행했던 간호제공자
- 유사한 진단을 가진 대상자들을 다루었던 간호제공자
- 그 활동을 수행하고 싶어하는 간호제공자
- 업무를 적절하게 수행할 시간이 있는 간호제공자

2 적절한 의사소통

의사소통은 환경에 따라 구두나 서면으로 할 수 있으나 간호사가 지시를 할 때는 잘못 이해하지 않도록 해야 한다. 성공적인 위임을 위한 지침은 아래와 같다.
- 해야 할 일과 해서는 안 될 일을 명확하게 구분한다.
- 간호사의 지시는 구체적이어야 한다(예 대상자가 창백해지면 보고하라).

- 우선순위를 정해서 즉시 해야 할 것과 나중에 해야 할 것을 설명한다.
- 간호보조인력이 행해야 할 것을 이해하고 있는지를 확인한다.

3 적절한 감독

간호사는 위임한 업무가 적절하게 수행되는지를 확인할 책임이 있다. 간호보조인력의 수행을 감시하는 빈도는 그 업무의 복잡성에 따라 좌우된다. 간호가 주어진 후 대상자와 면담해서 신체적 반응과 대상자의 간호제공자 간의 관계를 확인한다. 간호보조인력이 수행을 잘했을 경우 자주 긍정적인 피드백을 주고, 행해진 특정한 실수에 대해서는 개인적으로 의사소통을 해서 그 상황에 대한 의견을 들어야 한다.

03 기록 및 보고

1 실행 후 기록단계

간호사 간호지시를 직접 실행하거나 위임한 후에 의사소통과 간호의 지속성을 위해 수행된 간호지시 내용과 그에 따른 대상자의 반응을 간호기록지에 기록하는 것으로 수행과정을 마치게 되며, 이는 의료기관의 영구적인 형식을 이용해서 정해진 지침과 기관의 정책 및 절차에 따라야 한다. 기록을 할 때 참고해야 될 일반적인 기록지침은 다음과 같다.

1. **가능한 한 간호를 제공한 직후에 기록한다.**

   간호사가 대상자를 재사정할 때 그 간호지시를 실행할 것인지 또는 실행할 필요가 없는지를 결정할 수 있기 때문에 실행 전에 간호활동을 미리 기록해서는 안 되며, 실행한 후 즉시 기록해서 건강관리요원들 간의 의사소통을 위한 정보로 활용될 수 있도록 한다. 간호사가 정규적이거나 반복적으로 수행하는 활동은 근무시간 동안에 자신의 기록지에 기록할 수도 있다. 특히 약물의 투여나 치료에 대한 내용은 간호활동이 수행된 바로 직후에 기록하는 것이 중요하다.

2. 기록하는 동안이나 기록한 후에도 항상 빠뜨린 사항이 있는지를 확인한다.

3. 타인이 간호활동의 종료를 알 수 있도록 즉시 중요한 행위(투약)를 기록한다.

4. 정상 범위에서 벗어난 모든 변화와 이에 대해 취한 중재를 기록한다.

5. 매일 대상자에게 일어난 중요한 문제나 사건에 초점을 두고 기록한다.

6. 정확히 사실만을 기록하고 부정적이고 비판적인 용어는 사용하지 않는다.

7. 간호사가 수행한 행위뿐만 아니라 처방된 처치를 수행하는 데 실패했거나 대상자가 거절한 것도 기록한다.

8. 기록을 마친 뒤에는 일관성 있게 서명을 해야 한다.

2 구두보고

간호사는 간호활동과 대상자 상태를 의사소통하기 위해 서술한 기록뿐만 아니라 구두보고도
이용한다. 대상자의 건강상태가 빠르게 변화할 때 다른 간호사, 의사 및 다른 건강제공자는
계속해서 이에 관해 알고 있어야 하므로 구두보고를 통해서 최근의 정보를 전달할 수 있다.
구두보고는 대상자가 다른 병동으로 이송되는 경우, 근무 교대 시, 가족이 대상자의 상태를
알고자 할 때 이용된다. 보고는 관찰된 것, 수행된 것, 고려해야 할 사항에 대한 특별한 정보를
의사소통하기 위해 행해진다. 구두보고는 간결하면서도 모든 정보가 포함되어 있어야 한다.

독학사 4단계

PART 6

간호평가

독학사

4단계

평가의 단계

01 대상자의 결과 평가

1 기대되는 결과의 검토

① 계획단계에서 설정된 기대되는 결과와 지표들은 간호에 대한 대상자의 반응을 평가하는 데 이용되는 기준이다.
② 기대되는 결과는 평가를 위해 수집해야 할 자료의 종류를 확실히 해주고 자료를 판단할 때 표준이 된다.
　예를 들어, 기대되는 결과가 '요 배설량이 적어도 시간당 50cc가 될 것이다'로 설정되었다면, 이 대상자를 간호하는 간호사는 어떤 자료를 수집해야 할지 알 수 있게 된다.

2 평가자료의 수집

① 대상자와 만나는 동안 간호중재에 대한 실제적인 대상자의 반응인 주관적·객관적 자료를 수집해야 하는데, 이때 간호계획상의 간호진단과 그와 관련된 결과들의 목록이 진행적 초점 사정의 지침으로 이용된다.
② 평가자료는 대상자의 행동과 반응들을 관찰하거나, 대상자의 기록을 검토하거나, 대상자, 가족, 친구, 다른 건강요원들과의 대화를 통해서 수집된다.
　예를 들어, '호흡곤란과 관련된 불안'이라는 간호진단의 기대되는 결과는 대상자가 '덜 불안하다'라고 말로 표현하는 진술이나 이에 대한 객관적인 지표로 '이완된 얼굴 근육'이나 '골격근의 긴장해소' 등의 내용을 초점으로 하는 실제적인 자료를 수집해야 한다.
③ 기대되는 결과의 종류에 따라 수집해야 할 정보의 유형이 결정된다. 결과들은 인지적·정신역동적·정의적 결과로 또는 인체의 외모와 기능에 따라 분류될 수 있다.
　㉠ 인지적 결과 : 대상자에게 정보를 반복하게 하거나 새로운 지식을 적용하도록 요청할 수 있다.
　㉡ 정신역동적 결과 : 대상자에게 어떤 기술을 시범하도록 요청할 수 있다.
　㉢ 정의적 결과 : 대상자에게 가치관, 태도, 신념 변화의 단서가 되는 행동을 말하게 하고 관찰할 수 있다.
　㉣ 인체의 외모와 기능에 관한 자료 : 임상적 검사결과와 같은 이차적 출처뿐만 아니라 대상자에 대한 면담, 관찰, 신체검진으로 수집할 수 있다.

》 평가자료의 수집방법

결과 유형	결과 진술	자료수집 및 활동
인지적	대상자는 금주 말까지 저지방 식이를 위해 피해야 할 음식들을 열거한다.	대상자에게 기본 식품군의 차트를 보이면서 피해야 할 음식을 말하도록 한다.
정신역동적	대상자는 분만 후 48시간 내에 올바른 체위로 아기에게 수유를 한다.	아기에게 수유하고 있는 엄마를 관찰한다.
정의적	대상자는 병원 내 정규적인 절차에 대한 교육을 받은 후 덜 불안하다고 말한다.	불안에 관련된 대상자의 말을 듣거나 '기분이 어떠세요?'라고 질문한다.
신체기능 및 외모	심장박동수가 항상 100 미만이다.	심첨 맥박수를 청진한다.

3 기대되는 결과와 대상자의 상태 비교

간호사는 수집한 대상자의 반응을 나타내는 실제자료의 계획상에 설정된 기대되는 결과를 비교해서 결과 달성 여부에 대해 3가지 가능한 결론을 내린다.

① **결과 달성** : 대상자의 실제적인 반응이 기대되는 결과와 일치하는 바람직한 반응이 나타난 경우의 판결이다.

② **결과 부분적 달성** : 기대되는 결과의 전부가 아니라 부분적인 바람직한 반응이 관찰된 경우의 판결이다.

③ **결과 미달성** : 바람직한 대상자의 반응이 기한 내에 나타나지 않았거나 기대되는 결과와 일치하지 않은 경우의 판결이다.

》 결과 달성의 3가지 판결방법

기대되는 결과	대상자 반응	판결
대상자는 11월 10일까지 복도 끝까지 걸어갔다 올 것이다.	대상자는 복도 끝까지 걸어갔다 왔다.	결과 달성
	대상자는 복도 끝까지 걸어갔으나 걸어서 돌아올 수 없었다.	결과 부분적 달성
	대상자는 걷는 것을 거절했다.	결과 미달성

4 평가진술문 작성

평가적 진술은 '결과 달성 여부 판결'과 '그 판결을 뒷받침하는 실제적 결과자료'인 두 부분의 형식으로 구성된다.

예를 들면, 기대되는 결과가 '대상자의 얼굴 근육이 이완된다'인데 수집된 실제적 자료가 '호흡 곤란이 있을 때를 제외하고 얼굴 근육이 이완되었다'인 경우의 평가적 진술은 다음과 같다.

기대되는 결과	평가진술문	
	결과 달성 여부 판결	실제적 결과자료
대상자의 얼굴 근육이 이완된다.	결과 부분적 달성	호흡곤란이 있을 때를 제외하고 얼굴 근육이 이완되었다.

02 간호중재가 결과에 미친 영향 평가

1 간호행위가 대상자의 결과를 초래했는지 여부 결정

① 평가과정의 다음 단계는 대상자의 결과가 실제로 간호활동에 의해 초래되었는지의 여부를 결정하기 위해 중재와 결과를 비교하여 그 연관성을 확인하는 단계이다.

② 간호중재가 결과 달성 여부를 결정하는 유일한 원인이 되었다고 가정해서는 안 된다. 그 이유는 계획했던 간호중재가 결과에 아무런 영향을 주지 못하였는데도 대상자의 반응이 결과가 달성된 것으로 나타날 수도 있기 때문이다.

2 다른 변수들이 결과 달성에 영향을 미칠 수 있었는지 여부 결정

① 많은 변수들, 즉 다른 건강전문인이 수행한 활동과 치료, 가족과 친지의 영향, 대상자의 태도, 바람 및 동기, 자료수집 시 대상자에게 정확하면서도 충분한 자료를 얻지 못하였거나 대상자의 이전 경험과 지식 등이 결과 달성에 영향을 미칠 수 있다.

② 간호사들은 간호의 결과에 영향을 미칠 수 있는 모든 변수들을 통제할 수 없으므로 간호활동의 효과를 결정할 때, 그 효과를 방해했거나 증진시킬 수 있었던 다른 요인들을 확인해야 한다.

03 간호계획의 평가 및 수정

1 문제나 건강상태에 대한 결론을 내린다.

① 결과 달성인 경우 : 간호사는 대상자의 간호진단 상태에 대해 결론을 내릴 수 있다.

ㄱ 실제적 문제가 해결되었다 : 간호진단에 대한 모든 결과가 달성되었을 경우에는 그 문제는 해결되었다고 결론지을 수 있고 간호진단에 대한 간호가 더 이상 필요 없게 되므로, 더 이상 간호계획이 필요하지 않음을 의미한다. 이때는 '결과 달성'을 기록하고 간호진단을 종결한다.

　　ⓛ 실제적 문제가 여전히 존재한다 : 어떤 결과가 달성되었을지라도 그 문제가 여전히 존재하는 경우에는 그 결과가 여러 결과들 중의 하나에 해당되는 경우인데, 이때는 문제가 여전히 존재하므로 다른 결과들의 달성을 위한 중재들을 지속하거나 더 효과적인 중재법으로 수정해야 한다.

　　ⓒ 잠재적 문제가 예방되었다 : 위험요인이 없어진 경우에는 간호계획상의 간호진단이 삭제될 수 있다. 그러나 위험요인이 여전히 존재하는 경우에는 간호가 여전히 필요하므로 간호계획상의 간호진단을 삭제해서는 안 된다.

② 결과 부분적 달성인 경우

　　㉠ 결과 달성이 안 되었을 때에는 간호계획의 수정이 필요하다. 결과가 완전히 달성되지 않았기 때문에 더 효과적인 간호계획으로 수정해야 한다.

　　ⓛ 문제는 경감되었으나 결과 달성을 위해 통일한 간호계획을 더 지속하는 경우가 있다. 이때는 간호계획의 수정이 필요하지는 않다.

　　ⓒ 중재법은 효과적이었으나 대상자는 목표를 성취하는 데 시간이 더 필요한 경우에는 문제가 남아 있으므로 결과가 달성되지 못한 이유를 사정해서 간호계획을 지속할지를 결정해야 한다.

③ 결과 미달성인 경우 : 결과 미달성인 경우에는 문제가 여전히 존재함을 의미하지만 간호계획을 수정해야 한다고 단정적으로 말할 수는 없다. 대상자, 가족, 다른 변수들이 결과 달성에 영향을 미칠 수 있다고 생각해서 간호과정의 각 단계와 전체적인 간호계획을 재검토해서 동일한 계획을 지속할지 또는 계획을 수정할지를 결정해야 한다.

2 간호과정의 모든 단계를 검토한다.

① 사정단계 검토

　　㉠ 사정자료가 불완전하고 부정확한 경우는 대상자를 재사정해서 새로운 자료를 기록하고 필요하면 간호계획을 변경한다.

　　ⓛ 계획상의 수정이 필요한 새로운 자료가 있을 경우에는 그 자료를 진행기록지에 기록하고 필요하면 문제, 기대되는 결과, 간호지시를 재정의한다.

　　ⓒ 대상자의 상태가 변화된 경우는 현 건강상태에 대한 자료를 기록하고 필요하면 간호계획을 변경해야 한다.

② 진단단계 검토

　　㉠ 간호진단이 자료와 관련 없을 경우에는 진단을 수정한다.

　　ⓛ 문제의 상태가 변화된 경우에는 그 문제를 다시 명명한다.

　　ⓒ 간호진단이 정확하게 진술되지 않은 경우에는 진단진술문을 수정한다.

　　㉣ 간호진단이 해결된 경우에는 그 진단과 관련된 바라고 있던 간호결과와 간호지시를 삭제한다.

③ 계획단계 검토
  ㉠ 간호사가 자료를 추가했거나 간호진단을 변경했을 경우는 그에 따른 기대되는 결과들도 수정할 필요가 있다.
  ㉡ 처음부터 자료와 진단진술이 잘 되었으나 결과 달성이 안 된 경우에는 그 기대되는 결과가 비현실적이거나 달성시기가 너무 촉박한 경우 등 결과 자체에 문제가 있을 수 있다.
  ㉢ 간호사가 간호진단이나 기대되는 결과를 수정한 경우에는 그에 따른 간호지시도 변경해야 할 것이다.
④ 수행단계 검토
  ㉠ 간호계획의 모든 부분이 만족스럽게 여겨질지라도 결과 달성이 안 된 요인은 그 계획을 수행하는 방법 때문일 수 있다.
  ㉡ 수행단계에서 잘못된 것을 찾아내기 위해서는 경과기록지, 대상자, 친지 및 다른 간호제공자를 검토해야 한다.

간호의 질 평가

1 질 평가의 개념(의미)

(1) 간호의 질 관리는 간호사가 수행하는 업무, 업무가 이루어지는 환경, 업무의 결과 등을 체계적으로 살펴보는 일련의 과정으로서 종전보다 향상된 업무결과를 평가하고 기록하는 정형화된 과정이다.

(2) 간호사들은 각 대상자의 기대되는 결과 달성을 평가하는 것 외에도 대상자 집단에 대한 간호의 전반적인 질을 평가하고 향상시키는 일에 관여한다. 이유는 전국민 의료보장 시대에서 양적인 의료서비스가 충족되면서 점차 질적인 의료서비스의 요구로 전환됨에 따라 간호사가 수행하고 있는 업무에 대한 질 관리 기법이 필요하게 되었기 때문이다.

2 간호의 질 관리 접근방법

간호의 질 관리 접근방법으로는 도나베디언(D. Donabedian)의 질 통제 모델에서 나온 구조적, 과정적, 결과적 접근방법이 있다.

(1) 구조적 접근방법

① 구조적 접근은 간호서비스를 제공할 때 소용되는 인적, 물적, 재정적인 측면 등 의료서비스 제공자의 자원과 업무환경 측면에서 평가하는 접근법을 말한다.

② 구조적 접근방법의 대표적인 제도로는 의료기관 인증제도(accreditation), 면허제도, 정책절차, 직무기술서, 실무교육계획, 재정, 컴퓨터 시스템의 이용, 응급벨 설치 여부, 자격면허, 직원비, 소화기 설치 등의 요소들이 있다.

③ 구조적 접근의 장·단점

ㄱ 장점 : 병원경영진의 관심과 관리로 적정 이상의 물적 자원과 환경개선, 적정 이상의 전문인력의 확보와 전문인력의 계속적인 교육과 연구가 되어 간호의 질에 간접적 영향을 끼치며 병원경영을 효율적으로 하도록 유도한다.

ㄴ 단점 : 물적 자원과 인적 자원의 확보를 위한 비용이 많이 들고, 간호가 제공될 수 있는 시설이나 장비는 설치 후 시설변경이 어렵다.

(2) 과정적 접근방법

① 과정적 접근은 간호의 질 평가에 있어서 주된 관심의 영역 중 하나인 간호사와 대상자의 상호작용 속에서 이루어지는 간호활동 혹은 간호행위를 평가하는 것이다.

② 의료제공자와 환자 간에 혹은 이들 내부에서 일어나는 행위에 관한 것을 평가하거나 간호

실무의 과정을 측정하거나 간호사의 활동에 대한 간호과정을 측정하는 요소이다.

예를 들면, 의사소통, 환자간호계획, 절차 편람, 간호기록, 환자에 대한 태도, 환자교육 실시, 혈압과 태아심음 청취 등의 업무수행에 대한 모든 요소가 포함된다.

③ 과정적 접근은 간호사가 업무표준에 따라 간호서비스를 제공하고 있는지 간호제공 행위를 주로 평가하는 것이다. 과정적 접근의 대표적인 방법은 의무기록 검토가 있으며 대상환자와 간호사를 면담하거나 관찰법을 사용하여 평가할 수도 있다.

④ 간호과정의 단계인 사정, 계획, 수행 및 평가단계에서의 간호업무 수행이나 특정시기, 즉 투약간호 행위나 특수검사 절차 등을 표준이나 기준에 의해 평가한다.

⑤ 과정적 평가는 환자에게 제공된 실제 간호활동의 적합성과 과학적·기술적 수준을 평가하기 위해 반드시 필요한 접근이다. 이를 통해 간호의 전문성이 평가될 수 있는 장점이 있지만 그 전에 간호의 과정적 측면을 객관적이고 신뢰할 수 있게 평가할 수 있는 도구 개발이 필요하다.

(3) 결과적 접근방법

① 결과적 접근은 환자의 건강상태가 간호서비스를 제공받은 후 간호중재에 의해 얼마나 변화되었는지에 따른 최종결과를 평가하는 방법으로, 간호의 질을 정확히 측정할 수 있다. 즉, 간호서비스를 제공받은 후 환자 또는 대상자에게 나타난 건강상태의 변화를 평가하는 것으로 건강을 구성하는 제반요소인 신체적인 것 외에 사회적·심리적 요소들이 다 고려된다.

② 이러한 결과적 평가기준으로는 사망, 불편감의 정도, 문제해결, 증상 조절 등을 포함하는 건강과 질병수준, 치료계획의 순응 유무, 건강유지 능력 정도, 생리적·사회적·심리적 기능을 포함하는 기능적 능력, 환자만족도, 진료비용, 자가간호 지식 및 기술의 변화, 사고나 합병증 또는 감염과 같은 바람직하지 못한 사건 발생 등이 있다.

예를 들면, 사망률, 이환율, 만족도, 건강상태, 자가간호 등이 있는데 최근에는 좀 더 민감한 요소로서 낙상률, 감염률, 욕창발생률, 신체억제법의 사용률 등을 포함하고 있다.

3 질 관리 평가를 위한 절차

(1) 평가할 주제 선정

주제는 특정한 의학적 진단을 가진 대상자 집단에 대한 간호, 병원 내 모든 대상자들에 대한 간호 또는 간호병동에 보관된 기록물들이 될 수 있다.

(2) 간호표준의 확인

구조, 과정, 결과의 표준이 적절한지를 확인한다. 표준은 광범위한 지침이고, 자료 수집 시 측정할 수 없거나 유효하지 않을 수 있으므로 이 단계는 생략되기도 하며, 실제로 기준들만 작성되기도 한다.

(3) 간호표준을 확인하기 위한 기준의 마련

구조, 과정과 결과 기준은 간호사나 대상자의 바람직한 행동을 서술하는 구체적이고 관찰가능한 특성이다.

(4) 기대되는 이행수준 혹은 실행수준 마련

이행수준 혹은 실행수준은 그 기준에 도달할 것으로 기대하는 비율이며, 그 기준이 어떻게 진술되었느냐에 따라 0~100%까지 다양할 수 있다.

(5) 그 기준에 관련된 자료를 수집

자료는 평가되고 있는 기준에 따라 대상자 면담, 기록물 감사, 간호활동에 대한 직접적인 관찰, 질문지나 평가도구를 통해서 수집될 수 있다.

(6) 자료의 분석

자료와 기준 간의 불일치한 점을 확인한다. 구조, 과정, 결과에 관한 정보를 이용하여 불일치한 점의 이유를 규명하고 문제를 확인한다.

(7) 해결책의 실행

제공되고 있는 간호의 질을 향상시키는 것이 평가의 목적이다. 일단 문제들이 확인되면 그것들이 되풀이되지 않도록 하는 조치가 취해져야 한다.

(8) 해결책이 효과적이었는지를 확인하기 위한 재평가

질 관리는 간호사업의 질을 통해서 간호의 사회에 대한 책임을 보여줄 수 있다. 또한, 해결책의 결과가 효과적이었는지를 확인하기 위한 재평가 면에서도 중요하다.

4 질 평가 도구

질 관리 방법에 많이 이용되는 분석도구로는 흐름도(flow chart), 원인 결과도(fish bone diagram), 히스토그램(histogram) 및 파레토(Pareto) 분석 등이 있다.

(1) 흐름도(flow chart)

흐름도는 특정한 업무과정에 필요한 모든 단계를 도표로 표시하거나, 미리 정의된 기호와 그것들을 연결하는 선을 사용하여 그린 도표를 표시한 것으로 순서도 또는 플로차트(flow chart)라고도 한다. 이는 프로그램의 흐름이나 어떤 목적을 달성하기 위한 처리과정을 표현하는 데 사용할 수 있으며, 질 관리 과정을 분석하고 개선하고자 할 때 유용한 도구이다. 흐름도는 사람, 생산품, 장비, 정보의 흐름이나 움직임을 표시하는 데 사용한다.

(2) 원인 결과도

원인 결과도는 일의 결과와 그것에 관련된 요인들을 계통적으로 나타낸 것이다. 물고기 뼈 그림(fish bone diagram)이라고도 부르며, 결과에 대해 어떤 요인이 어떤 관계로 영향을 미치고 있는지 연결하여 원인을 알 수 있다.

원인들의 주요 범주화 형태는 4대 p(polities, procedure, manpower, plant)를 이용하여 보여주고 있어서 결과에 대해 어떤 요인이 어떤 관계로 영향을 미치고 있는지 명확히 하여 원인추구를 할 수 있다. 결과는 등뼈의 오른쪽에 기술하고, 일차적인 원인 범주는 등뼈에서 가지치기를 하고 원인범주별로 하위 원인을 다시 가지 치면서 기술한다.

(3) 히스토그램 및 파레토 분석

히스토그램(histogram)은 특성별 측정의 빈도와 비율 등을 막대그래프로 나타내는 것으로 도수분포표를 나타내는 그래프로 관측한 데이터의 분포의 특징이 한눈에 보이도록 기둥모양으로 나타낸 것이다.

파레토(Pareto) 분석은 문제의 상대적 중요성을 간결하고 신속하게 해석할 수 있도록 초점을 맞춘 것이다. 이 분석방법은 관리력이 일정한 경우에 가급적 효과가 높은 부분에 중점적으로 투입하기 위한 분석 방법으로 관리력의 대상을 A, B, C 존(zone)으로 나누어서 분석하고 그중에서 결과의 90%를 좌우할 것으로 생각되는 A존을 중점적으로 관리하는 것이다. 즉 막대그래프의 특별한 형태로 왼쪽부터 가장 큰 요인의 순서로 막대그래프를 그린 다음 막대그래프 위에 각 요인의 누적 양을 연결한 꺾은 선 그래프를 동반한 그래프이다. 본래 파레토는 20%의 부자가 80%의 부를 소유하고 있는 현상을 발견하여 이를 80 : 20으로 설명한 사람이다.

(4) 유사성 다이어그램(affinity diagram)

유사성 다이어그램은 아이디어를 유사그룹으로 묶기 위한 접근법이다. 팀원은 여러 주제에 관해 브레인스토밍이나 다른 접근법을 통해 많은 아이디어를 생각해 내고 평가하였다. 유사성 다이어그램은 그 목적이 작은 범주별로 아이디어를 논리적으로 그룹화하는 집중적 사고의 한 형태이다.

참여자들은 조용히 항목을 재배열하고, 항목은 테이블 위에 있는 카드에 기록되거나, 벽 차트에 떼었다 붙일 수 있는 형태로 기록된다. 그룹의 아이디어가 만족스러운 수준에 도달할 때까지 누구나 개별적으로 참여하고 이동이 계속된다.

참고문헌

백기복, 『조직행동연구』, 창민사, 2009.
김인숙, 『최신간호관리학』, 현문사, 2009.
김인숙, 『간호관리학』, 퍼시픽 출판사, 2009.
백기복, 『리더십의 이해』, 창민사, 2009.
홍용기, 『인적자원관리』, 형설출판사, 2009.
이병숙 외, 『간호관리학』, 정담미디어, 2008.
신유근, 『경영학원론』, 다산출판사, 2006.
차대규, 『경영학 이야기』, 형설출판사, 2000.
허갑수 외, 『경영조직의 이해』, 형설출판사, 2004.
엄영희 외, 『간호관리학』, 수문사, 2009.
이학종, 『전략적 인적자원관리』, 박영사, 2006.